U0611530

普通高等教育"十一五"国家级规划教材

数据库原理与应用——SQL Server 2005

主　编　仝春灵

副主编　沈祥玖　刘　丽　丁亚明

中国水利水电出版社
www.waterpub.com.cn

内 容 提 要

本书被评为普通高等教育"十一五"国家级规划教材。

全书集数据库的基本原理与 SQL Server 2005 应用为一体，共分三部分：第一部分（第 1～3 章），简明扼要地讲述关系数据库的基本概念、数据模型、数据库的标准语言、关系的规范化、数据库的设计、数据库保护以及数据库的最新技术；第二部分（第 4～11 章），详细介绍 SQL Server 2005 的版本、安装、常用工具、数据库和数据表的建立、数据查询、存储过程与触发器的建立和使用、数据导入导出、数据库的安全性、完整性设计以及数据库的备份和还原；第三部分（第 12 章），通过一个实例给出 ADO.NET 连接数据库的技术以及基于高级开发语言/SQL Server 2005 开发数据库应用系统的过程。

本书采用"案例驱动"编写方式，全书用一个例子贯穿始终，内容涵盖安装、使用、管理和维护等各个层面的知识，另外，根据章节内容，本书精心设计实验，便于学生上机操作、验证。

本书适合作为一般本科院校非计算机专业数据库课程的教材，也可作为应用型本科、高职高专、成人高校、民办院校的计算机及相关专业教材，或作为各培训机构数据库方面的入门提高用书和广大数据库开发者的参考用书。

本书电子教案、部分习题参考答案以及学习参考资料（常用 T-SQL 语句、常用函数、@@类函数、系统存储过程等）均可从中国水利水电出版社和万水书苑网站上免费下载，网址分别为：http://www.waterpub.com.cn/softdown/和 http://www.wsbookshow.com/。

图书在版编目（CIP）数据

数据库原理与应用：SQL Server 2005 / 仝春灵主编.

北京：中国水利水电出版社，2009（2015.1 重印）

普通高等教育"十一五"国家级规划教材

ISBN 978-7-5084-6427-5

Ⅰ．数… Ⅱ．仝… Ⅲ．关系数据库－数据库管理系统，SQL Server 2005－高等学校－教材 Ⅳ．TP311.138

中国版本图书馆 CIP 数据核字（2009）第 049410 号

策划编辑：雷顺加　责任编辑：杨元泓　加工编辑：陈 洁　封面设计：李 佳

书　　　名	普通高等教育"十一五"国家级规划教材 数据库原理与应用——SQL Server 2005
作　　　者	主 编 仝春灵 副主编 沈祥玖 刘 丽 丁亚明
出 版 发 行	中国水利水电出版社 （北京市海淀区玉渊潭南路 1 号 D 座　100038） 网址：www.waterpub.com.cn E-mail: mchannel@263.net（万水） 　　　　sales@waterpub.com.cn 电话：(010) 68367658（发行部）、82562819（万水）
经　　　售	北京科水图书销售中心（零售） 电话：(010) 88383994、63202643、68545874 全国各地新华书店和相关出版物销售网点
排　　　版	北京万水电子信息有限公司
印　　　刷	三河市鑫金马印装有限公司
规　　　格	184mm×260mm　16 开本　19.25 印张　474 千字
版　　　次	2009 年 5 月第 1 版　2015 年 1 月第 5 次印刷
印　　　数	15001—18000 册
定　　　价	29.80 元

前　　言

　　数据库技术是计算机科学技术中发展最快的技术之一。针对数据库技术的发展及我国应用水平的提高，本书在《数据库原理与应用——SQL Server 2000》的基础上，根据普通高等教育"十一五"国家级规划教材的编写要求，做了如下修订：

　　（1）理论部分有所增强（关系规范化的步骤、方法、原理讲述更详细）。

　　（2）SQL Server 2000 改为 SQL Server 2005，查询的例子由原来库中自带的数据，改为读者建立、输入的数据。

　　（3）章节稍有调整，把原来的第 11 章服务器的管理并入第 4 章 SQL Server 2005 概述，新增第 11 章数据导入导出。

　　（4）最后一章的实例由原来科技档案管理系统改为学生更为熟悉的图书管理系统，开发环境也由 VB/SQL Server 2000 改为 VB.NET/SQL Server 2005。

　　全书集数据库的基本原理与 SQL Server 2005 应用为一体，共分三部分：第一部分（第 1～3 章），简明扼要地讲述关系数据库的基本概念、数据模型、数据库的标准语言、关系的规范化、数据库的设计、数据库保护以及数据库的最新技术；第二部分（第 4～11 章），详细介绍 SQL Server 2005 的版本、安装、常用工具、数据库和数据表的建立、数据查询、存储过程与触发器的建立和使用、数据导入导出、数据库的安全性、完整性设计以及数据库的备份和还原；第三部分（第 12 章），通过一个实例给出 ADO.NET 连接数据库的技术以及基于高级开发语言/SQL Server 2005 开发数据库应用系统的过程。

　　本书采用"案例驱动"编写方式，全书用一个例子贯穿始终，内容涵盖安装、使用、管理和维护等各个层面的知识，另外，根据章节内容，本书精心设计实验，便于学生上机操作、验证。

　　原教材经过本次修订后，不仅可作为一般本科院校非计算机专业数据库课程的教材，也可作为应用型本科、高职高专、成人高校、民办院校的计算机及相关专业教材，或作为各培训机构数据库方面的入门提高用书和广大数据库开发者的参考用书。

　　本书由仝春灵任主编，沈祥玖、刘丽、丁亚明任副主编，主要编写人员分工如下：第 1 章、第 2 章由沈祥玖编写；第 3 章、第 5 章、第 6 章、第 9 章由仝春灵编写；第 4 章、第 8 章、第 10 章、第 12 章由刘丽编写，第 7 章、第 11 章和附录由丁亚明编写。仝春灵负责全书的统稿工作。夏冰冰帮助整理了第 3 章的部分内容，陈承文提供了 SQL Server 2005 中的一些例子，参加本书编写工作的还有师以贺、程道凤、李华平、李季、贾遂民、仝凤芹、王淼、王广民、井艳芳、张岳、李作纬。

　　本书在原教材的基础上力求完美。书中不足之处，敬请广大读者批评指正。

编　者

2009 年 1 月

目　　录

第 1 章 数据库概述

【本章导读】

数据库技术是计算机科学技术中发展最快的技术之一。本章主要讲述数据库和数据模型的有关概念、数据库技术的发展过程和研究领域、三种主要的数据模型以及数据库系统的结构。

【本章要点】

- 数据库和数据模型的基本概念
- 数据模型的三要素
- 概念模型的表示方法
- 数据库技术的发展过程与研究领域
- 数据库系统的模式结构与体系结构
- DBMS 的功能与组成

1.1 引言

1.1.1 数据、数据库、数据库管理系统和数据库系统

数据、数据库、数据库管理系统和数据库系统是 4 个密切相关的基本概念。

1. 数据

数据（Data）是描述事物的符号记录。学生的学号、姓名、年龄、照片等档案记录，货物的运输情况等都是数据。数据的表示形式多样，可以是文字、数字、图形、图像、声音等，它们都可以经过数字化后存入计算机。

2. 数据库

数据库（DataBase，DB）指长期储存在计算机内、有组织的、可共享的数据集合。数据库中的数据按一定的数据模型组织、描述和储存，具有较小的冗余度、较高的数据独立性和易扩展性，并可为各种用户共享。

3. 数据库管理系统

数据库管理系统（DataBase Management System，DBMS）指位于用户与操作系统之间的一层数据管理软件。数据库在建立、运用和维护时由数据库管理系统统一管理、统一控制。数据库管理系统使用户能方便地定义数据和操纵数据，并能够保证数据的安全性、完整性、多用户对数据的并发使用以及发生故障后的系统恢复。

4. 数据库系统

数据库系统（DataBase System，DBS）指在计算机系统中引入数据库后构成的系统，一般由数据库、数据库管理系统（及其开发工具）、应用系统、数据库管理员（DataBase Administrator，

DBA）和用户 5 部分构成。

1.1.2　数据管理的发展

数据管理是指如何对数据分类、组织、编码、储存、检索和维护，是数据处理的中心问题。数据管理经历了人工管理、文件系统和数据库系统 3 个阶段。

1. 人工管理阶段

在 20 世纪 50 年代中期以前，计算机主要用于科学计算。当时的硬件状况是：外存储器只有纸带、卡片、磁带，没有磁盘等直接存取的存储设备。软件状况是：没有操作系统，没有管理数据的软件；数据处理方式是批处理。

2. 文件系统阶段

20 世纪 50 年代后期到 60 年代中期，计算机的应用范围逐渐扩大，计算机不仅用于科学计算，而且还大量用于管理。这时硬件方面已有了磁盘、磁鼓等直接存取的存储设备。软件方面，操作系统中已经有了专门的数据管理软件，一般称为文件系统；处理方式上不仅有了文件批处理，而且能够联机实时处理。

3. 数据库系统阶段

20 世纪 60 年代后期以来，计算机用于管理的规模更为庞大，应用越来越广泛，数据量急剧增长，同时多种应用、多种语言互相覆盖地共享数据集合的要求越来越强烈。这时硬件方面已经有了大容量磁盘。并且硬件价格不断下降，软件价格不断上升，这使得编制和维护系统软件及应用程序所需的成本相对增加。在处理方式上，更多地要求联机实时处理，并开始提出和考虑分布式处理。

在这种背景下，以文件系统作为数据管理手段已经不能满足应用的需求。为了解决多用户、多应用共享数据的需求，使数据为尽可能多的应用服务，数据库管理系统作为数据库技术和统一管理数据的专门软件系统应运而生。

数据库技术从 20 世纪 60 年代中期产生至今只有几十年的历史，但其发展速度之快、使用范围之广是其他技术所不及的。60 年代末出现了第一代数据库——层次数据库、网状数据库，70 年代出现了第二代数据库——关系数据库。目前关系数据库系统已逐渐淘汰了层次数据库和网状数据库，成为当今最为流行的商用数据库系统。

1.1.3　数据库技术的研究领域

当前，数据库研究的范围有以下 3 个领域。

1. 数据库管理系统软件的研制

数据库管理系统 DBMS 是数据库系统的基础。DBMS 的研制包括 DBMS 本身及以 DBMS 为核心的一组相互联系的软件系统。研制的目标是扩大功能、提高性能和提高用户的生产率。

2. 数据库设计

数据库设计的主要任务是在 DBMS 的支持下，按照应用的要求，为某一部门或组织设计一个结构合理、使用方便、效率较高的数据库及其应用系统。其中主要的研究方向包括数据库设计方法、设计工具和设计理论的研究，数据模型和数据建模的研究，计算机辅助数据库设计方法及其软件系统的研究，数据库设计规范和标准的研究等。

3．数据库理论

数据库理论的研究主要集中于关系的规范化理论、关系数据理论等。近年来，随着人工智能与数据库理论的结合以及并行计算机的发展，数据库逻辑演绎、知识推理、并行算法等理论研究，以及演绎数据库系统、知识库系统和数据仓库的研制都已成为新的研究方向。

1.2　数据模型

数据模型就是对现实世界的模拟。由于计算机不可能直接处理现实世界中的具体事物，所以人们必须事先把具体事物转换成计算机能够处理的数据。在数据库中用数据模型这个工具抽象、表示和处理现实世界中的数据和信息。

根据模型应用的不同目的，可以将这些模型划分为两类，它们分属于两个不同的层次：第一类模型是概念模型，也称信息模型，它是按用户的观点对数据和信息进行建模；另一类模型是数据模型，主要包括网状模型、层次模型、关系模型等，它是按计算机系统的观点对数据进行建模。

1.2.1　数据模型的三要素

数据模型由三个要素组成：数据结构、数据操纵和完整性约束。

1．数据结构

数据结构用于描述系统的静态特性，是所研究的对象类型的集合。数据模型按其数据结构的不同可以分为层次模型、网状模型和关系模型。

2．数据操纵

数据操纵用于描述系统的动态特性，是指对数据库中各种对象的实例允许执行的操作的集合。

3．完整性约束

数据的完整性约束是一组完整性规则的集合。完整性规则是对给定的数据及其联系所具有的制约和存储规则的定义，用以限定相关数据符合数据库状态以及状态的变化，以保证数据的正确、有效和相容。

1.2.2　概念模型

概念模型是现实世界到机器世界的一个中间层次。现实世界的事物反映到人脑中，人们把这些事物抽象为一种既不依赖于具体的计算机系统又不为某一 DBMS 支持的概念模型，然后再把概念模型转换为计算机上某一 DBMS 支持的数据模型。

1．概念模型的主要概念

实体（Entity）：客观存在并相互区别的事物及其事物之间的联系，如一个学生、一门课程、学生的一次选课等都是实体。

属性（Attribute）：实体所具有的某一特性，如学生实体的属性包括学号、姓名、性别、出生年份、系、入学时间等。

码（Key）：唯一标识实体的属性集。例如，学号是学生实体的码，它可以唯一地标识一个学生。

　　域（Domain）：属性的取值范围。例如，年龄的域为大于 15 小于 35 的整数，性别的域为（男，女）。

　　实体型（Entity Type）：用实体名及其属性名集合来抽象和刻画的同类实体，如学生（学号，姓名，性别，出生年份，系，入学时间）就是一个实体型。

　　实体集（Entity Set）：同型实体的集合称为实体集，如全体学生就是一个实体集。

　　联系（Relationship）：实体与实体之间以及实体与组成它的各属性间的关系。现实世界中的联系大体有 3 种类型：一对一的联系（1:1）、一对多的联系（1:n）、多对多的联系（m:n）。

　2. 概念模型的表示方法

　　概念模型的表示方法很多，最常用的是实体－联系方法（Entity-Relationship Approach）。该方法是用 E-R 图来描述现实世界的概念模型。E-R 图提供了表示实体型、属性和联系的方法。

　　实体型：用矩形表示，矩形框内写明实体名。图 1-1 表示了学生实体和课程实体。

图 1-1　实体图

　　属性：用椭圆形表示，并用无向边将其与相应的实体连接起来。如学生实体有学号、姓名、性别、年龄、系别五个属性，课程有课程号、课程名、学分、学时、开课系五个属性，表示形式如图 1-2 所示。

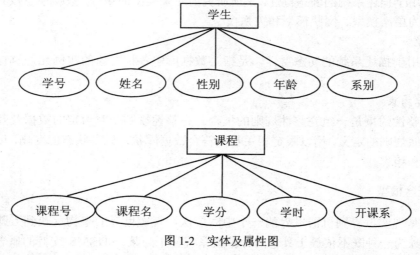

图 1-2　实体及属性图

　　联系：用菱形表示，菱形框内写明联系名，并用无向边分别与有关实体连接起来。同时在无向边旁标上联系的类型（1:1、1:n 或 m:n）。若实体之间的联系也有属性，则也要用无向边将属性与相应联系连接起来。如图 1-3 所示，分别给出了 3 种联系类型的例子。

　　综上所述，可以将学生选课的概念模型用 E-R 图表示出来，如图 1-4 所示。其中，学生实体包括学号、姓名、性别、年龄、系别五个属性，课程实体包括课程号、课程名、学分、学时、开课系五个属性。一个学生可以选修多门课程，一门课程也可以被多个学生选修，学生和课程之间的选课联系是多对多的联系。

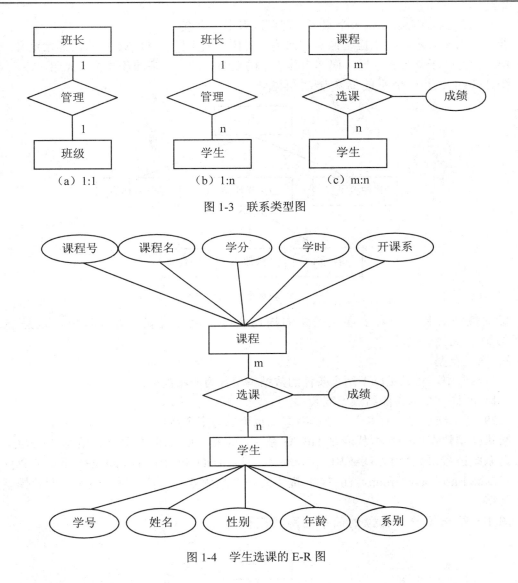

图 1-3　联系类型图

图 1-4　学生选课的 E-R 图

1.2.3　三种主要的数据模型

将现实世界的事物抽象为概念模型后，要将其用计算机来表示，还必须将概念模型转化为可以在计算机中进行表示的数据模型。目前最常用的数据模型有层次模型、网状模型和关系模型。其中层次模型和网状模型统称为非关系模型。

1. 层次模型

层次模型是数据库系统中最早出现的数据模型，它用树形结构表示各类实体及实体间的联系。层次模型数据库系统的典型代表是 IBM 公司的 IMS（Information Management Systems）数据库管理系统，这是一个曾经广泛使用的数据库管理系统。

在数据库中，对满足以下两个条件的数据模型称为层次模型：

（1）有且仅有一个结点无双亲，这个结点称为"根结点"。

（2）其他结点有且仅有一个双亲，但可以有多个后继。

若用图形来表示，层次模型像是一棵倒立的树。结点层次（Level）从根开始定义，根为第一层，根的孩子称为第二层，根称为其孩子的双亲，同一双亲的孩子称为兄弟。

图 1-5 给出了一个系的简单层次模型。

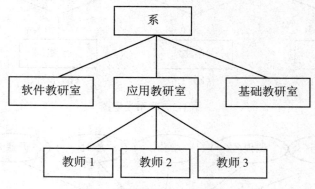

图 1-5　系的简单层次模型

层次模型对具有一对多层次关系的描述非常自然、直观、容易理解，这是层次数据库的突出优点。

2．网状模型

在数据库中，对满足以下两个条件的数据模型称为网状模型：

（1）允许一个以上的结点无双亲。

（2）一个结点可以有多于一个的双亲，也可以有多个后继。

网状模型数据库的典型代表是 DBTG 系统，也称 CODASYL 系统。这是 20 世纪 70 年代数据系统语言研究会 CODASYL（Conference On Data Systems Language）下属的数据库任务组（Data Base Task Group，DBTG）提出的一个系统方案。若用图形表示，网状模型像是一个网络。

图 1-6 给出了一个抽象的简单的网状模型。

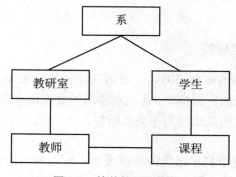

图 1-6　简单的网状模型

自然界中实体之间的联系更多的是非层次关系，用层次模型表示非层次结构是很不直接的，网状模型则可以克服这一弊病。

3.　关系模型

关系模型是目前最重要的一种模型。美国 IBM 公司的研究员 E.F.Codd 于 1970 年发表了题为"大型共享系统的关系数据库的关系模型"的论文,文中首次提出了数据库系统的关系模型。20 世纪 80 年代以来,计算机厂商新推出的数据库管理系统几乎都支持关系模型,非关系系统的产品也大都加上了关系接口。数据库领域当前的研究工作大都是以关系模型为基础的。本书的重点也将放在关系数据模型上。在本章只简单勾画一下关系模型。

（1）关系模型的数据结构。一个关系模型的数据结构,也称逻辑结构,是一张二维表,它由行和列组成。每一行称为一个元组,每一列称为一个字段。通常在关系模型中将表称为关系。

（2）关系模型的数据操纵与完整性约束。关系模型的数据操纵主要包括查询、插入、删除和更新数据。这些操作必须满足关系的完整性约束条件。关系的完整性约束条件包括 3 大类:实体完整性、参照完整性和用户定义的完整性。其具体含义将在后面章节介绍。

（3）关系模型的存储结构。关系模型中,实体及实体间的联系都用表来表示,这是关系模型的逻辑结构。在数据库的物理组织中,表以文件形式存储,每一个表通常对应一种文件结构,因此关系模型的存储结构是文件。

（4）关系模型的优、缺点。关系模型与非关系模型不同,它是建立在严格的数学概念的基础上的。

关系模型的概念单一,无论是实体还是实体之间的联系都用关系来表示,对数据检索的结果也用关系来表示。所以关系模型的结构简单、清晰,用户易懂易用。

关系模型的存取路径对用户透明,从而具有更高的数据独立性、更好的安全保密性,也简化了程序员的工作和数据库开发建立的工作。所以关系数据模型诞生以后发展迅速,深受用户的喜爱。

当然,关系数据模型也有缺点。其中最主要的缺点是,由于存取路径对用户透明,查询效率往往不如非关系数据模型。因此,为了提高性能,必须对用户的查询请求进行优化,这增加了开发数据库管理系统的负担。

1.3　数据库系统的结构

从数据库管理系统角度看待数据库结构,可以发现数据库系统采用三级模式结构。从数据库最终用户角度看,数据库系统的结构分为单用户结构、主从式结构、分布式结构和客户机/服务器结构。

1.3.1　数据库系统的模式结构

1.　数据库系统的三级模式结构

数据库系统的三级模式结构是指数据库系统是由外模式、模式和内模式三级组成。

（1）外模式。外模式也称子模式或用户模式,它是对数据库用户（包括应用程序员和最终用户）看见和使用的局部数据的逻辑结构和特征的描述,是数据库用户的数据视图,是与某一应用有关的数据的逻辑表示。一个数据库可以有多个外模式。

（2）模式。模式也称逻辑模式,是数据库中全体数据的逻辑结构和特征的描述,是所有用户的公用数据视图。一个数据库只有一个模式。

（3）内模式。内模式也称存储模式，它是对数据物理和存储结构的描述，是数据在数据库内部的表示方式。一个数据库只有一个内模式。

2. 数据库的二级映像与数据独立性

数据库系统在这三级模式之间提供了两层映像：外模式/模式映像和模式/内模式映像。正是这两层映像保证了数据库系统的数据能够具有较高的逻辑独立性和物理独立性。

模式描述的是数据的全局逻辑结构，外模式描述的是数据的局部逻辑结构。对应于同一个模式可以有任意多个外模式。对于每一个外模式，数据库系统都有一个外模式/模式映像，它定义了该外模式与模式之间的对应关系。当模式改变时（如增加新的数据类型、新的数据项、新的关系等），由数据库管理员对各个外模式/模式的映像作相应改变，可以使外模式保持不变，从而使得应用程序不必修改，保证了数据的逻辑独立性。

数据库中只有一个模式，也只有一个内模式，所以模式/内模式映像是唯一的，它定义了数据全局逻辑结构与存储结构之间的对应关系。当数据库的存储结构改变时（如采用了更先进的存储结构），由数据库管理员对模式/内模式映像作相应改变，可以使模式保持不变，从而保证了数据的物理独立性。

1.3.2　数据库系统的体系结构

从最终用户角度来看，数据库系统分为单用户结构、主从式结构、分布式结构和客户机/服务器结构。

1. 单用户结构

单用户结构是一种早期的最简单的结构。在这种结构中，整个数据库系统（包括应用程序、DBMS、数据）都装在一台计算机上，由一个用户独占，不同机器之间不能共享数据。

2. 主从式结构

主从式结构是指一个主机带有多个终端的多用户结构。在这种结构中，数据库系统（包括应用程序、DBMS、数据）都集中存放在主机上，所有处理任务都由主机来完成，各个用户通过主机的终端并发地存取数据库，共享数据资源。

3. 分布式结构

分布式结构是指数据库中的数据在逻辑上是一个整体，但物理地分布在计算机网络的不同结点上。网络中的每个结点都可以独立处理本地数据库中的数据，执行局部应用；同时也可以存取和处理多个异地数据库中的数据，执行全局应用。

4. 客户机/服务器结构

主从式数据库系统中的主机和分布式数据库系统中的每个结点机是一个通用计算机，既执行 DBMS 功能又执行应用程序。

随着工作站功能的增强和广泛使用，人们开始把 DBMS 功能和应用分开，网络中某个（些）结点上的计算机专门用于执行 DBMS 功能，称为数据库服务器，简称服务器，其他结点上的计算机安装 DBMS 的外围应用开发工具，支持用户的应用，称为客户机，这就是客户机/服务器结构的数据库系统。

在客户机/服务器结构中，一方面，客户端的用户请求被传送到数据库服务器，数据库服务器进行处理后，只将结果返回给用户（而不是整个数据），从而显著减少了网络上的数据传输量，提高了系统的性能、吞吐量和负载能力。另一方面，客户机/服务器结构的数据库往往更加开放。客户与服务器一般都能在多种不同的硬件和软件平台上运行，可以使用不同厂商的数据库应用开发工具，应用程序具有更强的可移植性，同时也可以减少软件维护开销。

1.3.3　数据库管理系统

数据库管理系统是数据库系统的核心，是为数据库的建立、使用和维护而配置的软件。它建立在操作系统的基础上，是位于操作系统与用户之间的一层数据管理软件，负责对数据库进行统一的管理和控制。用户发出的或应用程序中的各种操作数据库中数据的命令，都要通过数据库管理系统来执行。数据库管理系统还承担着数据库的维护工作，能够按照数据库管理员所规定的要求，保证数据库的安全性和完整性。

1. DBMS 的功能

由于不同 DBMS 要求的硬件资源、软件环境是不同的，因此其功能与性能也存在差异，但一般说来，DBMS 的功能主要包括以下 6 个方面。

（1）数据定义功能。数据定义包括定义构成数据库结构外模式、模式和内模式，定义各个外模式与模式之间的映射，定义模式与内模式之间的映射，定义有关的约束条件等。例如，为保证数据库中数据具有正确语义而定义的完整性规则，为保证数据库安全而定义的用户口令和存取权限等。

（2）数据操纵功能。数据操纵包括对数据库中数据的检索、插入、修改和删除等基本操作。

（3）数据库运行管理功能。对数据库的运行进行管理是 DBMS 运行时的核心部分，包括对数据库进行并发控制、安全性检查、完整性约束条件的检查和执行、数据库的内部维护（如索引、数据字典的自动维护）等。所有访问数据库的操作都要在这些控制程序的统一管理下进行，以保证数据的安全性、完整性、一致性以及多用户对数据库的并发使用。

（4）数据组织、存储和管理功能。数据库中需要存放多种数据，如数据字典、用户数据、存取路径等。DBMS 负责分门别类地组织、存储和管理这些数据，确定以何种文件结构和存取方式物理地组织这些数据，如何实现数据之间的联系，以便提高存储空间利用率以及提高随机查找、顺序查找、增/删/改等操作的时间效率。

（5）数据库的建立和维护功能。建立数据库包括数据库初始数据的输入与数据转换等。维护数据库包括数据库的转储与恢复、数据库的重组织与重构造、性能的监视与分析等。

（6）数据通信接口功能。DBMS 需要提供与其他软件系统进行通信的功能。列如，提供与其他 DBMS 或文件系统的接口，从而能够将数据转换为另一个 DBMS 或文件系统能够接收的格式，或者接收其他 DBMS 或文件系统的数据。

2. DBMS 的组成

为了提供上述 6 个方面的功能，DBMS 通常由以下 4 个部分组成。

（1）数据定义语言及其翻译处理程序。DBMS 一般都提供数据定义语言（Data Definition Language，DDL）供用户定义数据库的外模式、模式、内模式、各级模式间的映射及有关的约束条件等。用 DDL 定义的外模式、模式和内模式分别称为源外模式、源模式和源内模式。各种模式翻译程序负责将它们翻译成相应的内部表示，即生成目标外模式、目标模式和目标内模式。

（2）数据操纵语言及其编译（或解释）程序。DBMS 提供了数据操纵语言（Data

Manipulation Language，DML）实现对数据库的检索、插入、修改及删除等基本操作。DML分为宿主型 DML 和自主型 DML 两类。宿主型 DML 本身不能独立使用，必须嵌入主语言中，如嵌入 C、COBOL、FORTRAN 等高级语言中。自主型 DML 又称为自含型 DML，它是交互式命令语言，语法简单，可以独立使用。

（3）数据库运行控制程序。DBMS 提供了一些负责数据库运行过程中的控制与管理的系统运行控制程序，包括系统初启程序、文件读写与维护程序、存取路径管理程序、缓冲区管理程序、安全性控制程序、完整性检查程序、并发控制程序、事务管理程序、运行日志管理程序等，它们在数据库运行过程中监视着对数据库的所有操作，控制管理数据库资源，处理多用户的并发操作等。

（4）实用程序。DBMS 通常还提供一些实用程序，包括数据初始装入程序、数据转储程序、数据库恢复程序、性能监测程序、数据库再组织程序、数据转换程序、通信程序等。数据库用户可以利用这些实用程序完成数据库的建立与维护，以及数据格式的转换与通信。

本章小结

数据库指长期储存在计算机内、有组织的、可共享的数据集合。

数据库管理系统指位于用户与操作系统之间的一层数据管理软件。数据库在建立、运用和维护时由数据库管理系统统一管理、统一控制。

数据库系统指在计算机系统中引入数据库后构成的系统，一般由数据库，数据库管理系统，应用系统，数据库管理员和用户五部分构成。

数据管理经历了人工管理、文件系统和数据库系统三个阶段。

数据库研究的范围包括三个领域：数据库管理系统软件的研制、数据库设计和数据库理论研究。

数据模型就是对现实世界的模拟。数据模型由数据结构、数据操纵和完整性约束三个要素组成。目前最常用的数据模型有层次模型、网状模型和关系模型。其中层次模型和网状模型统称为非关系模型。

概念模型是现实世界到机器世界的一个中间层次。概念模型用 E-R 图来描述。

从数据库管理系统角度看待数据库结构可以发现数据库系统采用三级模式结构。从数据库最终用户角度看，数据库系统的结构分为单用户结构、主从式结构、分布式结构和客户机/服务器结构。

习题一

一、选择题

1. ＿＿＿＿＿＿是位于用户与操作系统之间的一层数据管理软件。数据库在建立、使用和维护时由其统一管理、统一控制。

  A．DBMS   B．DB   C．DBS   D．DBA

2. ＿＿＿＿＿＿是长期储存在计算机内，有组织、可共享的数据集合。

　　A．Data　　　　　　B．Information　　　　C．DB　　　　　D．DBS

　　3．文字、图形、图像、声音、学生的档案记录、货物的运输情况等，这些都是_____。

　　A．Data　　　　　　B．Information　　　　C．DB　　　　　D．其他

　　4．数据库应用系统是由数据库、数据库管理系统（及其开发工具）、应用系统、_____和用户构成。

　　A．DBMS　　　　　B．DB　　　　　　C．DBS　　　　　D．DBA

二、填空题

　　1．数据库就是长期储存在计算机内_____、_____的数据集合。

　　2．数据管理技术经历了_____、_____和_____三个发展阶段。

　　3．数据模型通常都是由_____、_____和_____三个要素组成。

　　4．目前最常用的数据模型有_____、_____和_____。20 世纪 80 年代以来，_____逐渐占主导地位。

三、简答题

　　1．常用的 3 种数据模型的数据结构各有什么特点？

　　2．图书管理数据库用来管理图书、读者及借阅信息。图书按唯一的图书编号进行检索，需要记录图书名、作者、出版社、出版日期、价格等基本信息。读者按照唯一的编号进行检索，需要记录读者的姓名、身份证号、级别等基本信息。一个读者可以借阅多本图书，一本图书也可以供多个读者借阅。请用 E-R 图画出该图书管理数据库的概念模型。

　　3．从数据库管理系统的角度看，数据库系统的三级模式结构是什么？

　　4．从用户角度看，数据库系统都有哪些体系结构？

　　5．数据库管理系统有哪些主要功能？

第 2 章　关系数据库

【本章导读】

本章主要讲述关系模型的基本概念、关系的数据结构、数据操纵和完整性约束以及关系系统的定义和分类。

【本章要点】

- 关系模型的数据结构
- 并、交、差和笛卡儿积 4 种传统的集合运算
- 选择、投影、连接和除 4 种专门的关系运算
- 关系的实体完整性规则和参照完整性规则
- 关系系统的定义和分类

2.1　关系模型的基本概念

2.1.1　数学定义

1. 域

定义 2.1　域是一组具有相同数据类型的值的集合。

例如，整数、实数、字符串、{男，女}，大于 0 小于等于 100 的正整数等都可以是域。

2. 笛卡儿积

定义 2.2　给定一组域 D_1, D_2, …, D_n，D_1, D_2, …, D_n 的笛卡儿积为：

$$D_1 \times D_2 \times \cdots \times D_n = \{(d_1, d_2, \cdots d_n) | d_i \in D_i，i=1,2, \cdots, n\}$$

其中，每一个元素 $(d_1, d_2, \cdots, d_n)$ 叫作一个元组，元素中的每一个值 d_i 叫作一个分量。

【例 2-1】假设有两个域：

D_1=animal（动物集合）={猫,狗,猪}

D_2=food（食物集合）={鱼,骨头,白菜}

则：

$D_1 \times D_2$={(猫，鱼) (狗，鱼) (猪，鱼) (猫，骨头) (狗，骨头) (猪，骨头) (猫，白菜) (猪，白菜) (狗，白菜)}。这 9 个元组可列成一张二维表，如表 2-1 所示。

3. 关系

定义 2.3　$D_1 \times D_2 \times \cdots \times D_n$ 的子集叫作在域 D_1, D_2, …, D_n 上的关系，用 $R(D_1, D_2, \cdots, D_n)$ 来表示。这里 R 表示关系的名字。

下面就从上例的笛卡儿积中取出一个子集来构造一个关系 Eat(animal, food)。关系名字为 Eat，属性名为 animal 和 food，如表 2-2 所示。

表 2-1 笛卡儿积结果

animal	food
猫	鱼
猫	骨头
猫	白菜
狗	鱼
狗	骨头
狗	白菜
猪	鱼
猪	骨头
猪	白菜

表 2-2 Eat 关系

animal	food
猫	鱼
狗	骨头
猪	白菜

4．关系的性质

（1）列是同质的，即每一列中的分量是同一类型的数据，来自同一个域。

（2）不同的列可出自同一个域，称其中的每一列为一个属性，不同的属性要给予不同的属性名。

（3）列的顺序无要求，即列的次序可以任意交换。

（4）任意两个元组不能完全相同。

（5）行的顺序无要求，即行的次序可以任意交换。

（6）分量必须取原子值，即每一个分量都必须是不可再分的数据项。

2.1.2 关系数据结构

在用户看来，一个关系模型的逻辑结构是一张二维表，它由行和列组成。例如，表 2-3 所示的学生记录就是一个关系模型，它涉及下列概念。

关系：一个关系对应一张二维表，表 2-3 所示的这张学生记录表就是一个关系。

元组：图中的一行称为一个元组，若表 2-3 中有 20 行，就有 20 个元组。

属性：图中的一列称为一个属性，表 2-3 中有 5 列，对应 5 个属性：学号、姓名、性别、年龄和所在系。

码：表中的某个属性（组），它可以唯一地确定一个元组，则称该属性组为"候选码"。若一个关系有多个候选码，则选定其中一个为主码。如表 2-3 所示的学号列，可以作为该学生关系的码来唯一标识一个学生的信息。

域：属性的取值范围。如表 2-3 所示的学生年龄的域应是(16～28)，性别的域是(男，女)，系别的域是一个学校所有系名的集合。

分量：元组中的一个属性值。

关系模式：对关系的描述，一般表示为：

关系名(属性 1, 属性 2, ……, 属性 n)

表 2-3 所示的学生关系可描述为：学生(学号, 姓名, 性别, 年龄, 所在系)。

表 2-3　学生关系

学号	姓名	性别	年龄	所在系
000101	王萧	男	17	经济系
000207	李云虎	男	18	机械系
010302	郭敏	女	18	信息系
010408	高红	女	20	土木系
⋮	⋮	⋮	⋮	⋮
020309	王睿	男	19	信息系
020506	路旭青	女	21	管理系

2.2　关系代数和关系演算

2.2.1　传统的集合运算

传统的集合运算是二目运算，包括并、交、差和广义笛卡儿积 4 种运算。设关系 R 和关系 S 具有相同的目 n（即两个关系都具有 n 个属性），且相应的属性取自同一个域，则 4 种运算定义如下。

1. 并

关系 R 与关系 S 的并由属于 R 或属于 S 的元组组成，其结果关系仍为 n 目关系。记作 R∪S。

2. 交

关系 R 与关系 S 的交由既属于 R 又属于 S 的元组组成，其结果关系仍为 n 目关系。记作 R∩S。

3. 差

关系 R 与关系 S 的差由属于 R 而不属于 S 的所有元组组成。其结果关系仍为 n 目关系。记作 R–S。

4. 广义笛卡儿积

两个分别为 n 目和 m 目的关系 R 和 S 的广义笛卡儿积是一个（n+m）列的元组的集合。元组的前 n 列是关系 R 的一个元组，后 m 列是关系 S 的一个元组。若 R 有 A_1 个元组，S 有 A_2 个元组，则关系 R 和关系 S 的广义笛卡儿积有 $A_1 \times A_2$ 个元组，记作 R×S。

【例 2-2】有关系 R、S，如表 2-4（a）、（b）所示，则 R∪S、R∩S、R–S、R×S 的结果分别为表 2-4（c）、（d）、（e）、（f）所示。

表 2-4　传统的集合运算

R

a	b	c
1	2	3
4	5	6
7	8	9

（a）

S

a	b	c
1	2	3
10	11	12
7	8	9

（b）

R∪S

a	b	c
1	2	3
4	5	6
7	8	9
10	11	12

（c）

R∩S

a	b	c
1	2	3
7	8	9

（d）

R−S

a	b	c
4	5	6

（e）

R×S

a	b	c	a	b	c
1	2	3	1	2	3
1	2	3	10	11	12
1	2	3	7	8	9
4	5	6	1	2	3
4	5	6	10	11	12
4	5	6	7	8	9
7	8	9	1	2	3
7	8	9	10	11	12
7	8	9	7	8	9

（f）

2.2.2　专门的关系运算

专门的关系运算包括选择、投影、连接和除等。

1. 选择

选择是在关系 R 中选择满足给定条件的诸元组，记作：

$$\sigma_F(R)=\{t|t\in R \wedge F(t)='真'\}$$

其中 F 表示选择条件，它是一个逻辑表达式，取逻辑值"真"或"假"。

逻辑表达式 F 的基本形式为：

$$X_1\theta Y_1[\Phi X_2\theta Y_2]\cdots$$

θ 表示比较运算符，它可以是＞、＞=、＜、＜=、=或＜＞。X_1、Y_1 等是属性名、常量或简单函数。属性名也可以用它的序号来代替。Φ表示逻辑运算符，它可以是￢（非）、∧（与）及∨（或）。[]表示任选项，即[]中的部分可以要也可以不要，…表示上述格式可以重复下去。

因此，选择运算实际上是从关系 R 中选取使逻辑表达式 F 为真的元组。这是从行的角度进行的运算。

设有一个学生－课程关系数据库，包括学生关系 S、课程关系 C 和选修关系 SC，如表 2-5 所示。下面的例子将对这 3 个关系进行运算。

表 2-5　学生－课程关系数据库

S

学号 S#	姓名 SN	性别 SS	年龄 SA	所在系 SD
000101	李晨	男	18	信息系
000102	王博	女	19	数学系
010101	刘思思	女	18	信息系
010102	王国美	女	20	物理系
020101	范伟	男	19	数学系

C

课程号 C#	课程名 CN	学分 CC
1	数学	6
2	英语	4
3	计算机	4
4	制图	3

SC

学号 S#	课程号 C#	成绩 G
000101	1	90
000101	2	87
000101	3	72
010101	1	85
010101	2	42
020101	3	70

【例 2-3】查询数学系学生的信息。

$$\sigma_{SD='数学系'}(S)$$

或

$$\sigma_{5='数学系'}(S)$$

结果如表 2-6 所示。

【例 2-4】查询年龄小于 20 的学生的信息。

$$\sigma_{SA<20}(S)$$

或

$$\sigma_{4<20}(S)$$

结果如表 2-7 所示。

表 2-6　查询数学系学生的信息

学号 S#	姓名 SN	性别 SS	年龄 SA	所在系 SD
000102	王博	女	19	数学系
020101	范伟	男	19	数学系

表 2-7　查询年龄小于 20 的学生的信息

学号 S#	姓名 SN	性别 SS	年龄 SA	所在系 SD
000101	李晨	男	18	信息系
000102	王博	女	19	数学系
010101	刘思思	女	18	信息系
020101	范伟	男	19	数学系

2. 投影

关系 R 上的投影是从 R 中选择出若干属性列组成新的关系。记作：

$$\pi_A(R)=\{t[A]|t\in R\}$$

其中，A 为 R 中的属性列。

投影操作是从列的角度进行的运算。投影之后不仅取消了原关系中的某些列，而且还可能取消某些元组，因为取消了某些属性列后，就可能出现重复行，应取消这些完全相同的行。

【例 2-5】查询学生的学号和姓名。

$$\pi_{S\#,SN}(S)$$

或

$$\pi_{1,2}(S)$$

结果如表 2-8 所示。

表 2-8　查询学生的学号和姓名

学号 S#	姓名 SN
000101	李晨
000102	王博
010101	刘思思
010102	王国美
020101	范伟

【例 2-6】查询学生的所在系，即查询学生关系 S 在所在系属性上的投影。

$$\pi_{SD}(S)$$

或

$$\pi_5(S)$$

结果如表 2-9 所示。

表 2-9　查询结果

所在系 SD
信息系
数学系
物理系

3. 连接

连接也称为θ连接。它是从两个关系的笛卡儿积中选取属性间满足一定条件的元组。记作：

$$R \underset{A\theta B}{\bowtie} S=\{t_rt_s|t_r\in R\wedge t_s\in S\wedge t_r[A]\theta t_s[B]\}$$

其中，A 和 B 分别为 R 和 S 上度数相等且可比的属性组，θ是比较运算符。连接运算从 R 和 S 的笛卡儿积 R×S 中选取（R 关系）在 A 属性组上的值与（S 关系）在 B 属性组上的值满足比较关系θ的元组。

θ为"＝"的连接运算称为等值连接。它是从关系 R 与 S 的笛卡儿积中选取 A、B 属性值相等的那些元组。等值连接可记作：

$$R \underset{A=B}{\bowtie} S=\{t_rt_s|t_r\in R\wedge t_s\in S\wedge t_r[A]=t_s[B]\}$$

若 A、B 是相同的属性组，就可以在结果中把重复的属性去掉。这种在相同的属性组间进行比较并去掉了重复的属性的等值连接称为自然连接。自然连接可记作：

$$R \bowtie S=\{t_rt_s|t_r\in R\wedge t_s\in S\wedge t_r[A]=t_s[B]\}$$

一般的连接操作是从行的角度进行运算，自然连接还需要取消重复列，所以是同时从行和列的角度进行运算。

【例 2-7】设关系 R、S 分别如表 2-10（a）、（b）所示，则 $R \underset{C<D}{\bowtie} S$ 的结果如表 2-11（a）所示，等值连接 $R \underset{C=D}{\bowtie} S$ 的结果如表 2-11（b）所示。

表 2-10　关系表 R 和 S

R

A	B	C
1	2	3
4	5	6
7	3	0

（a）

S

D	E
3	1
6	2

（b）

表 2-11　R 和 S 的运算结果

$R \underset{C<D}{\bowtie} S$

A	B	C	D	E
1	2	3	6	2
7	3	0	3	1
7	3	0	6	2

（a）

$R \underset{C=D}{\bowtie} S$

A	B	C	D	E
1	2	3	3	1
4	5	6	6	2

（b）

若 R 和 S 有相同的属性组 C，如表 2-12（a）、（b）所示，自然连接的结果如表 2-12（c）所示。

表 2-12 关系表 R 和 S

R

A	B	C
1	2	3
4	5	6
7	3	0

（a）

S

C	E
3	1
6	2

（b）

R ⋈ S

A	B	C	E
1	2	3	1
4	5	6	2

（c）

4. 除

R 与 S 的除运算得到一个新的关系 P(X)，P 是 R 中满足下列条件的元组在 X 属性列上的投影。

（1）关系 R(X, Y) 和 S(Y, Z)，其中 X、Y、Z 为属性组（R 中的 Y 与 S 中的 Y 可以有不同的属性名，但必须出自相同的域集）。

（2）元组在 X 上分量值 x 的象集 Yx 包含 S 在 Y 上的投影。

除运算可以记作：

$$R \div S = \{t_r[X] \mid t_r \in R \wedge \pi_y(S) \subseteq Yx\}, x = t_r[X]\}$$

除操作是同时从行和列角度进行运算的。

【例 2-8】R(A, B, C) 和 S(B, C, D) 两个关系如表 2-13 所示，求 R÷S。

表 2-13 关系表 R 和 S

R

A	B	C
a1	b1	c2
a2	b3	c7
a3	b4	c6
a1	b2	c3
a4	b6	c6
a2	b2	c3
a1	b2	c1

（a）

S

B	C	D
b1	c2	d1
b2	c1	d1
b2	c3	d2

（b）

则 R÷S 运算如下：

　　a1 的象集为｛(b1,c2), (b2,c3), (b2,c1)｝

　　a2 的象集为｛(b3,c7), (b2,c3)｝

　　a3 的象集为｛(b4,c6)｝

　　a4 的象集为｛(b6,c6)｝

S 在(B, C)上的投影为：{(b1,c2), (b2,c1), (b2,c3)}

因只有 a1 的象集包含了 S 在(B, C)属性组上的投影，故

　　R÷S={a1}

结果如表 2-14 所示。

表 2-14　除运算结果

A
a1

可以使用选择、投影、连接和除 4 种操作来编辑复杂的查询。以前面的学生－课程数据库中的 3 个表为例，举例说明它们的综合用法。

【例 2-9】查询选修了 2 号课程的学生的学号。

$$\pi_{S\#}(\sigma_{C\#='2'}(SC))$$

【例 2-10】查询选修了 3 号课程的学生的姓名。

$$\pi_{SN}(\sigma_{C\#='3'}(SC \bowtie S))$$

【例 2-11】查询选修了数学课的学生的姓名和成绩。

$$\pi_{SN,G}(\sigma_{CN='数学'}(C \bowtie SC \bowtie S))$$

2.2.3　关系演算

关系演算是以数理逻辑中的谓词演算为基础的。按谓词变元的不同，关系演算可分为元组关系演算和域关系演算。

2.2.3.1　元组关系演算语言——ALPHA

元组关系演算以元组变量作为谓词变元的基本对象。一种典型的元组关系演算语言是 E.F.Codd 提出的 ALPHA 语言，这一语言虽然没有实际实现，但关系数据库管理系统 INGRES 所用的 QUEL 语言是参照 ALPHA 语言研制的，与 ALPHA 十分类似。

ALPHA 语言语句的基本格式如下：

　　操作语句　工作空间名(表达式):操作条件

其中操作语句主要有 GET、PUT、HOLD、UPDATE、DELETE 和 DROP 六条语句。表达式用于指定语句的操作对象，它可以是关系名或属性名，一条语句可以同时操作多个关系或多个属性。操作条件是一个关系或逻辑表达式，用于将操作对象限定在满足条件的元组中，操作条件可以为空。除此之外，还可以在基本格式的基础上加上排序要求、定额要求等。

这里仍以前面的学生—课程数据库中的 3 个表为例来介绍 ALPHA 语言的各种操作。

1．检索操作

检索操作用 GET 语句实现。

（1）简单检索（即不带条件的检索）。

【例 2-12】查询所有学生的姓名。

```
GET  W(S.SN)
```

【例 2-13】查询所有学生的信息。

```
GET  W(S)
```

（2）带条件的检索。

【例 2-14】查询信息系学生的学号和年龄。

```
GET  W(S.S#, S.SA):S.SD='信息系'
```

【例 2-15】查询数学系年龄小于 20 的学生的姓名和年龄。

```
GET  W(S.SN, S.SA):S.SD='数学系'∧S.SA<20
```

（3）带排序的检索。

【例 2-16】查询计算机科学系学生的学号、姓名，并按年龄降序排序。

```
GET  W(S.S#, S.SN):S.SD='计算机科学系' DOWN S.SA
```

（4）指定元组个数的检索

【例 2-17】取出一个数学系学生的姓名。

```
GET  W(1)(S.SN):S.SD='数学系'
```

【例 2-18】查询信息系年龄最大的 3 个学生的学号及其年龄。

```
GET  W(3)(S.S#, S.SA):S.SD='信息系' DOWN S.SA
```

2. 更新操作

（1）插入操作。插入操作用 PUT 语句实现，其步骤如下：

1）用宿主语言在工作空间中建立新元组。

2）用 PUT 语句把该元组存入指定的关系中。

【例 2-19】插入一学号为 020302、姓名为刘青的 18 岁女生到计算机系。

```
MOVE  020302  TO  W.S#
MOVE  '刘青' TO  W.SN
MOVE  '女'  TO  W.SS
MOVE  18  TO  W.SA
MOVE  '计算机系'  TO  W.SD
PUT  W(S)
```

（2）删除操作。删除操作用 DELETE 语句实现。其步骤如下：

1）用 HOLD 语句把要删除的元组从数据库中读到工作空间中。

2）用 DELETE 语句删除该元组。

【例 2-20】删除学号为 020302 的学生。

```
HOLD  W(S):S.S#='020302'
DELETE  W
```

【例 2-21】删除全部学生。

```
HOLD  W(S)
DELETE  W
```

（3）修改操作。修改操作用 UPDATE 语句实现，其步骤如下：

1）用 HOLD 语句将要修改的元组从数据库中读到工作空间中。

2）用宿主语言修改工作空间中元组的属性。

3）用 UPDATE 语句将修改后的元组送回数据库中。

【例 2-22】将 020101 的姓名改为孟伟。

```
HOLD  W(S.S#, S.SN):S.S#='020101'
MOVE  '孟伟' TO  W.SN
UPDATE  W
```

修改主码的操作是不允许的，如果需要修改关系中某个元组的主码值，只能先用删除操作删除该元组，然后再把具有新主码值的元组插入到关系中。

【例 2-23】将 020101 的学号改为 030201。

```
HOLD  W  (S):S.S#='020101'
DELETE  W
MOVE  '030201'  TO  W.S#
MOVE  '孟伟'  TO  W.S N
MOVE  '男'  TO  W.SS
MOVE  '19'  TO  W.SA
MOVE  '数学系'  TO  W.SD
PUT  W  (S)
```

2.2.3.2　域关系演算语言 QBE

域关系演算以元组变量的分量，即域变量作为谓词变元的基本对象。1971 年由 M.M.Zloof 提出的 QBE 就是一个很有特色的域关系演算语言，该语言于 1978 年在 IBM 370 上得以实现。

QBE（Query By Example）用示例元素来表示查询结果可能的例子。示例元素实质上就是域变量。其最突出的特点是它的操作方式：它是一种高度非过程化的基于屏幕表格的查询语言。用户通过终端屏幕编辑程序以填写表格的方式构造查询要求，而查询结果也是以表格形式显示。因此非常直观，易学易用。

下面仍以学生—课程数据库为例，说明 QBE 的用法。

1. 检索操作

（1）简单查询。

【例 2-24】查询全体学生的姓名。

操作步骤如下：

1）用户提出要求。

2）屏幕显示空白表格，如表 2-15 所示。

表 2-15　显示空白表格

3）用户在最左边一栏输入关系名，如表 2-16 所示。

表 2-16　输入关系名

S		

4）显示该关系的栏名，即 S 的各个属性名，如表 2-17 所示。

表 2-17　显示关系的属性

S	S#	SN	SS	SA	SD

5）用户构造查询要求，如表 2-18 所示。

表 2-18　构造查询要求

S	S#	SN	SS	SA	SD
		P. T			

这里 T 是示例元素，即域变量。QBE 要求示例元素下面一定要加下划线。"P." 是操作符，表示打印（Print），实际上就是显示。

示例元素是这个域中可能的一个值，它不必是查询结果中的元素。比如要求查询信息系学生的姓名，只要给出任意的一个学生名即可，而不必是信息系的某个学生名。

6）屏幕显示查询结果，如表 2-19 所示。

表 2-19　查询结果

S	S#	SN	SS	SA	SD
		李晨 王博 刘思思 王国美			

【例 2-25】查询全体学生的信息，如表 2-20 所示。

表 2-20　查询全体学生的信息

S	S#	SN	SS	SA	SD
	P.000101	P.李晨	P.男	P.18	P.信息系

显示全部数据也可以简单地把 "P." 操作符作用在关系名上。因此本查询也可以简单地表示为如表 2-21 所示的形式。

表 2-21　简化查询

S	S#	SN	SS	SA	SD
P.					

（2）条件查询。

【例 2-26】求信息系全体学生的姓名，如表 2-22 所示。

表 2-22　查询信息系全体学生的姓名

S	S#	SN	SS	SA	SD
		P.李晨			信息系

信息系是查询条件，不必加横线。

【例 2-27】求数学系年龄大于 19 岁的学生的学号。

本查询是两个条件的"与"。在 QBE 中，有以下两种表示方法。

1）把两个条件写在同一行上，如表 2-23 所示。

表 2-23　查询数学系年龄大于 19 岁的学生的学号

S	S#	SN	SS	SA	SD
	P.000101			>19	数学系

2）把两个条件写在不同行上，但使用相同的示例元素值，如表 2-24 所示。

表 2-24　查询数学系年龄大于 19 岁的学生的学号

S	S#	SN	SS	SA	SD
	P.000101			>19	
	P.000101				数学系

【例 2-28】查询数学系或者年龄大于 19 岁的学生的学号。

本查询是两个条件的"或"。在 QBE 中把两个条件写在不同行上，并且使用不同的示例元素值来表示条件的"或"，如表 2-25 所示。

表 2-25　查询数学系或者年龄大于 19 岁的学生的学号

S	S#	SN	SS	SA	SD
	P.000101			>19	
	P.000102				数学系

（3）查询结果排序。

对查询结果按某个属性值的升序排序，只需在相应列中填入"AO."，按降序排序则填"DO."。如果按多列排序，用"AO(i)."或"DO(i)."表示，其中 i 为排序的优先级，i 值越小，优先级越高。

【例 2-29】查询信息系学生的姓名，要求查询结果按年龄升序排序，对年龄相同的学生按性别降序排序，如表 2-26 所示。

表 2-26　对查询结果排序

S	S#	SN	SS	SA	SD
		P.李晨	DO(2)	AO(1)	信息系

2．更新操作

（1）插入操作。

插入操作符为"I."，新插入的元组必须具有码值，其他属性值可以为空。

【例 2-30】把学号为 000103，姓名张兰，年龄 17 岁的信息系女生插入表 S，如表 2-27 所示。

表 2-27　插入操作

S	S#	SN	SS	SA	SD
I.	000103	张兰	女	17	信息系

（2）删除操作。

删除操作符为"D."。

【例 2-31】删除学号为 000103 的学生，如表 2-28 所示。

表 2-28　删除操作

S	S#	SN	SS	SA	SD
D.	000103				

（3）修改操作。

修改操作符为"U."。关系的主码不允许修改，如果需要修改某个元组的主码，需首先删除该元组，然后再插入新的主码的元组。

【例 2-32】把 000101 的年龄改为 19 岁，如表 2-29 所示。

表 2-29　修改操作

S	S#	SN	SS	SA	SD
	000101			U.19	

（a）

或：

S	S#	SN	SS	SA	SD
U.	000101			19	

（b）

【例 2-33】把所有学生的年龄增加 1 岁，如表 2-30 所示。

表 2-30　把所有学生的年龄增加 1 岁

S	S#	SN	SS	SA	SD
	<u>000101</u>			<u>X</u>	
U.	<u>000101</u>			<u>X</u>+1	

2.3　关系的完整性

关系模型的完整性规则是对关系的某种约束条件。关系模型中可以有三类完整性约束：实体完整性、参照完整性和用户定义的完整性。其中，实体完整性和参照完整性是关系模型必须满足的完整性约束条件，被称作是关系的两个不变性，应该由关系系统自动支持。

2.3.1　实体完整性

规则 2.1　实体完整性规则：若属性 A 是基本关系 R 的主属性，则属性 A 不能取空值。

例如，在学生关系 S(S#, SN, SS, SA, SD)中，S#属性为主码，则 S#不能取空值。

实体完整性规则规定，基本关系的所有主属性都不能取空值，而不仅是主码整体不能取空值。例如，学生选课关系 SC(S#, C#, G)，(S#, C#)为主码，则 S#和 C#两属性都不能取空值。

2.3.2　参照完整性

现实世界中的实体之间往往存在某种联系，在关系模型中实体及实体间的联系都是用关系来描述的。这样就自然存在着关系与关系间的引用。先来看一个例子。

学生—课程关系数据库，包括学生关系 S、课程关系 C 和选修关系 SC，这三个关系分别为：

> 学生(<u>学号</u>, 姓名, 性别, 年龄, 所在系)
> 课程(<u>课程号</u>, 课程名, 学分)
> 选修(<u>学号</u>, 课程号, 成绩)

其中，添加下划线的属性为该关系的主码。

这三个关系之间存在着属性的引用，即选修关系引用了学生关系的主码"学号"和课程关系的主码"课程号"。显然，选修关系中的学号值必须是确实存在的学生的学号，即学生关系中有该学生的记录。选修关系中的课程号值也必须是确实存在的课程的课程号，即课程关系中有该课程的记录。换句话说，选修关系中某些属性的取值需要参照其他关系的属性取值。

不仅两个或两个以上的关系间可以存在引用关系，同一关系内部属性间也可能存在引用关系。

定义 2.4　设 F 是关系 R 的一个或一组属性，但不是关系 R 的码，如果 F 与关系 S 的主码 Ks 相对应，则称 F 是基本关系 R 的外码（Foreign Key），并称关系 R 为参照关系，关系 S 为被参照关系。

显然，被参照关系 S 的主码 Ks 和参照关系的外码 F 必须定义在同一个（或一组）域上。

在例子中，选修关系的"学号"属性与学生关系的主码"学号"相对应，因此"学号"属性是选修关系的外码。学生关系为被参照关系，选修关系为参照关系。选修关系的"课程号"属性与课程关系的主码"课程号"相对应，因此"课程号"属性也是选修关系的外码。课程关系为被参照关系，选修关系为参照关系。

参照完整性规则就是定义外码与主码之间的引用规则。

规则 2.2　参照完整性规则：若属性（或属性组）F 是关系 R 的外码，它与关系 S 的主码 Ks 相对应（基本关系 R 和 S 不一定是不同的关系），则对于 R 中每个元组在 F 上的值必须为：

（1）或者取空值（F 的每个属性值均为空值）。

（2）或者等于 S 中某个元组的主码值。

对于例子中选修关系中每个元组的学号属性只能取下面两类值：

（1）空值，表示尚未有学生选课。

（2）非空值，这时该值必须是学生关系中某个学生学号，表示某个未知的学生不能选课。

同样，选修关系中每个元组的课程号属性只能取下面两类值：

（1）空值，表示尚未开课。

（2）非空值，这时该值必须是课程关系中某个课程号，表示不能选未开设的课。

2.3.3　用户定义的完整性

实体完整性和参照完整性适用于任何关系数据库系统。除此之外，不同的关系数据库系统根据其应用环境的不同，往往还需要一些特殊的约束条件。用户定义的完整性就是针对某一具体关系数据库的约束条件，它反映某一具体应用所涉及的数据必须满足的语义要求。例如，学生关系的年龄在 15～30 之间；选修关系的成绩必须在 0～100 之间等。

2.4　关系系统

2.4.1　关系系统的定义

一个系统可以定义为关系系统，当且仅当它支持：

（1）关系数据结构。也就是说，从用户观点看，数据库是由表构成的，并且系统中只有表这种结构。

（2）支持选择、投影和（自然）连接运算。对这些运算不要求用户定义任何物理存取路径。

关系模型中并非每一部分都是同等重要的，所以并不苛求一个实际的关系系统必须完全支持关系模型。

不支持关系数据结构的系统显然不能称为关系系统。

仅支持关系数据结构，但没有选择、投影和连接运算功能的系统，用户使用起来仍不方便，这种系统仍不能算作关系系统。

支持选择、投影和连接运算，但要求定义物理存取路径，这样就降低或丧失了数据的物理独立性，这种系统也不能算作真正的关系系统。

选择、投影、连接运算是最有用的运算，能解决绝大部分实际问题，所以要求关系系统只要支持这 3 种最主要的运算即可，并不要求它必须提供关系代数的全部运算功能。

2.4.2　关系系统的分类

按照 E.F.Codd 的思想，依据关系系统支持关系模型的程度不同，可以把关系系统分为 4 类，如图 2-1 所示。

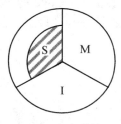 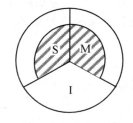 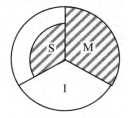 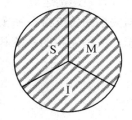

　（a）表式系统　　　（b）（最小）关系系统　　　（c）关系完备系统　　　（d）全关系系统

图 2-1　关系系统分类

　　图中的圆表示关系数据模型。每个圆分为三部分，分别表示模型的三个组成部分：S 表示数据结构（Structure），M 表示数据操纵（Manipulation），I 表示完整性约束（Integrity）。图中的阴影部分表示各类系统支持模型的程度。

　　1. 表式系统

　　这类系统仅支持关系数据结构（即表），不支持集合级的操作。表式系统实际上不能算作关系系统。倒排表列（Inverted List）系统就属于这一类系统。

　　2. （最小）关系系统

　　这类系统是上面定义的关系系统，它支持关系数据结构和选择、投影、连接三种关系操作。许多微机关系系统如 FoxBase、FoxPro 等就属于这一类系统。

　　3. 关系完备系统

　　这类系统支持关系数据结构和所有的关系代数操作（功能上与关系代数等价）。目前许多大、中型关系系统如 DB2、Oracle 等就属于这一类系统。

　　4. 全关系系统

　　这类系统支持关系模型的所有特征，特别是数据结构中域的概念、实体完整性和参照完整性。虽然 DB2、Oracle 等系统已经接近这个目标，但到目前为止尚没有一个系统是全关系系统。

本章小结

　　一组具有相同数据类型的值的集合称为域。

　　$D1 \times D2 \times \cdots \times Dn = \{(d1,d2,\cdots,dn)|di \in Di, i=1,2,\cdots,n\}$ 称为域 $D1,D2,\cdots,Dn$，$D1,D2,\cdots,Dn$ 上的笛卡儿积。其中每一个元素 $(d1,d2,\cdots,dn)$ 叫作一个元组，元素中的每一个值 di 叫作一个分量。

　　$D1 \times D2 \times \cdots \times Dn$ 的子集叫作在域 $D1,D2,\cdots,Dn$ 上的关系，用 $R(D1,D2,\cdots,Dn)$ 来表示。

　　关系的数据结构就是一张二维表。

　　关系代数包括传统的集合运算和专门的关系运算。传统的集合运算有：并、交、差和广义笛卡儿积；专门的关系运算有：选择、投影、连接和除。关系演算是以数理逻辑中的谓词演算为基础的。按谓词变元的不同，关系演算可分为元组关系演算和域关系演算。

　　关系模型的完整性规则是对关系的某种约束条件。关系模型中可以有三类完整性约束：实体完整性、参照完整性和用户定义的完整性。其中，实体完整性和参照完整性是关系模型必须满足的完整性约束条件，被称作是关系的两个不变性，应该由关系系统自动支持。

　　一个系统可以定义为关系系统，当且仅当它支持：①关系数据结构；②支持选择、投影和（自然）连接运算。对这些运算不要求用户定义任何物理存取路径。按照 E.F.Codd 的思想，依据关系系统支持关系模型的程度不同，可以把关系系统分为 4 类：表式系统、（最小）关系系统、关系完备的系统和全关系系统。

习题二

一、填空题

　　1. 关系数据模型中，实体及实体间的联系都用_____来表示。在数据库的物理组织中，它以_____形式存储。

2．常用的关系操作有两类：传统的集合操作，如并、交、差和_____；专门的关系操作，如_____、_____、_____和除等。

3．关系数据库的完整性约束包括_____、_____和_____三类。

二、操作题

有以下的 4 个关系：

S（供应商）：

SNO （供应商号）	SNAME （供应商姓名）	CITY （供应商所在城市）
S1	精益	天津
S2	万胜	北京
S3	东方	北京
S4	丰泰隆	上海
S5	康健	南京

P（零件）：

PNO （零件号）	PNAME （零件名称）	COLOR （零件颜色）	WEIGHT （零件重量）
P1	螺母	红	12
P2	螺栓	绿	17
P3	螺丝刀	蓝	14
P4	螺丝刀	红	14
P5	凸轮	蓝	40

J（项目）：

JNO （项目号）	JNAME （项目名称）	CITY （项目所在城市）
J1	三建	北京
J2	一汽	长春
J3	弹簧厂	天津
J4	造船厂	天津
J5	机车厂	唐山
J6	无线电厂	常州

SPJ（供应情况）：

SNO（供应商号）	PNO（零件号）	JNO（项目号）	QTY（供应数量）
S1	P1	J1	200
S1	P1	J3	100
S1	P1	J4	700
S1	P2	J2	100
S2	P3	J1	400
S2	P3	J2	200
S2	P3	J4	500
S2	P3	J5	400
S2	P5	J1	400
S2	P5	J2	100
S3	P1	J1	200
S3	P3	J1	200
S4	P5	J1	100
S5	P6	J2	200
S5	P6	J4	500

试用关系代数完成下列操作：

1．求供应商供应的商品的零件号。
2．求供应商 S5 供应的商品的零件号。
3．求供应工程 J1 零件的供应商号。
4．求供应工程 J1 零件 P1 的供应商号。
5．求供应工程 J1 红色零件的供应商号。

三、简答题

1．关系模型的完整性规则有哪几类？在关系模型的参照完整性规则中，外部码属性的值是否可以为空？什么情况下才可以为空？

2．关系系统可以分为哪几类？各类关系系统的定义是什么？

第 3 章 关系数据库规划和设计

【本章导读】

本章主要讲述关系数据库的规范化理论、关系数据库的标准语言 SQL、关系数据库的设计、关系数据库的保护以及数据库的最新技术。

【本章要点】

- 关系数据库理论
- 关系规范化的方法和步骤
- SQL 的功能
- 数据库的安全性、完整性、备份和恢复的原理及方法
- 数据库设计的内容、任务、步骤和方法
- 数据库技术的发展以及与其他技术的结合

3.1 关系数据库理论

关系数据库是由一组关系组成的，那么针对一个具体问题，应该如何构建一个适合于它的数据模式，即应该构造几个关系、每个关系由哪些属性组成等。这是关系数据库的规范化问题。

3.1.1 函数依赖

1. 函数依赖

定义 3.1 设 R(U)是一个关系模式，U 是 R 的属性集合，X 和 Y 是 U 的子集。对于 R(U) 的任意一个可能的关系 r，如果 r 中不存在两个元组，它们在 X 上的属性值相同，而在 Y 上的属性值不同，则称 X 函数确定 Y 或 Y 函数依赖于 X，记作 X→Y。

对于函数依赖（Functional Dependency，FD），需要说明以下几点：

（1）函数依赖不是指关系模式 R 的某个或某些关系实例满足的约束条件，而是指 R 的所有关系实例均要满足的约束条件。

（2）函数依赖是语义范畴的概念，只能根据数据的语义来确定函数依赖。例如，"姓名 →所在系"这个函数依赖只有在没有同名人的条件下成立。如果存在名字相同的人，则"所在系"就不再函数依赖于"姓名"了。

（3）X→Y，但 Y⊈X，则称 X→Y 是非平凡函数依赖。X→Y，但 Y⊆X，则称 X→Y 是平凡函数依赖。若不特别声明，总是讨论非平凡函数依赖。

（4）若 X→Y，则 X 称为这个函数依赖的决定属性集。

（5）若 X→Y，并且 Y→X，则记为 X←→Y。

（6）若 Y 不函数依赖于 X，则记为 X↛Y。

2. 完全函数依赖与部分函数依赖

定义 3.2　在关系模式 R(U)中，如果 X→Y，并且对于 X 的任何一个真子集 X'，都有 X'↛Y，则称 Y 完全函数依赖于 X，记作 $X \xrightarrow{f} Y$。若 X→Y，但 Y 不完全函数依赖于 X，称 Y 部分函数依赖于 X，记作 $X \xrightarrow{p} Y$。

例如，在选课关系 SC(学号 S#, 课程号 C#, 成绩 G)中，学生的成绩由学号和课程号共同决定，代表该学生的一次选课，所以函数依赖为：(S#, C#)→G，但是单独由学号不能决定一门课的成绩，单独由课程号也不能决定某个学生的成绩，即 S#↛G、C#↛G，所以(S#, C#) $\xrightarrow{f}$ G。

3. 传递函数依赖

定义 3.3　在关系模式 R(U)中，如果 X→Y（Y↛X），Y⊈X，Y→Z，则称 Z 传递函数依赖于 X，记作 $X \xrightarrow{传递} Z$。

例如，在关系 SD(学号 S#, 所在系 SDEPT, 系主任姓名 MNAME)中，学号决定学生所在系，即 S#→SDEPT，学生所在系决定系主任姓名 SDEPT→MNAME，则 $S\# \xrightarrow{传递} MNAME$。

4. 码

定义 3.4　设 K 为关系模式 R<U, F>中的属性或属性组合。若 $K \xrightarrow{f} U$，则称 K 为 R 的一个候选码（Candidate Key）。若关系模式有多个候选码，则选定其中的一个作为主码（Primary Key）。

例如，学生关系 STUDENT(学号 SNO, 姓名 SNAME, 性别 SSEX, 年龄 SAGE, 所在系 SDEPT)的主码是学号 SNO，因为学号 SNO 能决定姓名、性别、年龄、所在系这几个属性，即 $SNO \xrightarrow{f} U$。选课关系 SC(学号 S#, 课程号 C#, 成绩 G)的主码是(S#, C#)，因为(S#, C#) $\xrightarrow{f}$ G，则(S#, C#) $\xrightarrow{f}$ (S#, C#, G)，即(S#, C#) $\xrightarrow{f} U$。

包含在任何一个候选码中的属性称为主属性（Prime Attribute），不包含在任何一个候选码中的属性称为非主属性（Nonprime Attribute）或非码属性（Non-key Attribute）。最简单的情况下，候选码只包含一个属性。在最极端的情况下，关系模式的所有属性组都是这个关系模式的候选码，称为全码（All-key）。

例如，选课关系 SC(学号 S#, 课程号 C#, 成绩 G)的主码是(S#, C#)，主属性是主码的各个属性，即 S#、C#，非主属性是 G。

3.1.2　范式

范式是符合某一种级别的关系模式的集合。关系数据库中的关系必须满足一定的要求。满足的要求不同，则范式不同。范式的概念最早是由 E.F.Codd 提出的，他从 1971 年相继提出了三级规范化形式，即满足最低要求的第一范式（1NF），在 1NF 基础上又满足某些特性的第二范式（2NF），在 2NF 基础上再满足一些要求的第三范式（3NF）。1974 年，E.F.Codd 和 Boyce 共同提出了一个新的范式概念，即 Boyce-Codd 范式，简称 BC 范式（BCNF）。1976 年 Fagin 提出了第四范式（4NF），后来又有人定义了第五范式（5NF）。至此，在关系数据库规范中建立了一个范式系列：1NF、2NF、3NF、BCNF、4NF 和 5NF。

通常把某一关系模式 R 为第 n 范式简记为 R∈nNF。

1. 1NF

定义 3.5　如果一个关系模式的所有属性都是不可分的基本数据项，则 R∈1NF。

任何一个关系模式都是 1NF，不满足第一范式的数据库模式不能称为关系数据库。

满足第一范式的关系模式不一定是一个好的关系模式。如关系模式 SLC(学号 SNO，学生所在系 SDEPT，学生住处 SLOC，课程号 CNO，成绩 GRADE)，假设每个系的学生住在同一个楼上。SLC 满足第一范式，每个属性都不可分。

SLC 的码是(SNO, CNO)，函数依赖有：

(SNO, CNO) $\xrightarrow{f}$ GRADE，

SNO→SDEPT，(SNO, CNO) $\xrightarrow{p}$ SDEPT，

SNO→SLOC，(SNO, CNO) $\xrightarrow{p}$ SLOC，

SDEPT→SLOC。

SLC 关系模式存在的问题如下：

（1）插入异常。如果有一位新生的信息要插入到 SLC 中，由于该生还没有选课，课程号 CNO 为空，所以无法插入。

（2）删除异常。假定 SLC 中已有某个学生的选课记录，现在该学生要休学，这时需要将该生的选课记录都删除，由于课程号 CNO 是主属性，不能为空，所以删掉选课信息也就将整个元组都删除了，即把学生的信息也删掉了。从而删除了不应该删除的信息，造成了删除异常。

（3）更新异常。假设某学生要转系，这样学生所在系 SDEPT、学生住处 SLOC 都要发生变化，如果该生选修 N 门课，对应关系中 N 个元组，学生信息发生变化导致 N 个元组都要发生变化，导致修改复杂，即更新异常。

（4）冗余度大。假设某学生选了 10 门课，那么学生的 SDEPT 和 SLOC 就要重复存储 10 次，导致数据冗余。

由以上的分析可以看出，第一范式存在许多问题，需要通过模式分解向高一级范式转换。

2．2NF

定义 3.6　若关系模式 R∈1NF，并且每一个非主属性都完全函数依赖于 R 的码，则 R∈2NF。

2NF 不允许关系模式的属性之间有这样的函数依赖：X→Y，其中 X 是码的真子集，Y 是非主属性。显然，码只包含一个属性的关系模式，如果属于 1NF，那么它一定属于 2NF。

关系模式 SLC 的码是(SNO, CNO)，主属性是 SNO 和 CNO，非主属性是 SDEPT、SLOC、GRADE。分析 SLC 的函数依赖，可以看到：

(SNO, CNO) $\xrightarrow{p}$ SDEPT

(SNO, CNO) $\xrightarrow{p}$ SLOC

存在非主属性对码的部分函数依赖，不满足第二范式的要求，所以 SLC 只能达到 1NF。

解决的办法是把关系模式 SLC 分解成为两个关系模式：SC(SNO, CNO, GRADE)和 SL(SNO, SDEPT, SLOC)。

SC 的码是(SNO, CNO)，函数依赖是(SNO, CNO) $\xrightarrow{f}$ GRADE。

SL 的码是 SNO，函数依赖是 SNO→SDEPT、SNO→SLOC、SDEPT→SLOC。

由此可见，分解后的两个关系模式不存在非主属性对码的部分函数依赖，都达到了 2NF，即 SC∈2NF，SL∈2NF。

3．3NF

定义 3.7　如果关系模式 R<U, F>中不存在候选码 X、属性组 Y 以及非主属性 Z(Z⊈Y)，

使得 X→Y（Y↛X），Y→Z 成立，则 R∈3NF。

由定义 3.7 可以证明，若 R∈3NF，则 R 的每一个非主属性既不部分函数依赖于候选码，也不传递函数依赖于候选码。显然，如果 R∈3NF，则 R 也是 2NF。

研究分解后的关系模式 SL(SNO, SDEPT, SLOC)，SL 的码是 SNO，主属性是 SNO，非主属性是 SDEPT 和 SLOC，存在非主属性 SLOC 对主属性 SNO 的传递函数依赖，所以达不到 3NF 的要求，可以将 SL 分解为：

SD(SNO, SDEPT)

DL(SDEPT, SLOC)

分解后的 SD 和 DL 不再存在传递函数依赖，所以 SD∈3NF，DL∈3NF。

4．BCNF

BCNF（Boyce Codd Normal Form，鲍依斯－科得范式）是由 Boyce 和 Codd 共同提出的，比上述的 3NF 又进了一步，通常认为 BCNF 是修正的第三范式，有时也称为扩充的第三范式。

定义 3.8　设关系模式 R<U, F>∈1NF。若 X→Y 且 Y⊄X 时 X 必含有码，则 R<U, F> ∈BCNF。

也就是说，关系模式 R<U, F>中，若每一个决定因素都包含码，则 R<U, F>∈BCNF。由 BCNF 的定义可以得到结论，一个满足 BCNF 的关系模式有：

（1）所有非主属性对每一个码都是完全函数依赖。

（2）所有主属性对每一个不包含它的码是完全函数依赖。

（3）没有任何属性完全函数依赖于非码的任何一组属性。

2NF、3NF 分别消除了非主属性对码的部分函数依赖和传递函数依赖，而 BCNF 在 3NF 的基础上消除了主属性对码的部分函数依赖，因此如果 R∈BCNF，则 R∈3NF，反之则不成立。

假设有系别管理关系 DEPT(系别 D, 教研室 R, 教师数 C, 系主任 M)，其中 C 表示教研室中的教师数。一个系里只有一个主任，可以有多个教研室。这个数据库表中存在如下函数依赖：

(D, R)→(M,C)，(M, R)→(D, C)

所以，(D, R)和(M, R)都是 DEPT 的候选关键字，表中的唯一非关键字为 C，它是符合 3NF 的。但是，由于存在如下函数依赖：

D→M，M→D

即存在关键字段决定关键字段的情况，所以其不符合 BCNF 范式。它会出现如下异常情况：

（1）插入异常。当没有提供教研室的信息时，无法插入此系及主任的信息。

（2）更新异常。如果系更换了主任，则表中此系的所有行的主任列都要修改，造成修改操作的复杂化。

（3）删除异常。如果要删除某系所有教研室的信息，则系别和主任的信息也将被删除，造成删除异常。

解决的办法是把 DEPT 关系表分解为下面两个关系表：系别管理 DEPT(D, M)和教研室管理 REAC(D, R, C)。这样的数据库表是符合 BCNF 范式的，消除了删除异常、插入异常和更新异常。

5．多值依赖（Multivalued Dependency，MVD）

研究下面的关系模式 Teaching(课程 C, 教员 T, 参考书 B)，一门课程可以由多个教员讲授，使用相同的一套参考书。一个教员可以讲授多门课程。一本参考书可以供多门课程使用。表 3-1 所示的示例数据表示了 C、T、B 之间的关系。

表 3-1　Teaching 表

课程 C	教员 T	参考书 B
物理	李勇	普通物理学
物理	李勇	光学物理
物理	王军	普通物理学
物理	王军	光学物理
数学	李勇	高等数学
数学	李勇	微分方程
数学	张平	高等数学
数学	张平	微分方程
…	…	…

关系模式 Teaching 具有唯一候选码(C, T, B)，即全码。因而 Teaching∈BCNF。

但是当某一课程（如物理）增加一名讲课教员，如李兰时，由于存在多本参考书，所以必须插入多个元组：（物理，李兰，普通物理学）、（物理，李兰，光学原理）、（物理，李兰，物理习题集）。同样，要去掉一门课，也需要删除多个元组。

在这个例子中，存在着称为多值依赖的数据依赖。

定义 3.9　设 R(U)是属性集 U 上的一个关系模式。X、Y、Z 是 U 的子集，并且 Z=U−X−Y。关系模式 R 中多值依赖 X→→Y 成立，当且仅当对于 R 的任一关系 r，给定的一对(x, z)值，有一组 y 的值，这组值仅仅决定于 x 值而与 z 值无关。

在上述的关系模式 Teaching 中，T 多值依赖于 C，即 C→→T。即对于一个（物理，光学物理）有一组 T 值（李勇，王军），这组值仅仅决定于课程 C 上的值，即物理。这就是多值依赖。

若 X→→Y，而 Z=Φ，即 Z 为空，则称 X→→Y 为平凡的多值依赖；反之即为非平凡的多值依赖。

多值依赖的主要性质如下：

（1）多值依赖具有对称性。即若 X→→Y，则 X→→Z，其中 Z=U−X−Y。

（2）多值依赖的传递性。即若 X→→Y，Y→→Z，则 X→→Z−Y。

（3）函数依赖可以看作是多值依赖的特殊情况。即若 X→Y，则 X→→Y。这是因为当 X→Y 时，对 X 的每一个值 x，Y 有一个确定的值 y 与之对应，所以 X→→Y。

（4）若 X→→Y，X→→Z，则 X→→YZ。

（5）若 X→→Y，X→→Z，则 X→→Y∩Z。

（6）若 X→→Y，X→→Z，则 X→→Y−Z，X→→Z−Y。

6. 4NF

多值依赖对关系模式会产生怎样的影响呢？研究下面的关系模式 R={仓库(W)，保管员(S)，商品(C)}，假定每个仓库有若干保管员、若干商品，每个保管员保管所在仓库的所有商品，每种商品被所在仓库的所有保管员保管。

可以看出，对于此关系模式上的实例 r，满足 $W \to\to S$ 及 $W \to\to C$，即某仓库 W_i 中有 n 个保管员及 m 种商品，则 W 属性值为 W_i 的元组在数据库表中必有 $m \times n$ 个，这样 r 中的数据冗余仍是十分可观的。为了进一步减少冗余，引入划分更为细致、限制条件更加严格的范式，即 4NF。

定义 3.10　关系模式 $R<U,\ F> \in 1NF$，如果对于 R 的每个非平凡多值依赖 $X \to\to Y$（$Y \nsubseteq X$），X 都含有码，则 $R \in 4NF$。

4NF 就是限制关系模式的属性之间不允许有非平凡且非函数依赖的多值依赖。因为根据定义，对于每一个非平凡的多值依赖 $X \to\to Y$，X 都含有候选码，于是就有 $X \to Y$，所以 4NF 所允许的非平凡的多值依赖实际上是函数依赖。

Teaching(C, T, B)不满足 4NF 的要求，因为存在非平凡的多值依赖 $C \to\to T$，且 C 不是候选码。把 Teaching 分解为 CT(C, T)、CB(C, B)两个关系模式，则它们均是 4NF。

由此可见，4NF 是在 BCNF 的基础上消除了非平凡且非函数依赖的多值依赖。如果一个关系模式是 4NF，则它必为 BCNF。

函数依赖和多值依赖是两种最重要的数据依赖。如果只考虑函数依赖，则属于 BCNF 的关系模式规范化程度已经最高了。如果考虑多值依赖，则属于 4NF 的关系模式规范化程度是最高的。而 5NF（投影、连接范式）是基于连接依赖的关系模式规范化范式，在本书中将不做介绍。

7. 关系模式的规范化

规范化的基本思想是逐步消除数据依赖中不合适的部分，使模式中的各关系模式达到某种程度的"分离"，即"一事一地"的模式设计原则。

通过对关系模式进行规范化，可以逐步消除数据依赖中不合适的部分，使关系模式达到更高的规范化程度。关系模式的规范化过程是通过对关系模式的分解来实现的，即把低一级的关系模式分解为若干个高一级的关系模式。关系模式的规范化过程可以用图 3-1 所示来概括。

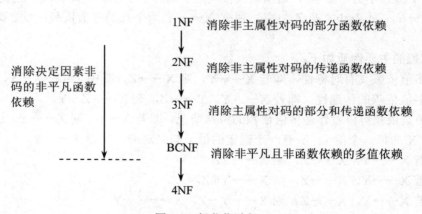

图 3-1　规范化过程

关系模式的规范化过程是通过模式分解来实现的，而这种分解并不是唯一的。下面就将进一步讨论分解后的关系模式与原关系模式的等价问题及分解的算法。

3.1.3 数据依赖的公理系统

数据依赖的公理系统是模式分解算法的理论基础,下面首先讨论函数依赖的一个有效而完备的公理系统——Armstrong 公理系统。

1. Armstrong 公理系统

定义 3.11 对于满足一组函数依赖 F 的关系模式 R,其任何一个关系 r,若函数依赖 X→Y 都成立,则称 F 逻辑蕴含 X→Y。

为了求得给定关系模式的码,首先要从一组函数依赖中求得其蕴含的函数依赖。而对于已知的函数依赖集 F,要判断 X→Y 是否为 F 所蕴含,就需要使用 Armstrong 公理系统。Armstrong 公理系统是 1974 年首先由 Armstrong 提出来的,这组公理系统是一套推理规则,是模式分解算法的理论基础。

Armstrong 公理系统对关系模式 R<U, F>来说有以下的推理规则:

- A1. 自反律(平凡函数依赖):若 $Y \subseteq X \subseteq U$,则 X→Y 为 F 所蕴含。
- A2. 增广律:若 X→Y 为 F 所蕴含,且 $Z \subseteq U$,则 XZ→YZ 为 F 所蕴含。
- A3. 传递律:若 X→Y 及 Y→Z 为 F 所蕴含,则 X→Z 为 F 所蕴含。

根据 A1、A2、A3 这 3 条推理规则可以得到下面 3 条很有用的导出规则:

- 合并规则:由 X→Y, X→Z,有 X→YZ(由 A2、A3 导出)。
- 伪传递规则:由 X→Y, WY→Z,有 XW→Z(由 A2、A3 导出)。
- 分解规则:由 X→Y 及 $Z \subseteq Y$,有 X→Z(由 A1、A3 导出)。

根据合并规则和分解规则,得到下面的引理:

引理 3.1 $X \rightarrow A_1 A_2 \cdots A_k$ 成立的充分必要条件是 $X \rightarrow A_i$ 成立(i=1, 2, …, k)。

定义 3.12 设 F 为属性集 U 上的一组函数依赖,$X \subseteq U$,$X_F^+=\{A|X \rightarrow A$ 能由 F 根据 Armstrong 公理导出$\}$,X_F^+ 称为属性集 X 关于函数依赖集 F 的闭包。

引理 3.2 设 F 为属性集 U 上的一组函数依赖,X、$Y \subseteq U$,X→Y 能由 F 根据 Armstrong 公理导出的充分必要条件是 $Y \subseteq X_F^+$。

于是,判定 X→Y 是否能由 F 根据 Armstrong 公理导出的问题,就转化为求出 X_F^+,判定 Y 是否为 X_F^+ 的子集的问题。这个问题可以使用算法 3.1 解决。

2. 求解函数依赖集的闭包

算法 3.1 求属性集 X($X \subseteq U$)关于 U 上的函数依赖集 F 的闭包 X_F^+。

输入:X, F。

输出:X_F^+。

步骤:

(1)令 $X^{(0)}=X$, i=0;

(2)求 B,这里 B={ A |(∃V)(∃W)(V→W∈F∧V $\subseteq X^{(i)}$ ∧A∈W)};

(3)$X^{(i+1)}=B \cup X^{(i)}$;

(4)判断 $X^{(i+1)}=X^{(i)}$;

(5)若相等或 $X^{(i+1)}=U$,则 $X^{(i+1)}$ 就是 X_F^+,算法终止;

(6)若否,则 i=i+1,返回第(2)步。

【例 3-1】已知关系模式 R<U, F>,其中 U={A, B, C, D, E},F={AB→C, B→D, C→E, EC

→B, AC→B}, 求$(AB)_F^+$。

解: 设 $X^{(0)}$=AB

(1) 计算 $X^{(1)}$: 逐一扫描 F 集合中各个函数依赖, 找左部为 A、B 或 AB 的函数依赖, 得到两个: AB→C, B→D。于是, $X^{(1)}$=AB∪CD=ABCD。

(2) 因为 $X^{(0)}$≠$X^{(1)}$, 所以再找出左部为 ABCD 的子集的那些函数依赖, 又得到 AB→C, B→D, C→E, AC→B。于是, $X^{(2)}$=$X^{(1)}$∪BCDE=ABCDE。

(3) 因为 $X^{(2)}$=U, 算法终止。

得到结果: $(AB)_F^+$=ABCDE。

根据以上的定理及算法, 可以根据关系模式的函数依赖集判断关系模式的码, 从而判断关系模式的规范化程度, 即判断关系模式达到第几范式。

【例 3-2】关系模式 R<U, F>, U={A, B, C, D, E}, 函数依赖集 F={AB→CE, E→AB, C→D}, 试问 R 最高属于第几范式?

(1) 求函数依赖集中决定因素是否为候选码, 即求 AB_F^+、E_F^+、C_F^+。得到: AB_F^+=U、E_F^+=U, 求 A_F^+ 和 B_F^+, 判断是否为 U, A_F^+≠U, B_F^+≠U, 所以 AB 和 E 是候选码。

(2) 由候选码判断主属性为 A、B、E, 非主属性为 C 和 D。

(3) 判断非主属性对候选码有没有部分函数依赖。

候选码 E 只有一个属性, 不可分, 所以不必判断。

判断候选码 AB, 决定因素中没有 A 或 B, 所以不存在非主属性对候选码的部分函数依赖, 达到 2NF。

(4) 判断非主属性对候选码有没有传递函数依赖。

在函数依赖集中有 AB→CE、C→D, 所以 AB→C、C→D, 存在非主属性 D 对候选码 AB 的传递函数依赖, 只能达到 2NF。

得到结论: 关系模式 R 只能达到第二范式。

3. 最小依赖集

从蕴含的概念出发, 又引出了最小依赖集的概念。每一个函数依赖集 F 均等价于一个极小函数依赖集 F_m, 此 F_m 称为 F 的最小依赖集。求得最小函数依赖集是模式分解的基础。下面就给出求 F 的最小依赖集的算法。

算法 3.2 分 3 步对 F 进行"极小化处理", 找出 F 的一个最小依赖集。

(1) 逐一检查 F 中各函数依赖 FD_i: X→Y。

若 Y=$A_1A_2\cdots A_k$, k>2, 则用 {X→A_j|j=1, 2, …, k} 来取代 X→Y。

(2) 逐一检查 F 中各函数依赖 FD_i: X→A, 令 G=F−{X→A}, 若 A∈X_G^+, 则从 F 中去掉此函数依赖。

(3) 逐一取出 F 中各函数依赖 FD_i: X→A, 设 X=$B_1B_2\cdots B_m$, 逐一考察 B_i (i=l, 2, …, m), 若 A∈$(X-B_i)_F^+$, 则以 X−B_i 取代 X。

最后剩下的 F 就一定是极小依赖集。

【例 3-3】F={AB→C, B→D, C→E, EC→B, AC→B}, 求其极小函数依赖集。

解:

第一步: 先分解右端, F 不变。

F={AB→C, B→D, C→E, EC→B, AC→B}

第二步：

（1）去掉 AB→C，得到 G={B→D, C→E, EC→B, AC→B}，求 AB_G^+，AB_G^+ 中不包含 C，不可以去掉 AB→C。F 不变。

（2）去掉 B→D，得到 G={AB→C, C→E, EC→B, AC→B}，求 B_G^+，B_G^+ 中不包含 D，不可以去掉 B→D。F 不变。

（3）去掉 C→E，得到 G={AB→C, B→D, EC→B, AC→B}，求 C_G^+，C_G^+ 中不包含 E，不可以去掉 C→E。F 不变。

（4）去掉 EC→B，得到 G={AB→C, B→D, C→E, AC→B}，求 EC_G^+，EC_G^+ 中不包含 B，不可以去掉 EC→B。F 不变。

（5）去掉 AC→B，得到 G={AB→C, B→D, C→E, EC→B}，求 AC_G^+，AC_G^+ 中包含 B，可以去掉 AC→B。

F=G= {AB→C, B→D, C→E, EC→B}。

第三步：

（1）判断 AB→C：

求 A_F^+=A，不包含 C，不能去掉 B。

求 B_F^+=BD，不包含 C，不能去掉 A。

（2）判断 EC→B：

求 E_F^+=E，不包含 B，不能去掉 C。

求 C_F^+=BCDE，包含 B，可以去掉 E。

F 变为 F= {AB→C, B→D, C→E, C→B}

最终得到的就是 F 的最小函数依赖集。

注意：F 的最小函数依赖集不一定是唯一的，它与对各函数依赖 FD_i 及 X→A 中 X 各属性的处理顺序有关。

3.1.4　关系模式的规范化

一个关系只要其分量都是不可分的数据项，它就是规范化的关系。但规范化程度过低的关系不一定能够很好地描述现实世界，可能会存在插入异常、删除异常、修改复杂、数据冗余等问题。解决这些问题的方法就是对其进行规范化，转换成高级范式。一个低一级范式的关系模式，通过模式分解可以转换为若干个高一级范式的关系模式集合，这个过程就叫关系模式的规范化。

1. 规范化的原则

关系模式的规范化是通过对关系模式的分解来实现的，但是把低一级的关系模式分解为若干个高一级的关系模式的方法并不是唯一的。在这些分解方法中，只有能够保证分解后的关系模式与原关系模式等价的方法才有意义。

下面先来看一下判断对关系模式的一个分解是否与原关系模式等价的两种不同的标准：

（1）分解具有无损连接性。

设关系模式 R<U, F> 被分解为若干个关系模式 $R_1(U_1, F_1)$, $R_2(U_2, F_2)$,…,$R_n(U_n, F_n)$（其中 U=$U_1 \cup U_2 \cup \cdots \cup U_n$，且不存在 $U_i \subseteq U_j$，R_i 为 R 在 U_i 上的投影），若 R 与 $R_1,R_2,\cdots,R_n$ 自然连接的结果相等，则称关系模式 R 的这个分解具有无损连接性。

（2）分解保持函数依赖。

设关系模式 R<U, F>被分解为若干个关系模式 $R_1(U_i, F_1)$, $R_2(U_2, F_2)$,…,$R_n(U_n, F_n)$（其中 $U=U_1\cup U_2\cup\cdots\cup U_n$，且不存在 $U_i\subseteq U_j$，F_i 为 F 在 U_i 上的投影），若 F 所逻辑蕴含的函数依赖一定也由分解得到的某个关系模式中的函数依赖 F_i 所逻辑蕴含，则称关系模式 R 的这个分解是保持函数依赖的。

如果一个分解具有无损连接性，则它能够保证不丢失信息。如果一个分解保持了函数依赖，则它可以减轻或解决各种异常情况。

表 3-2 给出了关系模式 SL(S#, SDEPT, SLOC)的一个关系。下面就对此关系作不同的分解。

表 3-2　SL

S#（学号）	SDEPT（所在系）	SLOC（住处）
95001	计算机系	1 号楼
95002	信息系	2 号楼
95003	数学系	3 号楼
95004	信息系	2 号楼
95005	物理系	2 号楼

1）分解为下面 3 个关系模式：

　　SN(S#)，SD(SDEPT)，SO(SLOC)

分解后的关系如表 3-3 所示。

表 3-3　分解模式 1

SN

S#　（学号）
95001
95002
95003
95004
95005

SD

SDEPT（所在系）
计算机系
信息系
数学系
信息系
物理系

SO

SLOC（住处）
1 号楼
2 号楼
3 号楼
2 号楼
2 号楼

分解后的关系规范化程度很高，但 SN、SD、SO 无法连接，丢失了很多信息。

2）分解为下面 2 个关系模式：

　　NL(S#, SLOC)，DL(SDEPT, SLOC)

分解后的关系如表 3-4 所示。

表 3-4　分解模式 2

NL

S#（学号）	SLOC（住处）
95001	1 号楼
95002	2 号楼
95003	3 号楼
95004	2 号楼
95005	2 号楼

DL

SDEPT（所在系）	SLOC（住处）
计算机系	1 号楼
信息系	2 号楼
数学系	3 号楼
物理系	2 号楼

将 NL 和 DL 进行自然连接,结果集如表 3-5 所示。结果比原来的 SL 关系多了 3 个元组。

表 3-5　NL 和 DL 的自然连接结果集

S#（学号）	SDEPT（所在系）	SLOC（住处）
95001	计算机系	1 号楼
95002	信息系	2 号楼
95002	物理系	2 号楼
95003	数学系	3 号楼
95004	信息系	2 号楼
95004	物理系	2 号楼
95005	信息系	2 号楼
95005	物理系	2 号楼

3）分解为下面 2 个关系模式:

ND(S#, SDEPT), NL(S#, SLOC)

分解后的关系如表 3-6 所示。将 ND 和 NL 进行自然连接,结果与 SL 完全一样,无信息丢失或添加。但它没有保持原关系中的的函数依赖:SDEPT→SLOC。

表 3-6　分解模式 3

ND			NL	
S#（学号）	SDEPT（所在系）		S#（学号）	SLOC（住处）
95001	计算机系		95001	1 号楼
95002	信息系		95002	2 号楼
95003	数学系		95003	3 号楼
95004	信息系		95004	2 号楼
95005	物理系		95005	2 号楼

4）分解为下面 2 个关系模式:

ND(S#, SDEPT), DL(SDEPT, SLOC)

分解后的关系如表 3-7 所示。

表 3-7　分解模式 4

ND			DL	
S#（学号）	SDEPT（所在系）		SDEPT（所在系）	SLOC（住处）
95001	计算机系		计算机系	1 号楼
95002	信息系		信息系	2 号楼
95003	数学系		数学系	3 号楼
95004	信息系		信息系	2 号楼
95005	物理系		物理系	2 号楼

这种分解方式既没有信息丢失,又保持了原关系中的函数依赖,是理想的分解。

分解具有无损连接性和分解保持函数依赖是两个互相独立的标准。具有无损连接性的分解不一定能够保持函数依赖。同样，保持函数依赖的分解也不一定具有无损连接性。例如，上面的第一种分解方法既不具有无损连接性，也未保持函数依赖。第二种分解方法保持了函数依赖，但不具有无损连接性。第三种分解方法具有无损连接性，但未保持函数依赖。它们都不是原关系模式的一个等价分解。第四种分解方法既具有无损连接性，又保持了函数依赖，它是原关系模式的一个等价分解。

2．规范化的方法

算法 3.3 达到 3NF 保持函数依赖的分解方法。

设关系模式 R<U, F>，达到 3NF 保持函数依赖的分解步骤如下：

（1）求 F 的最小函数依赖集，令 $F=F_{min}$。

（2）如果 U 中某些属性不出现在 F 中，将这些属性组成一个关系模式，从 R 中分离出去。

（3）对 F 中每一个 $X_i \rightarrow A_i$，都构成一个关系模式 $R_i=X_i A_i$。如果 F 中有 $X \rightarrow A_1,\dots,X \rightarrow A_n$（左部决定因素相同），则以 $X, A_1,A_2,\dots,A_n$ 构成一个关系模式输出。

【例 3-4】关系模式 R 的最小函数依赖集 F={B→G, CE→B, C→A, CE→G, B→D, C→D}，将该关系模式分解为 3NF 且保持函数依赖。

解：

对 B→G，B→D，得到 R_1：$U_1(BDG)$，F_1={B→G, B→D}

对 CE→B，CE→G，得到 R_2：$U_2(BCEG)$，F_2={CE→B, CE→G}

对 C→A，C→D，得到 R_3：$U_3(ACD)$，F_3={C→A, C→D}

分解完毕。

算法 3.4 达到 3NF 保持函数依赖和无损连接性的分解。

分解步骤如下：

（1）按照达到 3NF 保持函数依赖的分解将 R 分解为 $R_1,R_2,\dots,R_n$。

（2）选取 R 的主码，将主码与函数依赖相关的属性组成一个关系 R_{n+1}。

（3）如果 R_{n+1} 就是 $R_1,R_2,\dots,R_n$ 中的一个，将它们合并，否则加入分解后的关系模式。

【例 3-5】关系模式 R 的最小函数依赖集 F={B→G, CE→B, C→A, CE→G, B→D, C→D}，求达到 3NF 保持函数依赖和无损连接性的分解。

解：

R_1：$U_1(BDG)$，F_1={B→G, B→D}

R_2：$U_2(BCEG)$，F_2={CE→B, CE→G}

R_3：$U_3(ACD)$，F_3={C→A, C→D}

R 的码是 CE，与 CE 相关的函数依赖是 CE→B，CE→G。

形成 R4：$U_4(BCEG)$，因为 R_4 和 R_2 相等，所以合并 R_4 和 R_2。R 分解为 R_1，R_2 和 R3。分解完毕。

算法 3.5 达到 BCNF 保持无损连接性的分解。

设关系模式 R<U, F>，令ρ={R}，如果ρ中所有关系模式都达到 BCNF，则结束；否则在ρ中选择不是 BCNF 的关系模式 S，在 S 中必存在 X→A，X 不包含 S 的码，也不包含 A。此时用 S_1 和 S_2 代替 S，$S_1(XA)$，S_2（S 中的属性集 A）。

【例 3-6】关系模式 R<U, F>，U={A, B, C, D, E}，最小函数依赖集 F={AB→C, B→D, D

→E}，码是 AB。将 R 分解为 BCNF 且保持无损连接。

解：

（1）D→E 的决定因素不是 R 的码，将 R 分解为 $\{R_1(DE), R_2(ABCD)\}$，$F_1=\{D\to E\}$，$F_2=\{AB\to C, B\to D\}$。

（2）考虑 R_2 中，B→D 的决定因素不是 R_2 的码，将 R_2 分解为 $\{R_2(BD), R_3(ABC)\}$。

（3）最终 R 分解为 $\{R_1(DE), R_2(BD), R_3(ABC)\}$。

3.2 关系数据库标准语言——SQL

SQL（Structured Query Language，结构化查询语言）是 1974 年由 Boyce 和 Chamberlin 提出的。1975～1979 年 IBM 公司 San Jose Research Laboratory 研制的关系数据库管理系统的原型系统 System R 实现了这种语言。由于它功能丰富，语言简洁，使用方法灵活，倍受用户及计算机工业界欢迎，被众多计算机公司和软件公司所采用。经各公司的不断修改、扩充和完善，SQL 语言最终发展成为关系数据库的标准语言。1986 年 10 月由美国国家标准局（ANSI）公布将 SQL 作为关系数据库语言的美国标准，1987 年国际标准化组织（ISO）也通过了这一标准。

自 SQL 成为国际标准语言以后，各个数据库厂家纷纷推出各自支持的 SQL 软件或与 SQL 兼容的接口软件。这就有可能使将来大多数数据库均用 SQL 作为共同的数据存取语言和标准接口，使不同数据库系统之间的交互操作有了共同的基础。

SQL 成为国际标准，对数据库以外的领域也产生了很大影响，有不少软件产品将 SQL 语言的数据查询功能与图形功能、软件工程工具、软件开发工具、人工智能程序结合起来。SQL 已成为关系数据库领域中一个主流语言。

SQL 语言集数据查询、数据操纵、数据定义和数据控制功能于一体。它是一个综合的、通用的、功能极强，同时又简洁易学的语言。其主要特点包括以下几个方面。

1. 综合统一

非关系模型（层次模型、网状模型）的数据语言一般分为模式数据定义语言（Data Definition Language，模式 DDL）、外模式数据定义语言（外模式 DDL），子模式数据定义语言（子模式 DDL）及数据操纵语言（Data Manipulation Language，DML），它们分别完成模式、外模式、内模式的定义和数据存取、处理等功能。而 SQL 语言则集数据定义语言（DDL）、数据操纵语言（DML）、数据控制语言（DCL）的功能于一体，语言风格统一，可以独立完成数据库生命周期中的全部活动。包括定义关系模式、录入数据以建立数据库、查询、更新、维护、数据库重构、数据库安全性控制等一系列操作的要求，这就为数据库应用系统开发提供了良好的环境。

2. 高度非过程化

非关系数据模型的数据操纵语言是面向过程的语言。要完成某项请求，必须指定存取路径。而用 SQL 语言进行数据操作，用户只需提出"做什么"，而不必指明"怎么做"。因此用户无需了解存取路径，存取路径的选择以及 SQL 语句的操作过程由系统自动完成。这不但大大减轻了用户负担，而且有利于提高数据独立性。

3. 用同一种语法结构提供两种使用方式

SQL 语言既是自含式语言，又是嵌入式语言。作为自含式语言，它能够独立地用于联机交互的使用方式，用户可以在终端键盘上直接输入 SQL 命令对数据库进行操作。作为嵌入式语言，SQL 语句能够嵌入到高级语言（如 C、COBOL、FORTRAN、PL/1）程序中，供程序员设计程序时使用。而在两种不同的使用方式下，SQL 语言的语法结构基本上是一致的。这种以统一的语法结构提供两种不同的使用方式的做法，为用户提供了极大的灵活性与方便性。

4. 语言简洁，易学易用

SQL 语言功能极强，但由于设计巧妙，语言十分简洁，完成数据定义、数据操纵、数据控制的核心功能只用了 9 个命令动词：CREATE、DROP、ALTER、SELECT、INSERT、UPDATE、DELETE、GRANT 和 REVOKE，如表 3-8 所示。而且 SQL 语言语法简单，接近英语口语，因此容易学习和使用。

表 3-8 SQL 语言的命令动词

SQL 功能	动词
数据查询	SELECT
数据定义	CREATE，DROP，ALTER
数据操纵	INSERT，UPDATE，DELETE
数据控制	GRANT，REVOKE

3.3 数据库保护

数据库系统中的数据是由 DBMS 统一管理和控制的，为了适应数据共享的环境，DBMS 必须提供数据的安全性、完整性、并发控制和数据库恢复等数据保护能力，以保证数据库中数据的安全可靠和正确有效。

3.3.1 安全性

1. 数据库的安全性

数据库的安全性是指保护数据库，防止因用户非法使用数据库造成的数据泄露、更改或破坏。

数据库的一大特点是数据可以共享，但数据共享必然带来数据库的安全性问题。数据库中放置了组织、企业和个人的大量数据，其中许多数据可能是非常关键的、机密的或者涉及个人隐私的，如果 DBMS 不能严格地保证数据库中数据的安全性，就会严重制约数据库的应用。

因此，数据库系统中的数据共享不能是无条件的共享，而必须是在 DBMS 统一严格的控制之下，只允许有合法使用权限的用户访问允许他存取的数据。数据库系统的安全保护措施是否有效是数据库系统主要的性能指标之一。

2. 安全性控制的一般方法

在数据库中用于安全性控制的方法主要有用户标识和鉴定、存取控制、定义视图、审计和数据加密等。

（1）用户标识和鉴定。

用户标识和鉴定是系统提供的最外层安全保护措施。其方法是由系统提供一定的方式让用户标识自己的名字或身份。系统内部记录着所有合法用户的标识，每次用户要求进入系统时，由系统将用户提供的身份标识与系统内部记录的合法用户标识进行核对，通过鉴定后才提供机器使用权。用户标识和鉴定的方法有很多种，而且在一个系统中往往是多种方法并举，以获得更强的安全性。

标识和鉴定一个用户最常用的方法是用一个用户名或用户标识号来标明用户身份，系统鉴别此用户是否是合法用户，若是则可进入下一步的核实；若不是，则不能使用计算机。

为了进一步核实用户，在用户输入了合法用户名或用户标识号后，系统常常要求用户输入口令（Password），然后系统核对口令以鉴别用户身份。为保密起见，用户在终端上输入的口令是不显示在屏幕上的。

通过用户名和口令来鉴定用户的方法简单易行，但用户名与口令容易被人窃取，因此还可以用更复杂的方法。例如，每个用户都预先约定好一个计算过程或者函数，鉴别用户身份时，系统提供一个随机数，用户根据自己预先约定的计算过程或者函数进行计算，系统根据用户计算结果是否正确进一步鉴定用户身份。用户可以约定比较简单的计算过程或函数，以使计算起来方便；也可以约定比较复杂的计算过程或函数，以使安全性更好。

用户标识和鉴定可以重复多次。

（2）存取控制。

在数据库系统中，为了保证用户只能访问他有权存取的数据，必须预先对每个用户定义存取权限。对于通过鉴定获得上机权的用户（即合法用户），系统根据他的存取权限定义对他的各种操作请求进行控制，确保他只执行合法操作。

存取权限是由两个要素组成的：数据对象和操作类型。定义一个用户的存取权限就是要定义这个用户可以在哪些数据对象上进行哪些类型的操作。在数据库系统中，定义存取权限称为授权。这些授权定义经过编译后存放在数据字典中。对于获得上机权后又进一步发出存取数据库操作的用户，DBMS 查找数据字典，根据其存取权限对操作的合法性进行检查，若用户的操作请求超出了定义的权限，系统将拒绝执行此操作。关系系统的存取权限如表 3-9 所示。

表 3-9　关系系统的存取权限

数据对象	操作类型
模式	建立、修改、检索
外模式	建立、修改、检索
内模式	建立、修改、检索
表	查找、插入、修改、删除
列	查找、插入、修改、删除

衡量授权机制是否灵活的一个重要指标是授权粒度，即可以定义的数据对象的范围。授权定义中数据对象的粒度越细，即可以定义的数据对象的范围越小，授权子系统就越灵活。

在关系系统中，实体以及实体间的联系都用单一的数据结构即表来表示，表由行和列组成。所以在关系数据库中，授权的数据对象粒度包括表、属性列、行（记录）。

另外，还可以在存取谓词中引用系统变量，如终端设备号、系统时钟等，这就是与时间、地点有关的存取权限，这样用户只能在某段时间内、某台终端上存取有关数据。

可见，授权粒度越细，授权子系统就越灵活，能够提供的安全性就越完善。但另一方面，因数据字典变大变复杂，系统定义与检查权限的开销也会相应地增大。

（3）定义视图。

进行存取权限的控制，不仅可以通过授权与收回权限来实现，还可以通过定义视图来提供一定的安全保护功能。

视图是从基本表或其他视图中导出的表，它本身不独立存储在数据库中，也就是说数据库中只存放视图的定义而不存放视图对应的数据，这些数据仍存放在导出视图的表中，因此视图是一个虚表。

在关系系统中，为不同的用户定义不同的视图，通过视图机制把要保密的数据对无权存取这些数据的用户隐藏起来，从而自动地对数据提供一定程度的安全保护。

（4）审计。

审计追踪使用的是一个专用文件或数据库，系统自动将用户对数据库的所有操作记录在上面，利用审计追踪的信息，就能重现导致数据库现有状况的一系列事件，从而找到非法存取数据的人。

审计通常是很费时间和空间的，所以 DBMS 往往都将其作为可选特征，允许 DBA 根据应用对安全性的要求，灵活地打开或关闭审计功能。审计功能一般主要用于安全性要求较高的部门。

（5）数据加密。

对于高度敏感性数据，如财务数据、军事数据、国家机密等，除以上安全性措施外，还可以采用数据加密技术，以密码形式存储和传输数据。这样当企图通过不正当渠道获取数据时，例如，利用系统安全措施的漏洞非法访问数据，或者在通信线路上窃取数据，只能看到一些无法辨认的二进制代码。用户正常检索数据时，首先要提供密码钥匙，由系统进行译码后，才能得到可识别的数据。

所有提供加密机制的系统必然也提供相应的解密程序。这些解密程序本身也必须具有一定的安全性保护措施，否则数据加密的优点也就遗失殆尽了。

由于数据加密与解密是比较费时的操作，而且数据加密与解密程序会占用大量系统资源，因此数据加密功能通常也作为可选特征，允许用户自由选择，只对高度机密的数据加密。

3.3.2　完整性

1. 数据库的完整性

数据库的完整性是指数据的正确性和相容性。例如，学生的性别只能是男或女；学生的姓名是字母或汉字；学号必须唯一等。数据库是否具备完整性关系到数据库系统能否真实地反映现实世界，因此维护数据库的完整性是非常重要的。

2. 安全性与完整性的区别

数据的完整性与安全性是数据库保护的两个不同的方面。安全性是防止用户非法使用数据库，包括恶意破坏数据和越权存取数据。完整性则是防止合法用户使用数据库时向数据库中加入不符合语义的数据。也就是说，安全性措施的防范对象是非法用户和非法操作，完整性措施的防范对象是不符合语义的数据。

3. 数据库的完整性约束条件和完整性控制机制

为维护数据库的完整性，DBMS 必须提供一种机制来检查数据库中的数据，看其是否满足语义规定的条件。这些加在数据库数据之上的语义约束条件称为数据库的完整性约束条件，它们作为模式的一部分存入数据库中。而 DBMS 中检查数据是否满足完整性条件的机制称为完整性控制机制。

（1）数据库的完整性约束条件。

完整性约束条件作用的对象可以有列级、元组级和关系级 3 种精度。完整性约束条件涉及的这 3 种对象，其状态可以是静态的，也可以是动态的。其中对静态对象的约束是反映数据库状态合理性的约束，这是最重要的一类完整性约束。对动态对象的约束是反映数据库状态变迁的约束。

综合上述两个方面，可以将完整性约束条件分为以下 6 类：

1）静态列级约束。静态列级约束是对一个列的取值域的说明，这是最常见、最简单同时也是最容易实现的一类完整性约束，包括以下几个方面：

- 对数据类型的约束，包括数据的类型、长度、单位、精度等。
- 对数据格式的约束。
- 对取值范围或取值集合的约束。
- 对空值的约束。空值表示未定义或未知的值，它与零值和空格不同。有的列允许空值，有的则不允许。
- 其他约束，如关于列的排序说明、组合列等。

2）静态元组约束。静态元组约束是规定组成一个元组的各个列之间的约束关系。例如，工资关系中的实发工资=应发−应扣，订货关系中发货量不得超过订货量等。

静态元组约束只局限在单个元组上，因此比较容易实现。

3）静态关系约束。静态关系约束是一个关系的各个元组之间或者若干关系之间存在的各种联系或约束。常见的静态关系约束有以下 4 种：

- 实体完整性约束。
- 参照完整性约束。
- 函数依赖约束。
- 统计约束。指一个关系的某个字段的值与该关系的多个元组的统计值之间的关系。

4）动态列级约束。动态列级约束是修改列定义或列值时应满足的约束条件。

5）动态元组约束。动态元组约束是指修改某个元组的值时需要参照其旧值，并且新、旧值之间需要满足某种约束条件。

6）动态关系约束。动态关系约束是加在关系变化前后状态上的限制条件。动态关系约束实现起来开销较大。

（2）完整性控制机制。DBMS 的完整性控制机制具有 3 个方面的功能：

1）定义功能，即提供定义完整性约束条件的机制。

2）检查功能，即检查用户发出的操作请求是否违背了完整性约束条件。

3）操作功能，如果发现用户的操作请求使数据违背了完整性约束条件，则采取一定的动作来保证数据的完整性。

3.3.3　并发控制

数据库是一个共享资源,可以供多个用户使用。这些用户程序可以一个一个地串行执行,每个时刻只有一个用户程序运行,执行对数据库的存取,其他用户程序必须等到这个用户程序结束以后方能对数据库存取。如果一个用户程序涉及大量数据的输入/输出交换,则数据库系统的大部分时间将处于闲置状态。为了充分利用数据库资源,发挥数据库共享资源的特点,应该允许多个用户并行地存取数据库。但这样就会产生多个用户程序并发存取同一数据的情况,若对并发操作不加控制就可能会存取不正确的数据,破坏数据库的一致性。因此数据库管理系统必须提供并发控制机制。并发控制机制的好坏是衡量一个数据库管理系统性能的重要标志之一。

1．事务

事务是数据库的逻辑工作单位,它是用户定义的一组操作序列,这些操作要么都做,要么都不做。在关系数据库中,一个事务可以是一组 SQL 语句、一条 SQL 语句或整个程序。通常情况下,一个应用程序包括多个事务。

事务以 BEGIN TRANSACTION 开始,以 COMMIT 或 ROLLBACK 结束。

原子性(Atomicity)、一致性(Consistency)、隔离性(Isolation)和持续性(Durability)是事务的 4 个特性,通常称为事务的 ACID 特性。一个事务必须满足这 4 个特性。

(1)原子性。事务是数据库的逻辑工作单位,事务中包括的诸操作要么都做,要么都不做。这就是事务的原子性。

(2)一致性。事务执行的结果必须是使数据库从一个一致性状态变到另一个一致性状态。

(3)隔离性。对并发执行而言,一个事务的执行不能被其他事务干扰。一个事务内部的操作及使用的数据对其他并发事务是隔离的,同时并发执行的各个事务之间也不能互相干扰。

(4)持续性。一个事务一旦提交,它对数据库中数据的改变就应该是永久性的。

2．并发操作带来的数据不一致性

对并发操作如果不进行合适的控制,可能会导致数据库中数据的不一致性。并发操作带来的数据不一致性问题包括 3 类:丢失修改、不可重复读和读"脏"数据。

(1)丢失修改(Lost Update)。丢失修改是指事务 1 与事务 2 从数据库中读入同一数据并修改,事务 2 的提交结果破坏了事务 1 提交的结果,导致事务 1 的修改被丢失。一个最常见的例子是飞机订票系统中的订票操作。该系统中的一个活动序列如下:

1)甲售票员读出某航班的机票余额 A,设 A=16。

2)乙售票员读出同一航班的机票余额 A,也为 16。

3)甲售票点卖出一张机票,修改机票余额 A=A-1,A=15,把 A 写回数据库。

4)乙售票点也卖出一张机票,修改机票余额 A=A-1,A=15,把 A 写回数据库。

结果明明卖出两张机票,数据库中机票余额却只减少了1。

(2)不可重复读(Non-repeatable Read)。不可重复读是指事务 1 读取数据后,事务 2 执行更新操作,使事务 1 无法再现前一次的读取结果。

根据操作的不同,通常有三类不可重复读的类型。当有事务 1 读取某一数据后:

1)事务 2 对其做了修改,当事务 1 再次读该数据时,得到与前一次不同的值。

2)事务 2 删除了其中部分记录,当事务 1 再次读取数据时,发现某些记录神秘地消失了。

3）事务 2 插入了一些记录，当事务 1 再次按相同条件读取数据时，发现多了一些记录。其中，后两种不可重复读有时也称为幻影现象（Phantom Row）。

（3）读"脏"数据（Dirty Read）。读"脏"数据是指事务 1 修改某一数据，并将其写回磁盘，事务 2 读取同一数据后，事务 1 由于某种原因被撤消，这时事务 1 已修改过的数据恢复原值，事务 2 读到的数据就与数据库中的数据不一致，是不正确的数据，称为"脏"数据。

3. 并发控制

所谓并发控制就是要用正确的方式调度并发操作，避免造成数据的不一致性，使一个用户事务的执行不受其他事务的干扰。

4. 并发控制的主要方法

并发控制的主要方法是采用封锁机制。封锁就是事务 T 在对某个数据对象（如表、记录等）操作之前，先向系统发出请求，对其加锁。加锁后事务 T 就对该数据对象有了一定的控制，在事务 T 释放它的锁之前，其他的事务不能更新此数据对象。

例如，在前面的飞机订票系统中，甲事务要修改数据 A，则在读出 A 前先封锁 A。这时其他事务就不能读取和修改数据 A 了，直到甲修改并写回 A 后，解除了对 A 的封锁为止。这样，就不会丢失甲的修改操作了。

DBMS 通常提供了多种类型的封锁。一个事务对某个数据对象加锁后究竟拥有什么样的控制是由封锁的类型决定的。基本封锁类型包括排它锁（eXclusive lock，简记为 X 锁）和共享锁（Share lock，简记为 S 锁）。

排它锁又称为写锁。若事务 T 对数据对象 A 加上 X 锁，则只允许 T 读取和修改 A，其他任何事务都不能再对 A 加任何类型的锁，直到 T 释放 A 上的锁。共享锁又称为读锁。若事务 T 对数据对象 A 加上 S 锁，则其他事务只能再对 A 加 S 锁，而不能加 X 锁，直到 T 释放 A 上的 S 锁。

3.3.4　数据库恢复

当前计算机硬、软件技术已经发展到相当高的水平，但硬件的故障、系统软件和应用软件的错误、操作员的失误以及恶意的破坏等仍然是不可避免的。为了保证各种故障发生后，数据库中的数据都能从错误状态恢复到某种逻辑一致的状态，数据库管理系统中恢复子系统是必不可少的。数据库系统所采用的恢复技术是否行之有效，不仅对系统的可靠程度起着决定性作用，而且对系统的运行效率也有很大影响，是衡量系统性能优劣的重要指标。

1. 恢复的原理

数据库恢复主要是利用存储在系统其他地方的冗余数据来重建或修复数据库中已经被破坏或已经不正确的那部分数据。恢复的基本原理虽然简单，但实现的技术却相当复杂。一般一个大型数据库产品，恢复子系统的代码要占全部代码的 10% 以上。

2. 恢复的实现技术

恢复就是利用存储在系统其他地方的冗余数据来重建或修复数据库中被破坏的或不正确的数据。因此数据库的恢复包括以下两步：

（1）建立冗余数据。建立冗余数据最常用的技术是数据转储和登录日志文件。通常在一个数据库系统中，这两种方法是一起使用的。

1）数据转储。数据转储是指 DBA 将整个数据库复制到磁带或另一个磁盘上保存起来的过程。这些备用的数据文本称为后备副本或后援副本。一旦系统发生介质故障，数据库遭到破坏，可以将后备副本重新装入，把数据库恢复起来。

2）登录日志文件。日志文件是用来记录事务对数据库的更新操作的文件。不同的数据库系统采用的日志文件格式并不完全一样。

（2）利用冗余数据实施数据库恢复。当系统运行过程中发生故障时，利用数据库后备副本和日志文件就可以将数据库恢复到故障前的某个一致性状态。不同故障其恢复技术也不一样。

1）事务故障的恢复。事务故障是指事务在运行过程中由于某种原因，如输入数据的错误、运算溢出、违反了某些完整性限制、某些应用程序的错误以及并行事务发生死锁等，使事务未运行至正常终止点就夭折了。这时恢复子系统应撤消此事务已对数据库进行的修改，具体做法如下：

- 反向扫描文件日志，查找该事务的更新操作。
- 对该事务的更新操作执行逆操作。
- 继续反向扫描日志文件，查找该事务的其他更新操作，并做同样处理。
- 如此处理下去，直至读到此事务的开始标记，事务故障恢复就完成了。

事务故障的恢复是由系统自动完成的，不需要用户干预。

2）系统故障的恢复。系统故障是指系统在运行过程中由于某种原因，如操作系统或 DBMS 代码错误、操作员操作失误、特定类型的硬件错误（如 CPU 故障）、突然停电等造成系统停止运行，致使所有正在运行的事务都以非正常方式终止。此恢复操作就是要撤消故障发生时未完成的事务，重做已完成的事务。具体做法如下：

- 正向扫描日志文件（即从头扫描日志文件），找出在故障发生前已经提交的事务，将其事务标识记入重做队列；同时还要找出故障发生时尚未完成的事务，将其事务标识记入撤消队列。
- 对撤消队列中的各个事务进行撤消处理。
- 对重做队列中的各个事务进行重做处理。

进行重做处理的方法是：正向扫描日志文件，对每个重做事务重新执行登记的操作。系统故障的恢复也是由系统自动完成的，不需要用户干预。

3）介质故障的恢复。发生介质故障后，磁盘上的物理数据和日志文件被破坏，这是最严重的一种故障。

恢复介质故障的方法是重装数据库，然后重做已完成的事务。具体做法如下：

- 装入最新的后备数据库副本，使数据库恢复到最近一次转储时的一致性状态。
- 装入有关的日志文件副本，重做已完成的事务。

这样就可以将数据库恢复至故障前某一时刻的一致状态了。

介质故障的恢复需要 DBA 介入，但 DBA 只需要重装最近转储的数据库副本和有关的各日志文件副本，然后执行系统提供的恢复命令即可，具体的恢复操作仍由 DBMS 完成。

3.4　数据库设计

数据库技术是信息资源开发、管理和服务的最有效的手段，因此数据库的应用范围越来越广,从小型的事务处理系统到大型的信息系统大都利用了先进的数据库技术来保持系统数据的整体性、完整性和共享性。目前,数据库的建设规模、信息量大小和使用频度已成为衡量一个国家信息化程度的重要标志之一。这就使如何科学地设计与实现数据库及其应用系统成为日益引人注目的课题。

大型数据库设计是一项庞大的工程,其开发周期长、耗资多。它要求数据库设计人员既要具有坚实的数据库知识,又要充分了解实际应用对象。所以可以说数据库设计是一项涉及多学科的综合性技术。设计出一个性能较好的数据库系统并不是一件简单的工作。

3.4.1　数据库设计的任务与内容

数据库设计的任务是在 DBMS 的支持下,按照应用的要求,为某一部门或组织设计一个结构合理、使用方便、效率较高的数据库及其应用系统。

数据库设计应包含两方面的内容:一是结构设计,也就是设计数据库框架或数据库结构;二是行为设计,即设计应用程序、事务处理等。

设计数据库应用系统,首先应进行结构设计。一方面,数据库结构设计得是否合理,直接影响到系统中各个处理过程的性能和质量。另一方面,结构特性又不能与行为特性分离。静态的结构特性的设计与动态的行为特性的设计分离,会导致数据与程序不易结合,增加数据库设计的复杂性。

3.4.2　数据库的设计方法

目前常用的各种数据库设计方法大部分属于规范设计法,即都是运用软件工程的思想与方法,根据数据库设计的特点,提出了各种设计准则与设计规范。这种工程化的规范设计方法也是在目前技术条件下设计数据库的最实用方法。

在规范设计中,数据库设计的核心与关键是逻辑数据库设计和物理数据库设计。逻辑数据库设计是根据用户要求和特定数据库管理系统的具体特点,以数据库设计理论为依据,设计数据库的全局逻辑结构和每个用户的局部逻辑结构。物理数据库设计是在逻辑结构确定之后,设计数据库的存储结构及其他实现细节。

规范设计在具体使用中又可以分为两类:手工设计和计算机辅助数据库设计。按规范设计法的工程原则与步骤手工设计数据库,其工作量较大,设计者的经验与知识在很大程度上决定了数据库设计的质量。计算机辅助数据库设计可以减轻数据库设计的工作强度,加快数据库设计速度,提高数据库设计质量。但目前计算机辅助数据库设计还只是在数据库设计的某些过程中模拟某一规范设计方法,并以人的知识或经验为主导,通过人机交互实现设计中的某些部分。

3.4.3　数据库设计的步骤

通过分析、比较与综合各种常用的数据库规范设计方法,可将据库设计分为 6 个阶段,如图 3-2 所示。

1. 需求分析

进行数据库设计首先必须准确了解和分析用户需求(包括数据与处理)。需求分析是整个设计过程的基础,是最困难、最耗费时间的一步。需求分析的结果是否准确地反映了用户的实际要求,将直接影响到后面各个阶段的设计,并影响到设计结果是否合理和实用。

图 3-2　数据库设计的步骤

2. 概念结构设计

准确抽象出现实世界的需求后，下一步应该考虑如何实现用户的这些需求。由于数据库逻辑结构依赖于具体的 DBMS，直接设计数据库的逻辑结构会增加设计人员对不同数据库管理系统的数据库模式的理解负担，因此在将现实世界需求转化为机器世界的模型之前，要先以一种独立于具体数据库管理系统的逻辑描述方法来描述数据库的逻辑结构，即设计数据库的概念结构。概念结构设计是整个数据库设计的关键。

3. 逻辑结构设计

逻辑结构设计是将抽象的概念结构转换为所选用的 DBMS 支持的数据模型，并对其进行优化。

4. 数据库物理设计

数据库物理设计是为逻辑数据模型选取一个最适合应用环境的物理结构，包括存储结构和存取方法。

5. 数据库实施

在数据库实施阶段，设计人员运用 DBMS 提供的数据语言及其宿主语言，根据逻辑设计和物理设计的结果建立数据库，编制并调试应用程序，组织数据入库，并进行试运行。

6. 数据库运行和维护

数据库应用系统经过试运行后即可投入正式运行。在数据库系统运行过程中必须不断地对其进行评价、调整与修改。

设计一个完善的数据库应用系统，往往是这 6 个阶段不断反复的过程。

在数据库设计过程中必须注意以下几个问题：

（1）数据库设计过程中要注意充分调动用户的积极性。用户的积极参与是数据库设计成功的关键因素之一。用户最了解自己的业务和需求，用户的积极配合能够缩短需求分析的进程，帮助设计人员尽快熟悉业务，更加准确地抽象出用户的需求，减少反复，也使设计出的系统与用户的最初设想更为符合。同时用户参与意见，双方共同对设计结果承担责任，也可以减少数据库设计的风险。

（2）应用环境的改变、新技术的出现等都会导致应用需求的变化，因此设计人员在设计数据库时必须充分考虑到系统的可扩充性，使设计易于变动。一个设计优良的数据库系统应该具有一定的可伸缩性，应用环境的改变和新需求的出现一般不会推翻原设计，不会对现有的应用程序和数据造成大的影响，而只是在原设计基础上做一些扩充即可满足新的要求。

（3）系统的可扩充性最终都是有一定限度的。当应用环境或应用需求发生巨大变化时，原设计方案可能终将无法再进行扩充，必须推倒重来，这时就会开始一个新的数据库设计的生命周期。但在设计新数据库应用的过程中，必须充分考虑到已有应用，尽量使用户能够平稳地从旧系统迁移到新系统。

3.5 数据库新技术

3.5.1 数据库技术与其他技术的结合

数据库技术与其他学科的内容相结合，是新一代数据库技术的一个显著特征。在结合中涌现出各种新型的数据库，例如：

- 数据库技术与分布处理技术相结合，出现了分布式数据库。
- 数据库技术与并行处理技术相结合，出现了并行数据库。
- 数据库技术与人工智能相结合，出现了演绎数据库、知识库和主动数据库。
- 数据库技术与多媒体处理技术相结合，出现了多媒体数据库。
- 数据库技术与模糊技术相结合，出现了模糊数据库等。

3.5.2 数据仓库

数据仓库（Data Warehouse，DW）概念的创始人 W.H.Inmon 给数据仓库作出了如下定义：数据仓库是面向主题的、集成的、稳定的、不同时间的数据集合，用以支持经营管理中的决策制定过程。下面介绍其主要的特征。

1. 数据仓库是面向主题的

它是与传统数据库面向应用相对应的。主题是一个在较高层次将数据归类的标准，每一个主题基本对应一个宏观的分析领域。比如一个保险公司的数据仓库所组织的主题可能为客户、政策、保险金、索赔，而按应用来组织则可能是汽车保险、生命保险、健康保险、伤亡保险。可以看出，基于主题组织的数据被划分为各自独立的领域，每个领域有自己的逻辑内涵而不相交叉。而基于应用的数据组织则完全不同，它的数据只是为处理具体应用而组织在一起的。应用是客观世界既定的，它对于数据内容的划分未必适用于分析所需。"主题"在数据仓库中是由一系列表实现的。也就是说，依然是基于关系数据库的。虽然现在许多人认为多维数据库更适用于建立数据仓库，它以多维数组形式存储数据，但是大多数多维数据库在数据量超过10GB 时效率不佳。一个主题之下表的划分可能是由于对数据的综合程度不同，也可能是由于数据所属时间段不同而进行的划分。但无论如何，基于一个主题的所有表都含有一个称为公共码键的属性作为其主码的一部分。公共码键将各个表统一联系起来。同时，由于数据仓库中的数据都是同某一时刻联系在一起的，所以每个表除了其公共码键之外，还必然包括时间成分作为其码键的一部分。

2．数据仓库是集成的

前面已经讲到，操作型数据与适合 DSS（决策支持系统）分析的数据之间差别甚大。因此数据在进入数据仓库之前，必然要经过加工与集成。这一步实际是数据仓库建设中最关键、最复杂的一步。

首先，要统一原始数据中所有矛盾之处，如字段的同名异义、异名同义、单位不统一、字长不一致等，并且将对原始数据结构作一个从面向应用到面向主题的大转变。

3．数据仓库是稳定的

数据仓库反映的是历史数据的内容，而不是处理联机数据。因而，数据经集成进入数据库后是极少或根本不更新的。

4．数据仓库是随时间变化的

数据仓库是随时间变化的，主要表现在以下几个方面：首先，数据仓库内的数据时限要远远长于操作环境中的数据时限。前者一般在 5～10 年，而后者只有 60～90 天。数据仓库保存数据时限较长是为了适应 DSS 进行趋势分析的要求。其次，操作环境包含当前数据，即在存取瞬间是正确有效的数据，而数据仓库中的数据都是历史数据。最后，数据仓库数据的码键都包含时间项，从而标明该数据的历史时期。

本章小结

关系数据库是由一组关系组成的，那么针对一个具体问题，应该如何构建一个适合于它的数据模式，即应该构造几个关系，每个关系由哪些属性组成等。这是关系数据库的规范化问题。

通过对关系模式进行规范化，可以逐步消除数据依赖中不合适的部分，使关系模式达到更高的规范化程度。关系模式的规范化过程是通过对关系模式的分解来实现的，即把低一级的关系模式分解为若干个高一级的关系模式。关系模式的规范化过程为：

$$1NF \xrightarrow{\text{消除非主属性对码的部分函数依赖}} 2NF \xrightarrow{\text{消除非主属性对码的传递函数依赖}} 3NF$$

$$\xrightarrow{\text{消除非主属性对码的部分和传递函数依赖}} BCNF \xrightarrow{\text{消除非平凡且非函数依赖的多值依赖}} 4NF$$

SQL（Structured Query Language，结构化查询语言）是 1974 年由 Boyce 和 Chamberlin 提出的。由于它功能丰富，语言简洁，使用方法灵活，倍受用户及计算机工业界欢迎。SQL 语言最终发展成为关系数据库的标准语言。其主要特点为：①综合统一；②高度非过程化；③用同一种语法结构提供两种使用方式；④语言简洁，易学易用。SQL 语完成数据定义、数据操纵、数据控制的核心功能只用了 CREATE、DROP、ALTER、SELECT、INSERT、UPDATE、DELETE、GRANT 和 REVOKE 九个命令动词。

数据库系统中的数据是由 DBMS 统一管理和控制的，为了适应数据共享的环境，DBMS 必须提供数据的安全性、完整性、并发控制和数据库恢复等数据保护能力，以保证数据库中数据的安全可靠和正确有效。

数据库的安全性是指保护数据库，防止因用户非法使用数据库造成的数据泄露、更改或破坏。在数据库中用于安全性控制的方法主要有用户标识和鉴定、存取控制、定义视图、审计和数据加密等。

数据库的完整性是指数据的正确性和相容性。为维护数据库的完整性，DBMS 必须提供一种机制来检查数据库中的数据，看其是否满足语义规定的条件。这些加在数据库数据之上的语义约束条件称为数据库的完整性约束条件，它们作为模式的一部分存入数据库中。而 DBMS 中检查数据是否满足完整性条件的机制称为完整性控制机制。DBMS 的完整性控制机制具有三个方面的功能：①定义功能，即提供定义完整性约束条件的机制；②检查功能，即检查用户发出的操作请求是否违背了完整性约束条件；③操作功能，如果发现用户的操作请求使数据违背了完整性约束条件，则采取一定的动作来保证数据的完整性。

数据库是一个共享资源，可以供多个用户使用。若对并发操作不加控制就可能会存取和存储不正确的数据，破坏数据库的一致性。并发操作带来的数据不一致性问题包括三类：丢失修改、不可重复读和读"脏"数据。并发控制的主要方法是采用封锁机制。封锁就是事务 T 在对某个数据对象（例如表、记录等）操作之前，先向系统发出请求，对其加锁。加锁后事务 T 就对该数据对象有了一定的控制，在事务 T 释放它的锁之前，其他的事务不能更新此数据对象。

恢复就是利用存储在系统其他地方的冗余数据来重建或修复数据库中被破坏的或不正确的数据。数据库的恢复包括两步：①建立冗余数据；②利用冗余数据实施数据库恢复。不同故障其恢复技术也不一样。

数据库设计的任务是在 DBMS 的支持下，按照应用的要求，为某一部门或组织设计一个结构合理、使用方便、效率较高的数据库及其应用系统。数据库设计应包含两方面的内容：一是结构设计；二是行为设计。设计数据库应用系统，首先应进行结构设计，结构特性又不能与行为特性分离。目前常用的各种数据库设计方法大部分属于规范设计法，将据库设计分为六个阶段：需求分析、概念结构设计、逻辑结构设计、数据库物理设计、数据库实施、数据库运行和维护。设计一个完善的数据库应用系统，往往是这六个阶段不断反复的过程。

数据库技术与其他学科的内容相结合，是新一代数据库技术的一个显著特征。在结合中涌现出各种新型的数据库，如分布式数据库、并行数据库、演绎数据库、知识库、主动数据库、多媒体数据库模糊数据库等。

数据仓库是面向主题的、集成的、稳定的、不同时间的数据集合，用以支持经营管理中的决策制定过程。其主要的特征是：①数据仓库是面向主题的；②数据仓库是集成的；③数据仓库是稳定的；④数据仓库是随时间变化的。

习题三

1. 解释下列术语：函数依赖，平凡函数依赖，非平凡函数依赖，完全函数依赖，部分函数依赖，传递函数依赖，候选码，主码，1NF，2NF，3NF，多值依赖，BCNF，4NF。

2. 为什么要对关系模式进行规范化？

3. R<U, F>中，U={SNO, SDEPT, MNAME, CNAME, GRADE}

（SNO 学号；SDEPT 所在系；MNAME 系主任名；CNAME 课程名；GRADE 分数）。

有关语义如下：一个系只有一个系主任，一个学生可以选择多门课程，一门课程可以被多个学生所选择。写出 U 上的极小函数依赖，把该关系规范化为 3NF。

4．设有关系模式 R(运动员编号，比赛项目，成绩，比赛类别，比赛主管)，如果规定：每个运动员每参加一个比赛项目，只有一个成绩；每个比赛项目只属于一个比赛类别；每个比赛类别只有一个比赛主管。写出该关系的主码和 R 上的极小函数依赖，把该关系规范化为 3NF。

5．什么是数据库的安全性？数据库安全性控制的常用方法有哪些？

6．什么是数据库的完整性？它与安全性有什么区别？

7．并发操作可能会产生哪几类数据不一致？

8．什么是数据库的恢复？恢复的实现技术有哪些？

9．试述数据库设计的步骤。

第 4 章　SQL Server 2005 概述

【本章导读】

SQL Server 2005 是一个功能强大、操作方便的数据库管理系统，日益受到广大数据库用户的青睐。在学习 SQL Server 2005 之前，了解和掌握其版本和安装及常用工具是非常必要的。

【本章要点】

- SQL Server 2005 的体系结构
- SQL Server 2005 的新特性
- SQL Server 2005 的版本
- SQL Server 2005 的安装
- SQL Server 2005 的常用工具

4.1　SQL Server 2005 的体系结构

4.1.1　SQL Server 2005 的客户机/服务器结构

SQL Server 2005 采用客户机/服务器计算模型，即中央服务器用来存储数据库，该服务器可以被多台客户机访问，数据库应用的处理过程分布在客户机和服务器上。客户机/服务器计算模型分为两层的客户机/服务器结构和多层的客户机/服务器结构。在两层的客户机/服务器系统中，客户机通过网络与运行 SQL Server 2005 实例的服务器相连，客户机用来完成数据表示和大部分业务逻辑的实现，服务器完成数据的存储，这种客户机被称为"胖客户机"（Thick Client）。在多层的客户机/服务器系统中，应至少要经过 3 个处理层：第一层是客户机，但它只负责数据的表示；第二层是业务逻辑服务器，负责业务逻辑的实现，所有的客户机都可以对它进行访问；第三层是数据库。这种结构中的客户机被称为"瘦客户机"（Thin Client）。Internet应用就是三层结构的一个典型例子。

数据库系统采用客户机/服务器结构的好处在于以下几个方面：

（1）数据集中存储。数据集中存储在服务器上，而不是分开存储在客户机上，使所有用户都可以访问到相同的数据。

（2）业务逻辑和安全规则可以在服务器上定义一次，而后被所有的客户机使用。

（3）关系数据库服务器仅返回应用程序所需要的数据，这样可以减少网络流量。

（4）节省硬件开销，因为数据都存储到服务器上，不需要在客户机上存储数据，所以客户机硬件不需要具备存储和处理大量数据的能力，同样，服务器不需要具备数据表示的功能。

（5）因为数据集中存储在服务器上，所以备份和恢复起来很容易。

4.1.2　SQL Server 2005 的查询语言——交互式 SQL

查询语言是数据库的重要组成部分。许多关系数据库系统拥有作为高级查询语言的结构化查询语言（Structure Query Language，SQL）。交互式 SQL（Transact-SQL，T-SQL）是 SQL Server 2005 的查询语言，它与 ANSI 92 SQL 标准兼容，并对其进行了扩展。

如果希望开发的程序有更好的可移植性，那么应尽量使用标准的 ANSI 92 SQL，否则就应考虑使用 T-SQL，因为 T-SQL 可以带来更好的性能。

T-SQL 提供的命令可以完成以下功能：

（1）创建和管理数据库对象。

（2）访问和修改数据。

（3）数据聚合。

（4）管理安全性和权限。

4.2　SQL Server 2005 的新特性

Microsoft SQL Server 2005 扩展了 SQL Server 2000 的高性能、可靠性、可用性、可编程性和易用性。SQL Server 2005 包含了多项新功能，这使它成为大规模联机事务处理（OLTP）、数据仓库和电子商务应用程序的优秀数据库平台。

1. Notification Services 增强功能

Notification Services 是一种新平台，用于生成发送并接收通知的高伸缩性应用程序。Notification Services 可以把及时的、个性化的消息发送给使用各种各样设备的数以千计乃至以百万计的订阅方。

2. Reporting Services 增强功能

Reporting Services 是一种基于服务器的新型报表平台，它支持报表创作、分发、管理和最终用户访问。

3. 新增的 Service Broker

Service Broker 是一种新技术，用于生成安全、可靠和可伸缩的数据库密集型的应用程序。Service Broker 提供应用程序用以传递请求和响应的消息队列。

4. 数据库引擎增强功能

数据库引擎引入了新的可编程性增强功能（如与 Microsoft .NET Framework 的集成和 T-SQL 的增强功能）、新 XML 功能和新数据类型。它还包括对数据库的可伸缩性和可用性的改进。

5. 数据访问接口方面的增强功能

SQL Server 2005 提供了 Microsoft 数据访问（MDAC）和 Microsoft .NET Frameworks SQL 客户端提供程序方面的改进，为数据库应用程序的开发人员提供了更好的易用性、更强的控制和更高的工作效率。

6. Analysis Services 的增强功能（SSAS）

Analysis Services 引入了新管理工具、集成开发环境以及与 Microsoft .NET Framework 的集成。许多新功能扩展了 Analysis Services 的数据挖掘和分析功能。

7. Integration Services 的增强功能

Integration Services 引入了新的可扩展体系结构和新设计器，这种设计器将作业流从数据流中分离出来，并且提供了一套丰富的控制流语义。Integration Services 还对包的管理和部署进行了改进，同时提供了多项新打包的任务和转换。

8. 复制增强

复制在可管理性、可用性、可编程性、可移动性、可伸缩性和性能方面提供了改进。

9. 工具和实用工具增强功能

SQL Server 2005 引入了管理和开发工具的集成套件，改进了对大规模 SQL Server 系统的易用性、可管理性和操作的支持。

4.3　SQL Server 2005 的安装

4.3.1　SQL Server 2005 的安装版本

根据应用程序的需要，安装要求可能有很大不同。SQL Server 2005 的不同版本能够满足企业和个人独特的性能、运行及价格要求。需要安装哪些 SQL Server 2005 组件也要根据企业或个人的需求而定。

SQL Server 2005 的版本包括：

- 企业版（Enterprise Edition）
- 标准版（Standard Edition）
- 开发版（Developer Edition）
- 工作组版（WorkGroup Edition）
- 精简版（Express Edition）

1. SQL Server 2005 企业版（32 位和 64 位）

企业版达到了支持超大型企业进行联机事务处理（OLTP）、高度复杂的数据分析、数据仓库系统和网站所需的性能水平。企业版的全面商业智能和分析能力及其高可用性功能（如故障转移群集），使它可以处理大多数关键业务的企业工作负荷。

企业版是最全面的 SQL Server 版本，是超大型企业的理想选择，能够满足最复杂的要求。这个版本对 CPU 和内存数量没有限制，对数据库大小也没有限制。

2. SQL Server 2005 标准版（32 位和 64 位）

标准版是适合中、小型企业的数据管理和分析平台。它包括电子商务、数据仓库和业务流解决方案所需的基本功能。标准版的集成商业智能和高可用性功能可以为企业提供支持其运营所需的基本功能。

标准版是需要全面的数据管理和分析平台的中、小型企业的理想选择。

和 SQL Server 2005 企业版一样，2005 标准版也对内存数量、数据库大小没有限制，因此只要操作系统和物理硬件支持，用户可以按照自己的需求来扩展它。不过，标准版最多支持 4 个 CPU。

3. SQL Server 2005 开发版（32 位和 64 位）

开发版使开发人员可以在 SQL Server 上生成任何类型的应用程序。它包括 SQL Server

2005 企业版的所有功能，但有许可限制，只能用于开发和测试系统，而不能用作生产服务器。

开发版是独立软件供应商（ISV）、咨询人员、系统集成商、解决方案供应商以及创建和测试应用程序的企业开发人员的理想选择。开发版可以根据生产需要升级至 SQL Server 2005 企业版。

4. SQL Server 2005 工作组版（仅适用于 32 位）

对于那些在大小和用户数量上没有限制的数据库的小型企业，工作组版是理想的数据管理解决方案。工作组版可以用作前端 Web 服务器，也可以用于部门或分支机构的运营。它包括 SQL Server 产品系列的核心数据库功能，并且可以轻松地升级至标准版或企业版。工作组版是理想的入门级数据库，具有性能可靠、功能强大且易于管理的特点。

工作组版支持 2 个 CPU，3GB 内存，数据库大小不限。

5. SQL Server 2005 精简版（仅适用于 32 位）

精简版是一个免费、易用且便于管理的数据库。精简版与 Microsoft Visual Studio 2005 集成在一起，可以轻松开发功能丰富、存储安全、可快速部署的数据驱动应用程序。精简版是免费的，可以再分发（受制于协议），还可以起到客户端数据库以及基本服务器数据库的作用。

精简版是低端 ISV、低端服务器用户、创建 Web 应用程序的非专业开发人员以及创建客户端应用程序的编程爱好者的理想选择。

精简版支持 1 个 CPU，1GB 内存，数据库的最大容量为 4GB。

4.3.2   SQL Server 2005 的系统需求

安装 SQL Server 2005 对系统硬件和软件有一定的要求，软件和硬件的不兼容性可能导致安装失败。SQL Server 2005 在 32 位平台上运行的要求与在 64 位平台上的要求有所不同。所以在安装之前必须弄清 SQL Server 2005 对软件和硬件的要求。

4.3.2.1   硬件设备要求

1. 监视器

SQL Server 2005 图形工具需要 VGA 或更高分辨率：分辨率至少为 1024×768 像素。

2. 指点设备

需要 Microsoft 鼠标或兼容的指点设备。

3. CD 或 DVD 驱动器

通过 CD 或 DVD 媒体进行安装，需要相应的 CD 或 DVD 驱动器。

4. 群集硬件要求

在 32 位和 64 位平台上，支持 8 结点群集安装（即 Microsoft Windows Server 2003 支持的最大结点数量）。

4.3.2.2   软件要求

1. 网络软件要求

64 位版本的 SQL Server 2005 的网络软件要求与 32 位版本的要求相同。Windows 2003、Windows XP 和 Windows 2000 都具有内置网络软件。

独立的命名实例和默认实例支持以下网络协议：

- Shared Memory
- Named Pipes

- TCP/IP
- VIA

注意：在故障转移群集上不支持 Shared Memory。

2．Internet 要求

64 位版本和 32 位版本的 SQL Server 2005 的 Internet 要求相同。

所有 SQL Server 2005 的安装都需要 Microsoft Internet Explorer 6.0 SP1 或更高版本。只需 Internet Explorer 的最小安装即可满足要求，且不要求 Internet Explorer 是默认浏览器。然而，如果只安装客户端组件且不需要连接到要求加密的服务器，则 Internet Explorer 4.01 带 Service Pack 2 即可满足要求。

安装 Microsoft SQL Server 2005 Reporting Services （SSRS）需要 IIS 5.0 或更高版本。

Reporting Services 需要 SP.NET 2.0。安装 Reporting Services 时，如果尚未启用 ASP.NET，则 SQL Server 安装程序将启用 ASP.NET。

3．安装软件要求

SQL Server 安装程序需要 Microsoft Windows Installer 3.1 或更高版本以及 Microsoft 数据访问组件（MDAC）2.8 SP1 或更高版本。

SQL Server 安装程序安装该产品需要以下软件组件：

- Microsoft Windows .NET Framework 2.0
- Microsoft SQL Server 本机客户端
- Microsoft SQL Server 安装程序支持文件

这些组件中的每一个都是分别安装的。Microsoft SQL Server 安装程序支持文件会在卸载 SQL Server 2005 时被自动删除。安装所需组件之后，SQL Server 安装程序将验证要安装 SQL Server 的计算机是否也满足成功安装所需的所有其他要求。

4.3.2.3　32 位平台上安装和运行 SQL Server 2005 的配置要求

1．硬件要求

表 4-1 显示了在 32 位平台上，SQL Server 2005 对处理器类型、处理器速度及内存的要求。

表 4-1　SQL Server 2005 不同版本对处理器类型、处理器速度及内存的要求

SQL Server 2005	处理器类型	处理器速度	内存（RAM）
SQL Server 2005 企业版 SQL Server 2005 开发版 SQL Server 2005 标准版	需要 Pentium III兼容处理器或更高速度的处理器	最低：600MHz 建议：1GHz 或更高	最小：512MB 建议：1GB 或更大
SQL Server 2005 工作组版	需要 Pentium III兼容处理器或更高速度的处理器	最低：600MHz 建议：1GHz 或更高	最小：512MB 建议：1GB 或更大
SQL Server 2005 精简版	需要 Pentium III兼容处理器或更高速度的处理器	最低：600MHz 建议：1GHz 或更高	最小：192MB 建议：512MB 或更高

2．硬盘空间要求（32 位和 64 位）

实际硬盘空间要求取决于系统配置和选择安装的应用程序和功能。表 4-2 显示了 SQL Server 2005 各组件对磁盘空间的要求。

表 4-2　SQL Server 2005 各组件对磁盘空间的要求

功能	磁盘空间要求
数据库引擎和数据文件、复制以及全文搜索	150MB
Analysis Services 和数据文件	35KB
Reporting Services 和报表管理器	40MB
Notification Services 引擎组件、客户端组件和规则组件	5MB
Integration Services	9MB
客户端组件	12MB
管理工具	70MB
开发工具	20MB
SQL Server 联机丛书和 SQL Server Mobile 联机丛书	15MB
示例和示例数据库	390MB

3. 操作系统要求（32 位）

表 4-3 显示了 32 位不同版本的 SQL Server 2005 对操作系统的要求。

表 4-3　32 位不同版本的 SQL Server 2005 对操作系统的要求

操作系统	企业版	开发版	标准版	工作组版	精简版
Windows 2000	否	否	否	否	否
Windows 2000 Professional Edition SP42，4	否	是	是	是	是
Windows 2000 Server SP42	是	是	是	是	是
Windows 2000 Advanced Server SP42	是	是	是	是	是
Windows 2000 Datacenter Edition SP42	是	是	是	是	是
嵌入式 Windows XP	否	否	否	否	否
Windows XP Home Edition SP2	否	是	否	否	是
Windows XP Professional Edition SP24	否	是	是	是	是
Windows XP Media Edition SP2	否	是	是	是	是
Windows XP Tablet Edition SP2	否	是	是	是	是
Windows 2003 Server SP1	是	是	是	是	是
Windows 2003 Enterprise Edition SP1	是	是	是	是	是
Windows 2003 Datacenter Edition SP1	是	是	是	是	是
Windows 2003 Web Edition SP1	否	否	否	否	是
Windows Small Business Server 2003 Standard Edition SP1	是	是	是	是	是
Windows Small Business Server 2003 Premium Edition SP1	是	是	是	是	是
Windows 2003 64 位 Itanium Datacenter Edition SP1	否	否	否	否	否
Windows 2003 64 位 Itanium Enterprise Edition SP1	否	否	否	否	否
Windows 2003 64 位 X64 Standard Edition SP1	WOW643	WOW643	WOW643	WOW643	WOW643
Windows 2003 64 位 X64 Datacenter Edition SP1	WOW643	WOW643	WOW643	WOW643	WOW643
Windows 2003 64 位 X64 Enterprise Edition SP1	WOW643	WOW643	WOW643	WOW643	WOW643

4．支持的客户端（32 位）

SQL Server 2005 32 位客户端组件可以安装到 Windows 2000 Professional SP4 或更高版本上。

4.3.2.4　64 位平台上安装和运行 SQL Server 2005 的配置要求

1．硬件要求（64 位）

表 4-4 显示了在 64 位平台上，SQL Server 2005 对处理器类型、处理器速度及内存的要求。

表 4-4　SQL Server 2005 对处理器类型、处理器速度及内存的要求

SQL Server 2005	处理器类型	处理器速度	内存（RAM）
SQL Server 2005 企业版	IA64 最低：Itanium 处理器或更高	IA64 最低：1GHz IA64 建议：1GHz 或更高	IA64 最小：512MB IA64 建议：1GB 或更大
SQL Server 2005 开发版	X64 最低：AMD Opteron、AMD Athlon 64、支持 Intel EM64T 的 Intel Xenon、支持 EM64T 的 Intel Pentium IV	X64 最低：1GHz X64 建议：1GHz 或更高	IA64 最大：32TB 内存允许的最小值：512 MB
SQL Server 2005 标准版	同上	X64 建议：1GHz 或更高	X64 建议：1GB 或更大

2．操作系统要求（64 位）

表 4-5 显示了 64 位不同版本的 SQL Server 2005 对操作系统的要求。

表 4-5　64 位不同版本的 SQL Server 2005 对操作系统的要求

操作系统	企业版 （IA64）	企业版 （X64）	开发版 （IA64）2	开发版 （X64）3	标准版 （IA64）	标准版 （X64）	精简版
Windows 2003 64 位 Itanium Datacenter Edition SP1	是	否	是	否	是	否	否
Windows 2003 64 位 Itanium Enterprise Edition SP1	是	否	是	否	是	否	否
Windows 2003 64 位 X64 Standard Edition SP1	否	是	否	是	否	是	WOW64
Windows 2003 64 位 X64 Datacenter Edition SP1	否	是	否	是	否	是	WOW64
Windows 2003 64 位 X64 Enterprise Edition SP1	否	是	否	是	否	是	WOW64

3．支持的客户端（64 位）

在 Windows 2003（64 位）上，可以安装 SQL Server 2005 64 位客户端组件。

4.3.3　SQL Server 2005 的安装步骤

Microsoft SQL Server 2005 安装向导基于 Windows 安装程序，并提供一个功能树用于安装

所有 SQL Server 2005 组件：

- 数据库引擎
- Analysis Services
- Reporting Services
- Notification Services
- Integration Services
- 复制
- 管理工具
- 连接组件
- 示例数据库、示例和 SQL Server 2005 文档

可以根据需要来选择一次安装，不必分别安装每个组件。SQL Server 2005 标准版有两张安装盘，第 1 张为系统安装盘，第 2 张为工具安装盘。具体安装步骤如下：

（1）将第 1 张盘放入光驱，运行 setup.exe 文件，出现安装 SQL Server 2005 的启动界面，如图 4-1 所示。

（2）单击"服务器组件、工具、联机丛书和示例（C）"选项，进入"最终用户许可协议"对话框，如图 4-2 所示，阅读许可协议。再选中"我接受许可条款和条件"复选框。接受许可协议后即可单击"下一步"按钮。

图 4-1　SQL Server 2005 启动界面

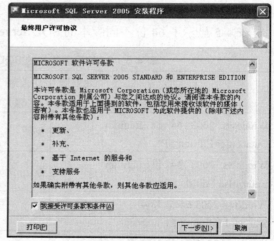

图 4-2　"最终用户许可协议"对话框

（3）出现"安装必备组件"对话框，安装程序将安装 SQL Server 2005 必需的软件。若要开始执行组件更新，单击"安装"按钮，如图 4-3 所示。

（4）更新完成之后若要继续，单击"完成"按钮，出现"欢迎使用 Microsoft SQL Server 安装向导"对话框，如图 4-4 所示。

（5）单击"下一步"按钮，进入系统配置检查界面。在"系统配置检查"对话框中，将扫描要安装 SQL Server 的计算机，以检查是否存在可能妨碍安装程序的条件，如图 4-5 所示。

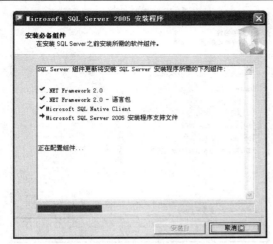

图 4-3 "安装必备组件"对话框

图 4-4 欢迎界面

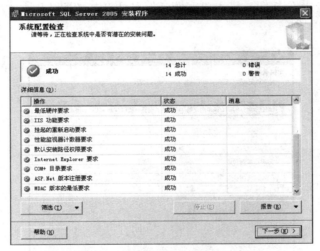

图 4-5 "系统配置检查"对话框

　　若要中断扫描，单击"停止"按钮。若要显示按结果进行分组的检查项列表，单击"筛选"按钮，然后从下拉列表中选择类别。若要查看 SCC 结果的报表，单击"报表"按钮，然后从下拉列表中选择选项。选项包括查看报表、将报表保存到文件、将报表复制到剪贴板和以电子邮件形式发送报表。

　　（6）单击"下一步"按钮，出现"注册信息"对话框。在其上的"姓名"和"公司"文本框中输入相应的信息，并输入产品密钥，如图 4-6 所示。

　　（7）单击"下一步"按钮，进入"要安装的组件"选择对话框。在此对话框上可以选择本次要安装的组件，如图 4-7 所示。

　　选择各个组件时，"要安装的组件"窗格中会显示相应的说明，可以选中任意一些复选框。当选择 SQL Server Database Services 或 Analysis Services 复选框时，如果安装程序检测到正将组件安装到虚拟服务器，则将启用"作为虚拟服务器进行安装"复选框。必须选择此选项才可以安装故障转移群集。

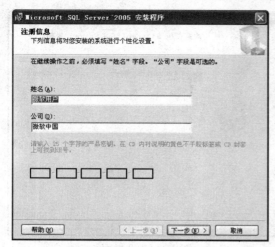
图 4-6　"注册信息"对话框

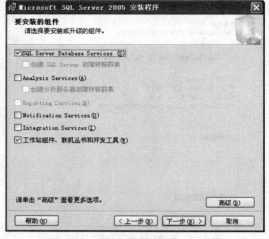
图 4-7　"要安装的组件"对话框

（8）单击"下一步"按钮，进入"实例名"对话框，如图 4-8 所示，为安装的软件选择默认实例或已命名的实例。

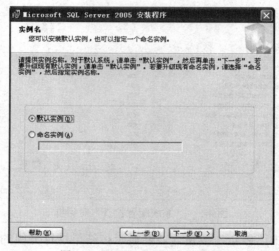
图 4-8　设置"实例名"对话框

选择"默认实例"单选按钮，将以计算机的名字作为实例的名字。计算机上必须没有默认实例，才可以安装新的默认实例。若要安装新的命名实例，选择"命名实例"单选按钮，然后在其下的文本框内输入一个唯一的实例名。

如果已经安装了默认实例或已命名实例，并且为安装的软件选择了现有实例，安装程序将升级所选的实例，并提供安装其他组件的选项。

（9）单击"下一步"按钮，在出现的"服务账户"对话框中为 SQL Server 服务账户指定用户名、密码和域名，如图 4-9 所示。

可以对所有服务使用同一个账户。根据需要，也可以为各个服务指定单独的账户。若要为各个服务指定单独的账户，选中"为每个服务账户进行自定义"复选框，从下拉列表框中选择服务名称，然后为该服务提供登录凭据。这里选择"使用内置系统账户"单选按钮。

　　（10）单击"下一步"按钮，进入"身份验证模式"对话框，如图 4-10 所示。在此对话框中可以选择要用于 SQL Server 安装的身份验证模式。

图 4-9　设置"服务账户"对话框

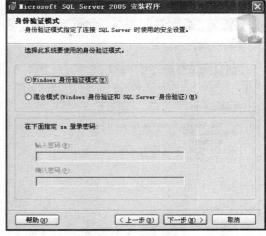

图 4-10　设置"身份验证模式"对话框

　　如果选择"Windows 身份验证模式"单选按钮，安装程序会创建一个 sa 账户，该账户在默认情况下是被禁用的。选择"混合模式"时，输入并确认系统管理员（sa）的登录名。密码是抵御入侵者的第一道防线，因此设置密码对于系统安全是绝对必要的。

　　（11）单击"下一步"按钮，进入"排序规则设置"对话框，如图 4-11 所示。在此对话框可以设置服务器的排序方式。

　　（12）单击"下一步"按钮，出现"错误和使用情况报告设置"对话框，如图 4-12 所示。清除复选框可以禁用错误报告。

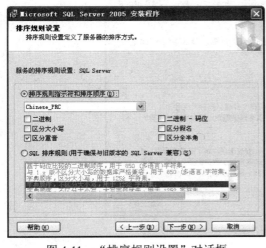

图 4-11　"排序规则设置"对话框

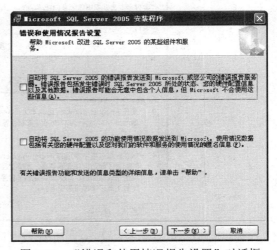

图 4-12　"错误和使用情况报告设置"对话框

　　（13）单击"下一步"按钮，出现"准备安装"对话框，如图 4-13 所示。在此对话框中可以查看要安装的 SQL Server 功能和组件的摘要。

（14）单击"安装"按钮，开始安装 SQL Server 的各个组件，如图 4-14 所示。在"安装进度"对话框上可以在安装过程中监视安装进度。若要在安装期间查看某个组件的日志文件，单击"安装进度"对话框上的产品或状态名称。

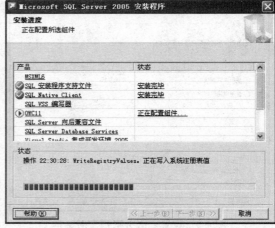

图 4-13　"准备安装"对话框　　　　　　　　图 4-14　"安装进度"对话框

（15）在安装过程中，系统会提示"插入第二张光盘"。当完成安装后，进入"完成 Microsoft SQL Server 安装"对话框上，可以通过单击此页上提供的链接查看安装摘要日志。若要退出 SQL Server 安装向导，单击"完成"按钮，如图 4-15 所示。

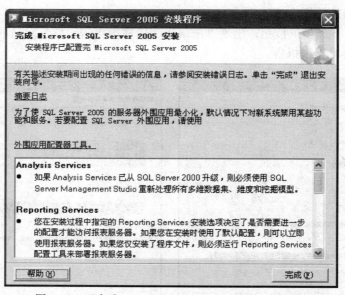

图 4-15　"完成 Microsoft SQL Server 安装"对话框

SQL Server 安装完成后，系统会提示重新启动计算机。完成安装后，阅读来自安装程序的消息是很重要的。如果未能重新启动计算机，可能会导致以后运行安装程序失败。

4.4　SQL Server 2005 的常用工具

4.4.1　SQL Server Configuration Manager 管理工具

SQL Server Configuration Manager（SQL Server 配置管理器）是一种工具，用于管理与 SQL Server 相关联的服务、配置 SQL Server 使用的网络协议以及从 SQL Server 客户端计算机管理网络连接配置。

使用 SQL Server 配置管理器可以启动、暂停、恢复或停止服务，还可以查看或更改服务属性。可以按照如下步骤来管理服务器的配置。

（1）在"开始"菜单中，依次指向"所有程序"→"Microsoft SQL Server 2005"→"配置工具"命令，然后单击"SQL Server Configuration Manager"选项，打开 SQL Server Configuration Manager 窗口。

（2）在 SQL Server Configuration Manager 中，展开"SQL Server 2005 服务"文件夹。

（3）在详细信息窗格中，右击"SQL Server（MSSQLSERVER）"选项，将弹出快捷菜单，如图 4-16 所示。

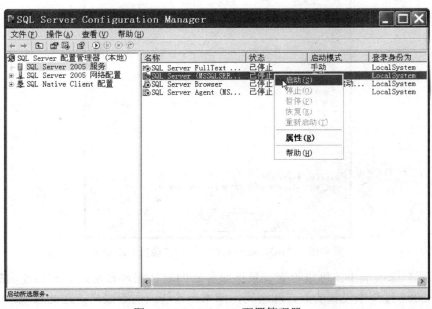

图 4-16　SQL Server 配置管理器

（4）在弹出的快捷菜单中选择"启动"命令，可以启动该服务。如果工具栏上和服务器名称旁的图标上出现绿色箭头，则指示服务器已成功启动。

在快捷菜单中选择"停止"命令，可以停止该服务。选择"暂停"命令，可以暂停该服务的运行。选择"恢复"命令，可以恢复暂停的服务。

（5）在快捷菜单中选择"属性"命令，将出现该服务的属性对话框，该对话框有"登录"、"服务"和"高级"3 个选项卡，分别如图 4-17、图 4-18 和图 4-19 所示。

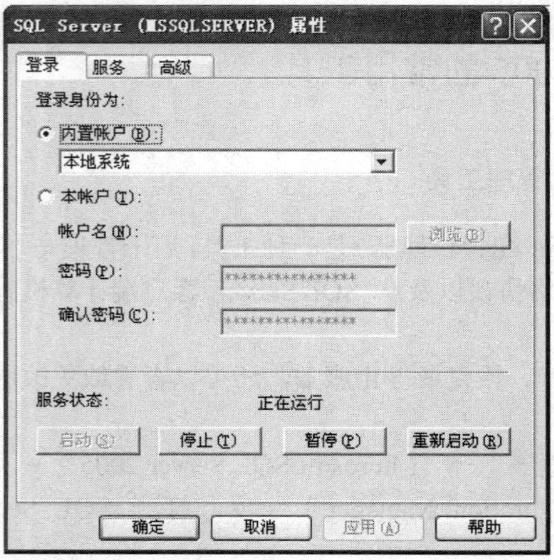

图 4-17　"SQL Server 属性"的"登录"选项卡

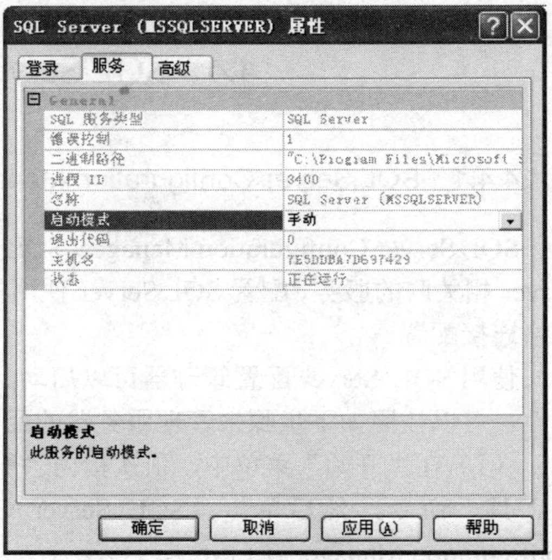

图 4-18　"SQL Server 属性"的"服务"选项卡

图 4-19　"SQL Server 属性"的"高级"选项卡

　　在"登录"选项卡中，可以设置登录该服务器的默认账户和密码。初始使用的是在安装 SQL Server 2005 过程中设置的账户和密码，即本地系统的内置账户。在此选项卡中还可以设置服务的启动、停止、暂停和重新启动。

　　在"服务"选项卡中，可以设置服务的"启动模式"，有"自动"、"已禁用"和"手动" 3 种方式。若设置为"自动"，则每次系统启动后，该服务立即被自动启动。在安装过程中，Microsoft SQL Server 通常配置为自动启动。若设置为"手动"，则要用户手动启动该服务，如图 4-18 所示。

　　在"高级"选项卡中，可以设置服务的"错误报告"、"客户反馈报告"、"启动参数"等选项的设置，如图 4-19 所示。

（6）设置完需要的选项后，单击"确定"按钮关闭 SQL Server Configuration Manager 窗口即可。

4.4.2　Microsoft SQL Server Management Studio 工具

Microsoft SQL Server Management Studio 是 Microsoft SQL Server 2005 提供的一种新的集成环境，用于访问、配置、控制、管理和开发 SQL Server 的所有组件。SQL Server Management Studio 将一组多样化的图形工具与多种功能齐全的脚本编辑器组合在一起，可为各种技术级别的开发人员和管理员提供对 SQL Server 的访问。

SQL Server Management Studio 将以前版本的 SQL Server 中所包括的企业管理器、查询分析器和 Analysis Manager 功能等整合到单一环境中。此外，SQL Server Management Studio 还可以和 SQL Server 的所有组件协同工作，如 Reporting Services、Integration Services、SQL Server Mobile 和 Notification Services。开发人员可以获得熟悉的体验，而数据库管理员可获得功能齐全的单一实用工具，其中包含易于使用的图形工具和丰富的脚本撰写功能。

若要启动 SQL Server Management Studio，在任务栏中单击"开始"，依次指向"所有程序"→"Microsoft SQL Server 2005"命令，然后单击 SQL Server Management Studio 选项，将首先出现"连接到服务器"界面，如图 4-20 所示。

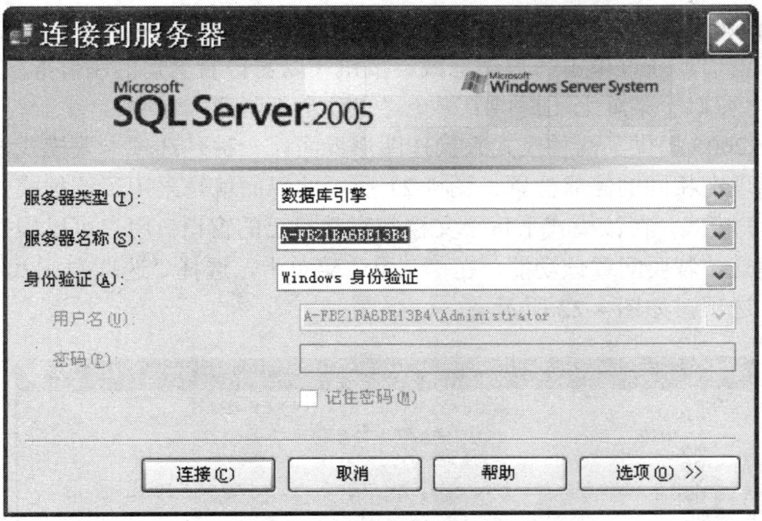

图 4-20　"连接到服务器"对话框

在"服务器类型"、"服务器名称"、"身份验证"组合框中输入或选择正确的方式后，单击"连接"按钮，即可注册登录到 Microsoft SQL Server Management Studio 窗口中，如图 4-21 所示。

SQL Server Management Studio 的常用工具组件包括已注册的服务器、对象资源管理器、解决方案资源管理器、模板资源管理器、摘要页和文档窗口。若要显示某个工具，在"视图"菜单上单击该工具的名称。若要显示查询编辑器工具，还可以单击工具栏上的"新建查询"按钮。

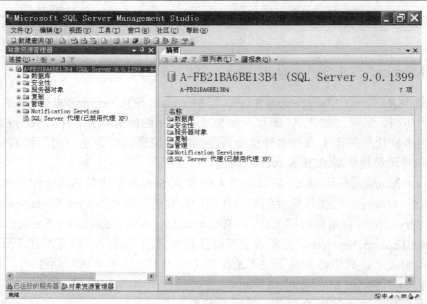

图 4-21　Microsoft SQL Server Management Studio 主窗口

　　为了在保持功能的同时增大编辑空间，所有窗口都提供了自动隐藏功能，该功能可使窗口显示为 Management Studio 环境中边框栏上的选项卡。在将指针放在其中一个选项卡之上时，将显示其对应的窗口。通过单击"自动隐藏"按钮（以窗口右上角的图钉标示），可以开关窗口的自动隐藏。"窗口"菜单上还提供了一个"自动全部隐藏"命令。

　　SQL Server 2005 提供了两种模式来操作图形界面：一种是选项卡式模式，在该模式下组件作为选项卡出现在相同的停靠位置，图 4-21 所示的界面就是采用了这种模式；另一种是多文档界面（MDI）模式，在该模式下每个文档都有其自己的窗口。用户可以根据自己的喜好来选择使用哪种模式。若要配置该功能，在"工具"菜单上，选择"选项"→"环境"命令，然后单击"常规"选项，如图 4-22 所示。

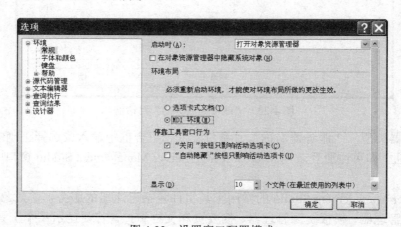

图 4-22　设置窗口配置模式

　　选择多文档界面（MDI）模式后，SQL Server Management Studio 中的组件可以作为独立的界面任意拖动，如图 4-23 所示。

图 4-23　多文档界面模式的 SQL Server Management Studio

1. "已注册的服务器"组件

SQL Server Management Studio 允许管理多台服务器。可以使用已注册的服务器组件来组织和管理经常访问的服务器。

在"已注册的服务器"组件窗口中，显示了注册服务器数据库引擎的名称信息。当数据库引擎的图标为 时，表示没有注册成功。当数据库引擎的图标为 时，表示注册成功，用户可以访问和使用此服务器。

右击某一服务器，在弹出的快捷菜单中可以设置启动、停止、暂停、恢复和重新启动服务器，来改变此服务器的状态。还可以选择"连接"命令，连接到查询编辑器和对象资源管理器，如图 4-24 所示。

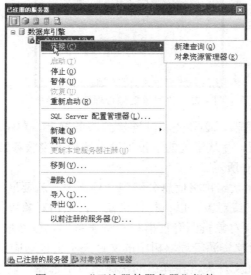

图 4-24　"已注册的服务器"组件

使用"已注册的服务器"组件，可以执行下列操作：

- 注册服务器以保留连接信息。
- 确定已注册的服务器是否正在运行。
- 将对象资源管理器和查询编辑器轻松地连接到已注册的服务器上。
- 编辑或删除已注册服务器的注册信息。
- 创建服务器组。
- 通过在"已注册的服务器名称"框中提供与"服务器名称"列表中不同的值，为已注册的服务器提供用户友好名称。
- 提供已注册服务器的详细说明。
- 提供已注册服务器组的详细说明。
- 导出已注册的服务器组。
- 导入已注册的服务器组。

2. "对象资源管理器"组件

对象资源管理器是 SQL Server Management Studio 的一个重要组件，可连接到数据库引擎实例、Analysis Services、Integration Services、Reporting Services 和 SQL Server Mobile。它提供了服务器中所有对象的视图，并具有管理这些对象的用户界面，如图 4-25 所示。

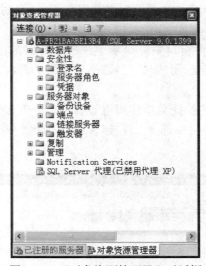

图 4-25　　"对象资源管理器"对话框

若要使用对象资源管理器，必须先将其连接到服务器上。单击"对象资源管理器"对话框工具栏上的"连接"按钮，并从出现的下拉列表中选择连接服务器的类型，将打开"连接到服务器"对话框，如图 4-20 所示。

对象资源管理器使用树状结构将信息分组到文件夹中。若要展开文件夹，单击加号（+）或双击文件夹。右击文件夹或对象，以执行常见任务。双击对象以执行最常见的任务。

第一次展开文件夹时，对象资源管理器将查询服务器，以获取填充树的信息。为了在存在多个对象时保留资源，对象资源管理器树中的文件夹不会自动刷新其目录列表。若要刷新文件夹内的对象列表，右击此文件夹，在弹出的快捷菜单中选择"刷新"命令。

对象资源管理器最多只能显示 65536 个对象。可见对象超过 65536 个以后，将无法在对象资源管理器树视图中滚动其他对象。若要查看对象资源管理器中的其他对象，关闭不使用的结点或使用筛选功能以减少对象数量。

对象资源管理器连接到服务器后，若要打开一个新的"查询编辑器"窗口，在对象资源管理器中右击服务器名称，在弹出的快捷菜单中选择"新建查询"命令。若要使用特定数据库打开"查询编辑器"窗口，右击数据库名称，然后在出现的快捷菜单中选择"新建查询"命令。

3."查询编辑器"组件

SQL Server Management Studio 查询编辑器的主要功能如下：

（1）提供了可用于加快 SQL Server、SQL Server 2005 Analysis Services（SSAS）和 SQL Server Mobile 脚本的编写速度的模板。模板是包含创建数据库对象所需的语句基本结构的文件。

（2）在语法中使用不同的颜色，以提高复杂语句的可读性。

（3）以文档窗口中的选项卡形式或在单独的文档中显示查询窗口。

（4）以网格或文本的形式显示查询结果，或将查询结果重定向到一个文件中。

（5）以单独的选项卡式窗口的形式显示结果和消息。

（6）以图形方式显示计划信息，该信息显示构成 T-SQL 语句的执行计划的逻辑步骤。

可以通过菜单栏上的"新建查询"按钮来打开一个新的查询编辑器，在代码编辑器窗口中，通过按 Shift+Alt+Enter 组合键可以切换全屏显示模式。

在查询编辑器中输入一个简单的查询语句，执行结果如图 4-26 所示。

图 4-26　查询编辑器

查询编辑器包含以下窗口：

（1）代码编辑器窗口。此窗口用于编写和执行脚本。

（2）结果窗口。此窗口用于查看查询结果。此窗口可以以网格或文本两种形式显示结果。

（3）消息窗口。此窗口显示有关查询运行情况的信息。例如，显示返回的任何错误或执行结果的行数。

（4）客户端统计信息窗口。此窗口显示有关划分为不同类别的查询执行的信息。

在工具栏上，下拉列表框中显示的是当前操作的数据库，单击下拉按钮，会列出当前服务器上所有可用的数据库。若要更换数据库，可以在其下拉列表框中选择要操作的数据库。单击"执行"按钮或按 F5 键来执行一条 T-SQL 语句。其他工具可参考联机帮助文件。

要保存代码编辑器中的代码或结果，可以将光标移动到要保存的窗口，单击工具栏的"保存"按钮。代码编辑器中的 SQL 语句可以保存成.sql 文件，查询结果将以 Execl 表格的方式加以保存。

4．"模板资源管理器"组件

Microsoft SQL Server Management Studio 提供了大量脚本模板，其中包含了许多常用任务的 T-SQL 语句。这些模板包含用户提供的值（如表名称）的参数。使用该参数，可以只输入一次名称，然后自动将该名称复制到脚本中所有需要的位置。

现以创建数据库为例，介绍如何使用模板创建脚本，具体操作如下：

（1）在 Management Studio 的"视图"菜单上，选择"模板资源管理器"命令，弹出对话框如图 4-27 所示。

图 4-27　　"模板资源管理器"对话框

（2）"模板资源管理器"对话框中的模板是分组列出的。展开 Database，再双击 Create Database。

（3）在出现的"连接到数据库引擎"对话框中填写连接信息，再单击"连接"按钮。此时将打开一个新查询编辑器窗口，其中包含"创建数据库"模板的内容，如图 4-28 所示。

（4）在"查询"菜单上，选择"指定模板参数的值"命令。

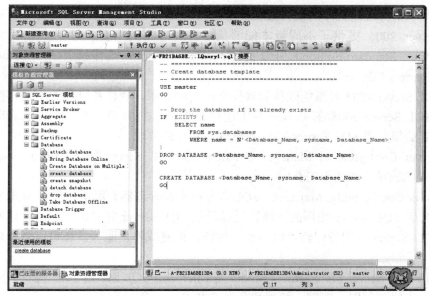

图 4-28　"创建数据库"模板

（5）在出现的"指定模板参数的值"对话框中，显示了当前模板中存在的参数、类型和值 3 列。在这个例子中，只需要用户提供一个参数的值，即数据库的名称。用户可以在"值"列中进行设定，也可以使用系统提供的建议值。在此输入 Database1 作为所创建的数据库的名称，单击"确定"按钮完成对脚本的编辑，如图 4-29 所示。

图 4-29　"指定模板参数的值"对话框

输入的参数 Database1 会出现在模板中的合适位置，单击工具栏上的"执行"按钮，将完成利用模板创建新的数据库 Database1 的操作。

本章小结

Microsoft SQL Server 2005 扩展了 SQL Server 2000 的高性能、可靠性、可用性、可编程性和易用性。SQL Server 2005 包含了多项新功能，这使它成为大规模联机事务处理（OLTP）、数据仓库和电子商务应用程序的优秀数据库平台。

SQL Server 2005 提供了不同版本能够满足各种应用的需要，包括企业版（Enterprise Edition）、标准版（Standard Edition）、开发版（Developer Edition）、工作组版（WorkGroup Edition）和精简版（Express Edition）。

安装 SQL Server 2005 对系统硬件和软件有一定的要求，软件和硬件的不兼容性可能导致安装失败。SQL Server 2005 在 32 位平台上运行的要求与在 64 位平台上的要求有所不同。所以在安装之前必须弄清 SQL Server 2005 对软件和硬件的要求。

SQL Server Configuration Manager 和 Microsoft SQL Server Management Studio 是 SQL Server 2005 中比较常用的两个工具。

SQL Server Configuration Manager（SQL Server 配置管理器）用于管理与 SQL Server 相关联的服务、配置 SQL Server 使用的网络协议以及从 SQL Server 客户端计算机管理网络连接配置。使用 SQL Server 配置管理器可以启动、暂停、恢复或停止服务，还可以查看或更改服务属性。

Microsoft SQL Server Management Studio 是 Microsoft SQL Server 2005 提供的一种新的集成环境，用于访问、配置、控制、管理和开发 SQL Server 的所有组件。

SQL Server Management Studio 的常用工具组件包括已注册的服务器、对象资源管理器、解决方案资源管理器、模板资源管理器、摘要页和文档窗口等。使用已注册的服务器组件可以组织和管理经常访问的服务器。对象资源管理器是 SQL Server Management Studio 的一个重要组件，可连接到数据库引擎实例、Analysis Services、Integration Services、Reporting Services 和 SQL Server Mobile。它提供了服务器中所有对象的视图，并具有管理这些对象的用户界面。SQL Server Management Studio 查询编辑器可以实现各种命令的编辑和执行功能。模板资源管理器中包含了许多常用任务的 T-SQL 语句。这些模板包含用户提供的值（如表名称）的参数。使用该参数，可以只输入一次名称，然后自动将该名称复制到脚本中所有需要的位置。

习题四

一、填空题

1．Microsoft SQL Server 2005 采用_____体系结构。

2．SQL Server Management Studio 的工具组件包括_____、_____、解决方案资源管理器、模板资源管理器、摘要页和文档窗口等。

3．当数据库引擎的图标为 时，表示其状态为_____。当数据库引擎的图标为 时，表示其状态为_____。

4．在查询编辑窗口中用户可以输入 SQL 语句，并按_____键，或单击工具栏上的"运行"按钮，将其送到服务器执行，执行的结果将显示在输出窗口中。

二、简答题

1．Microsoft SQL Server 2005 提供了哪些版本？它们的区别是什么？

2．SQL Server Configuration Manager 的功能是什么？

3．Microsoft SQL Server Management Studio 提供的常用组件是什么？它们的作用分别是什么？

三、操作题

1．完成 Microsoft SQL Server 2005 的安装。

2．使用 SQL Server Configuration Manager 工具完成服务器的启动、暂停、恢复、停止等操作，练习服务器的属性设置。

3．使用模板完成创建数据库的操作。

第 5 章　数据库和表的创建

【本章导读】

本章主要讲解 SQL Server 2005 数据库和表的结构、设计、创建和管理，介绍 SQL Server 2005 提供的数据类型以及数据的插入、修改和删除操作。

【本章要点】

- 数据库的基本结构
- 数据库的创建和管理
- 表的结构
- SQL Server 2005 的系统数据类型
- 表的创建和管理
- 数据的插入、修改和删除

5.1　数据库的创建

5.1.1　数据库的结构

1. 数据库文件和文件组

SQL Server 2005 用文件来存放数据库，即将数据库映射到操作系统文件上。数据库文件有以下 3 类：

（1）主数据文件（Primary Database File，也称主文件）：主数据文件主要用来存储数据库的启动信息、部分或全部数据，是数据库的关键文件。主数据文件是数据库的起点，包含指向数据库中其他文件的指针。每个数据库都有一个主数据文件。主数据文件的推荐文件扩展名是.mdf。

（2）次要数据文件（Secondary Database File，也称辅助数据文件）：除主数据文件以外的所有其他数据文件都是次要数据文件。用于存储主数据文件中未存储的剩余数据和数据库对象。一个数据库可以没有，也可以有多个次要数据文件。次要数据文件的推荐文件扩展名是.ndf。

（3）事务日志文件：简称日志文件，存放用来恢复数据库所需的事务日志信息，每个数据库必须有一个或多个日志文件。事务日志的推荐文件扩展名是.ldf。

SQL Server 2005 不强制使用.mdf、.ndf 和.ldf 文件扩展名，但使用它们有助于标识文件的各种类型和用途。

SQL Server 2005 中的文件通常有两个名称：逻辑文件名和物理文件名。逻辑文件名是在所有 T-SQL 语句中引用物理文件时所使用的名称。逻辑文件名与物理文件名一一对应，其对应关系由 SQL Server 系统维护。逻辑文件名必须符合 SQL Server 的标识符命名规则，而且在数据库中的逻辑文件名中必须是唯一的。物理文件名是包括目录路径的物理文件名。它必须符合操作系统文件的命名规则。

　　一般情况下，一个简单的数据库可以只有一个主数据文件和一个日志文件。如果数据库很大，则可以设置多个次要数据文件和多个日志文件，并将它们放在不同的磁盘上，以提高数据存取和处理的效率。

　　为便于分配和管理，可以将数据库对象和文件一起分成文件组，对它们整体进行管理。比如，可以将 3 个数据文件（data1.ndf、data2.ndf 和 data3.ndf）分别创建在 3 个磁盘上，这 3 个文件共同组成文件组 fgroup1。在创建表时，就可以指定一个表创建在文件组 fgroup1 上。这样该表的数据就可以分布在 3 个盘上，在对该表执行查询时，可以并行操作，从而有效地提高查询效率。

　　SQL Server 2005 中提供了两种类型的文件组：主文件组和用户定义文件组。

　　主文件组包含主数据文件和任何没有明确分配给其他文件组的数据文件。用户定义文件组是在 CREATE DATABASE 或 ALTER DATABASE 语句中使用 FILEGROUP 关键字指定的任何文件组。

　　一个文件组可以包含多个文件，但是一个文件只能属于一个文件组。每个数据库中均有一个文件组被指定为默认文件组。如果创建表或索引时未指定文件组，则将其分配到默认文件组。一次只能有一个文件组作为默认文件组。db_owner 固定数据库角色成员可以将默认文件组从一个文件组切换到另一个文件组。如果没有指定默认文件组，则将主文件组作为默认文件组。

　　日志空间与数据空间要分开管理。所以日志文件不包括在文件组内。

　　综上所述，SQL Server 的数据文件和文件组必须遵循以下规则：

　　（1）一个文件和文件组只能被一个数据库使用。

　　（2）一个文件只能属于一个文件组。

　　（3）日志文件不能属于文件组。

　　用户可以指定数据库文件的存放位置，如果用户不指定，则数据库文件将被存放在系统的默认存储路径上。SQL Server 2005 的默认存储路径是 C:\Program Files\Microsoft SQL Server\MSSQL.1\MSSQL\Data。如果多个 SQL Server 实例在一台计算机上运行，则每个实例都会接收到不同的默认路径来保存在该实例中创建的数据库文件。

　　2. 数据库对象

　　SQL Server 2005 数据库中的数据在逻辑上被组织成一系列对象，当一个用户连接到数据库后，他所看到的是这些逻辑对象，而不是物理的数据库文件。

　　SQL Server 2005 中有以下数据库对象：表（Table）、视图（View）、存储过程（Stored Procedures）、触发器（Triggers）、用户定义数据类型（User-defined Data Types）、用户自定义函数（User-defined Functions）、索引（Indexes）、规则（Rules）、默认值（Defaults）等。

　　在 SQL Server 2005 中创建的每个对象都必须有一个唯一的完全限定对象名，即对象的全名。完全限定对象名由 4 个标识符组成：服务器名、数据库名、所有者名和对象名，各个部分之间由句点"."连接。格式如下：

　　服务器名.数据库名.所有者名.对象名

```
server.database.Owner.object
```

使用当前数据库内的对象可以省略完全限定对象名的某部分，省略的部分系统将使用默认值或当前值，如：

```
server.database..object       /* 省略所有者名称 */
server..owner.object          /* 省略数据库名称 */
database.owner.object         /* 省略服务器名称 */
server...object               /* 省略数据库及所有者名称 */
owner.object                  /* 省略服务器及数据库名称 */
object                        /* 省略服务器、数据库及所有者名称 */
```

5.1.2　系统数据库

在创建任何数据库之前，依次打开 SQL Server Management Studio 中"对象资源管理器"对话框中的"服务器"→"数据库"→"系统数据库"文件夹，可以看到 4 个系统数据库，如图 5-1 所示。

图 5-1　系统数据库

SQL Server 2005 的系统数据库分别是 master 数据库、tempdb 数据库、model 数据库和 msdb 数据库。

1．master 数据库

master 数据库记录 SQL Server 系统的所有系统级信息。这包括实例范围内的元数据（如登录账户）、端点、链接服务器和系统配置设置。master 数据库还记录了所有其他数据库是否存在以及这些数据库文件的位置。另外，master 数据库还记录了 SQL Server 的初始化信息。因此，如果 master 数据库不可用，则 SQL Server 将无法启动。

在 SQL Server 2005 中，系统对象不再存储在 master 数据库中，而是存储在 Resource 数据库（资源数据库）中。Resource 数据库也是 SQL Server 2005 的一个系统数据库。Resource 数据库是只读数据库，它包含了 SQL Server 2005 中的所有系统对象。SQL Server 系统对象（如 sys.objects）在物理上持续存在于 Resource 数据库中，但在逻辑上，它们出现在每个数据库的 sys 架构中。

2. tempdb 数据库

tempdb 数据库是连接到 SQL Server 实例的所有用户都可用的全局资源，它保存了所有临时表和临时存储过程。另外，它还用来满足所有其他临时存储的要求，如存储 SQL Server 生成的临时工作表。

每次启动 SQL Server 时，都要重新创建 tempdb，以便系统启动时，该数据库总是空的。在断开连接时，系统会自动删除临时表和存储过程，并且在系统关闭后没有活动连接。因此 tempdb 中不会有什么内容从一个 SQL Server 会话保存到另一个会话。

3. model 数据库

model 数据库是在 SQL Server 实例上创建的所有数据库的模板。因为每次启动 SQL Server 时都会创建 tempdb，所以 model 数据库必须始终存在于 SQL Server 系统中。model 数据库相当于一个模子，所有在系统中创建的新数据库的内容，在刚创建时都和 model 数据库完全一样。

如果 SQL Server 专门用作一类应用，而这类应用都需要某个表、甚至在这个表中都要包括同样的数据，那么就可以在 model 数据库中创建这样的表，并向表中添加那些公共的数据，以后每一个新创建的数据库中都会自动包含这个表和这些数据。当然，也可以向 model 数据库中增加其他数据库对象，这些对象都能被以后创建的数据库所继承。

4. msdb 数据库

msdb 数据库由 SQL Server 代理（SQL Server Agent）来计划警报和作业。

5.1.3　创建数据库

1. 使用 SQL Server Management Studio 创建数据库

在 SQL Server Management Studio 中创建数据库可以按照下列步骤来操作：

（1）打开 SQL Server Management Studio，连接到相应的服务器。在"对象资源管理器"中，逐个展开将被使用的"服务器"→"数据库"，右击数据库，在弹出的快捷菜单中选择"新建数据库（N）…"命令，如图 5-2 所示。

图 5-2　创建新数据库

（2）在出现的"新建数据库"对话框中，左侧"选择页"中包括"常规"、"选项"和"文件组"3 项。默认显示的是"常规"选项，如图 5-3 所示。在"常规"选项卡中，可以设置新建数据库的名称、数据库的所有者、数据文件、事务日志文件等信息。

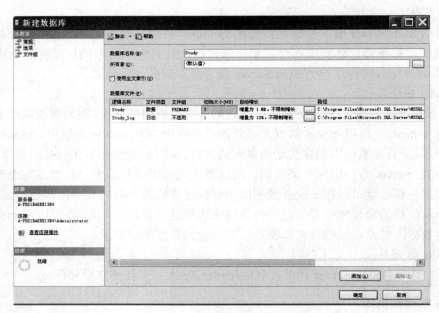

图 5-3　　"新建数据库"对话框

对于数据库文件的设置包括以下内容：

1）文件名：也叫逻辑文件名，以后就以这个名字来代表这个数据文件。

2）文件类型：标识此文件的类型，包括数据文件和事务日志文件两类。

3）文件组：标识该文件所在的文件组名称，默认为 PRIMARY。

4）初始大小：设置文件的初始大小。

5）自动增长：设置文件的自动增长方式，可以通过单击其后的"浏览"按钮来设置具体选项。

6）路径：表示该文件所在的完整路径。

7）文件名：数据库文件的物理文件名，即其在操作系统下的名称。

这里建立了 Study 数据库，在"数据库名称"文本框内输入 Study。此时，系统为数据库设置了两个必需的文件，可以对它们的属性进行修改。如要修改主数据文件的"自动增长"选项，可以单击其后的按钮，将显示"更改 Study 的自动增长设置"对话框，如图 5-4 所示。

在此对话框中可以设置文件增长方式以兆字节增长还是以百分比增长，以及每次增长的幅度。"最大文件大小"可以设置文件的最大大小或不限制文件增长。设置完成后，单击"确

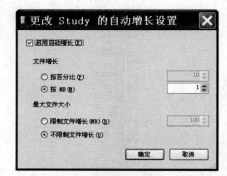

图 5-4　　"更改 Study 的自动增长设置"对话框

定"按钮，返回"新建数据库"对话框。

要添加一个数据库文件，可以在"新建数据库"对话框单击"添加"按钮，如图 5-5 所示。

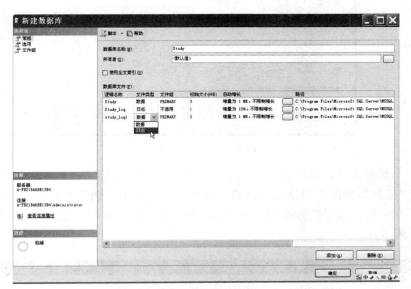

图 5-5　添加数据库文件

现在为新的数据库文件设置"逻辑名称"为 study_log1，"文件类型"修改为"日志"
类型。

再为数据库添加一个数据文件 study_data1，如图 5-6 所示。可以为数据文件 study_data1
设置所在的文件组，单击"文件组"选项，可以显示本数据库所包含的所有文件组，因为是新
建数据库，所以在这里只有两项。如果选择"<新文件组>"，将打开"Study 的新建文件组"
对话框，可以为本数据库添加一个新的文件组，如图 5-7 所示。

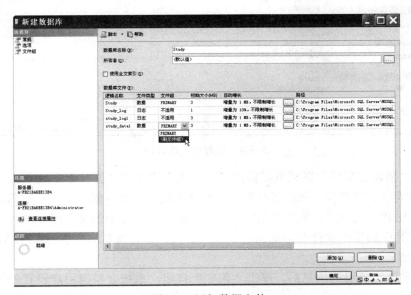

图 5-6　添加数据文件

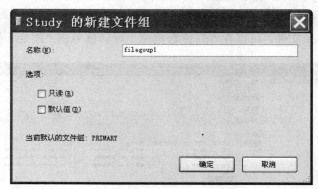

图 5-7　新建文件组

　　要删除一个数据文件，选中该文件，单击"删除"按钮即可。

　　（3）在"新建数据库"对话框左侧的"选择页"中单击"选项"选项，在出现的"新建数据库"对话框中可以设置数据库的选项信息，如恢复模式、游标选项、状态选项和自动选项等，如图 5-8 所示。

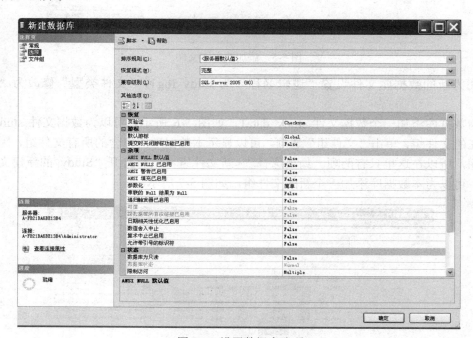

图 5-8　设置数据库选项

　　（4）在"新建数据库"对话框左侧的"选择页"中单击"文件组"选项，可以显示当前数据库中的所有文件组信息，如图 5-9 所示。可以在此页查看或修改文件组的信息，也可以单击"添加"按钮新建文件组。单击"删除"按钮，删除一个选中的文件组。当一个文件组被删除后，包含在其中的数据文件会自动添加到默认的文件组。需要注意的是，PRIMARY 文件组是不能被删除的。

　　（5）当设置完需要的信息后，单击"确定"按钮，系统会根据用户设置的信息完成数据库的建立。

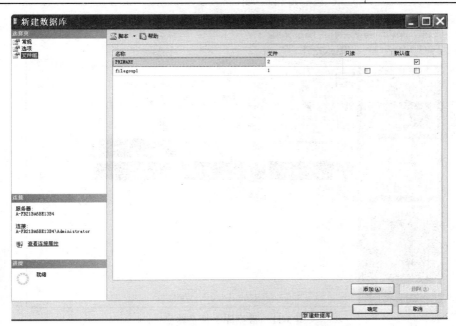

图 5-9　设置文件组

在 SQL Server Management Studio 的"对象资源管理器"中，会出现新的数据库 Study，如图 5-10 所示。

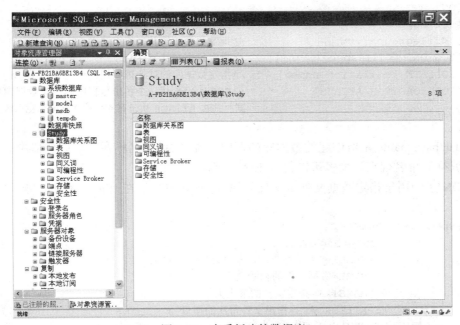

图 5-10　查看新建的数据库

可以根据用户设置的数据库文件存储路径找到创建的数据库文件。默认情况下，在本机的 C:\Program Files\Microsoft SQL Server\MSSQL.1\MSSQL\Data 下生成物理数据库文件，如图 5-11 所示。

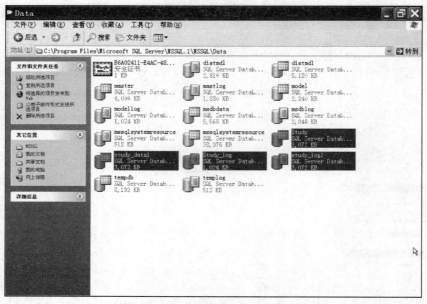

图 5-11　数据库文件及路径

2. 使用 T-SQL 语句创建数据库

T-SQL 提供了数据库创建语句 CREATE DATABASE。其语法格式如下：

```
CREATE DATABASE database_name        /*指定数据库逻辑名称*/
    [ON
    [<filespec>[,…n]]
    [,<filegroup>[,…n]]]             /*指定数据文件及文件组属性*/
    [LOG ON  {<filespec>[,…n]}]      /*指定日志文件属性*/
    [COLLATE <collation_name>]       /*指定数据库的默认排序规则*/
    [FOR LOAD|FOR ATTACH]            /*FOR LOAD 从一个备份数据库向新建数据库加载数
                                       据；FOR ATTACH 从已有的数据文件向数据库添加数据*/
```

说明：

（1）database_name 是所创建的数据库的逻辑名称。数据库名称在当前服务器中必须唯一，且符合标识符的命名规则，最多可以包含 128 个字符。

（2）ON 子句用于指定数据文件及文件组属性，具体属性值在<filespec>中指定。<filespec>格式如下：

```
<filespec>::=  [PRIMARY]
               (NAME='逻辑文件名',
                FILENAME='存放数据库的物理路径和文件名'
                [, SIZE=数据文件的初始大小]
                [, MAXSIZE=指定文件的最大大小]
                [, FILEGROWTH=指出文件每次的增量])
```

<filegroup>项用以定义用户文件组及其文件。<filegroup>格式如下：

```
<filegroup>::= FILEGROUP 文件组名
```

（3）LOG ON 子句用于指定事务日志文件的属性，具体属性值在<filespec>中指定。

如果在定义时没有指定 ON 子句和 LOG ON 子句，系统将采用默认设置，自动生成一个主数据文件和一个事务日志文件，并将文件存储在系统默认路径上。

【例 5-1】创建一个名为 BookSys 的数据库。

CREATE DATABASE BookSys

由于没有指定数据库文件名，在默认的情况下，命名主数据文件为 BookSys.mdf，事务日志文件名为 BookSys_log.log。同时由于按复制 model 数据库的方式来创建新的数据库，主数据文件和事务日志文件的大小都与 model 数据库的主数据文件和事务日志文件大小一致，并且可以自由增长。

【例 5-2】创建一个名为 KEJI_DB 的数据库。要求有 3 个文件，其中，主数据文件为 10MB，最大大小为 50MB，每次增长 20%；辅助数据文件属于文件组 Fgroup，文件为 10MB，大小不受限制，每次增长 10%；事务日志文件大小为 20MB，最大大小为 100MB，每次增长 10MB。文件存储在 c:\db 路径下。

```
CREATE DATABASE  KEJI_DB                         /*数据库名*/
    ON PRIMARY                                   /*主文件组*/
    (NAME='KEJI_DB_Data1',                       /*主文件逻辑名称*/
    FILENAME='c:\db\KEJI_DB_Data1.mdf',          /*主文件物理名称*/
    SIZE=10mb,
    MAXSIZE=50mb,
    FILEGROWTH=20%),
    FILEGROUP Fgroup                             /*文件组*/
    (NAME='KEJI_DB_Data2',                       /*主文件逻辑名称*/
    FILENAME='c:\db\ KEJI_DB_Data2.ndf',         /*主文件物理名称*/
    MAXSIZE=UNLIMITED,                           /*增长不受限制*/
    SIZE=10Mb,
    FILEGROWTH=10mb)
    LOG ON
    (NAME='KEJI_DB_Log',                         /*日志文件逻辑名称*/
    FILENAME='c:\db\ KEJI_DB_Log.ldf',           /*日志文件物理名称*/
    SIZE=20mb,
    MAXSIZE=100mb,
    FILEGROWTH=10mb)
```

说明：KEJI_DB 数据库的物理文件创建在 c:\db\路径下，在运行此语句前要首先确定此路径是存在的。

5.1.4 查看数据库信息

1. 使用 SQL Server Management Studio 查看数据库信息

在 SQL Server Management Studio 的"对象资源管理器"中，展开"服务器"→"数据库"，右击数据库 Study，在弹出的快捷菜单中选择"属性"命令，打开如图 5-12 所示的"数据库属性"对话框来查看数据库的信息。

"数据库属性"对话框包含"常规"、"文件"、"文件组"、"选项"、"权限"、"扩展属性"、"镜像"和"事务日志传送"8 个选择页。可以通过它们查看、修改数据库的基本属性，在此不再具体说明。

图 5-12　Study 的"数据库属性"对话框

2. 使用 T-SQL 语句查看数据库信息

（1）使用系统存储过程 sp_helpdb 查看数据库信息。其语法格式如下：

```
sp_helpdb  [数据库名]
```

1）不指定数据库参数，将显示服务器中所有数据库的信息，如图 5-13 所示。

图 5-13　查看服务器中所有数据库的信息

2）指定具体数据库参数，将显示指定数据库的信息，如图 5-14 所示。

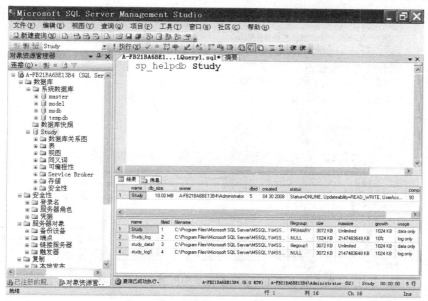

图 5-14　查看 Study 数据库的信息

（2）使用系统存储过程 **sp_databases**。其语法格式如下：

```
sp_databases
```

此命令将显示服务器中所有可以使用的数据库的信息，如图 5-15 所示。

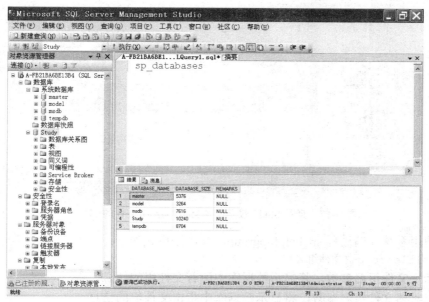

图 5-15　查看服务器中所有可用的数据库的信息

（3）使用系统存储过程 **sp_helpfile** 查看数据库中文件的信息。其语法格式如下：

```
sp_helpfile [文件名]
```

1）不指定文件名参数，将显示当前数据库中所有文件的信息，如图 5-16 所示。

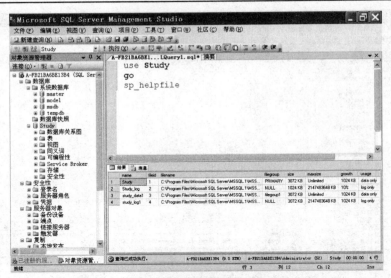

图 5-16　查看 Study 数据库中所有文件的信息

2）指定具体文件名参数，将显示数据库中指定文件的信息，如图 5-17 所示。

图 5-17　查看 Study 数据库中 study_data1 文件的信息

（4）使用系统存储过程 sp_helpfilegroup。其语法格式如下：

```
sp_helpfilegroup [文件组名]
```

1）不指定文件组名参数，将显示数据库中所有文件组的信息。

2）指定具体文件组名参数，将显示数据库中指定文件组的信息。

其用法同 sp_helpfile。

5.1.5　修改数据库

修改数据库包括增减数据库文件、修改文件属性（包括更改文件名和文件大小等）、修改数据库选项等。

1. 使用 SQL Server Management Studio 修改数据库

在 SQL Server Management Studio 的"对象资源管理器"中,展开"服务器"→"数据库",右击要修改的数据库如 Study,在弹出的快捷菜单中选择"属性"命令,打开"数据库属性"对话框来修改数据库的信息。

"数据库属性"对话框包含"常规"、"文件"、"文件组"、"选项"、"权限"、"扩展属性"、"镜像"和"事务日志传送"8 个选择页,如图 5-12 所示。

(1)增减数据库文件和文件组。用户可以使用"文件"选项增减数据库文件或修改数据库文件属性。使用"文件组"选项可以增加或删除一个文件组,修改现有文件组的属性。具体操作在新建数据库时已经涉及,在此不再赘述。

(2)修改数据库选项。使用"选项"选项可以修改数据库的选项。只需单击要修改的属性值后的下拉列表按钮,选择 True 或 False,就可以非常容易地更改当前数据库的选项值,如图 5-18 所示。

图 5-18 使用"选项"选项卡修改数据库选项

比较常用的数据库选项如下:

1)限制访问:即限制访问数据库的用户,包括 MULTI_USER(多用户)、SINGLE_USER(单用户)和 RESTRICTED_USER(受限用户)。如果设置为 SINGLE_USER 之前已有用户在使用该数据库,那么这些用户可以继续使用,但新的用户必须等到所有用户都退出之后才能登录。

2)只读:即数据库中的数据只能读取,而不能修改。

3)自动关闭:用于指定数据库在没有用户访问并且所有进程结束时自动关闭,释放所有资源,当又有新的用户要求连接时,数据库自动打开。数据库自动关闭后,数据库文件可以像普通文件一样处理(如复制或作为电子邮件的附件发送),所以这个选项很适合移动用户。而对于网络应用数据库,则最好不要设置这个选项,因为频繁地关闭和重新打开操作会对数据库性能造成极大的影响。

4）自动缩减：当数据或日志量较少时自动缩小数据库文件的大小，当设置了只读属性时，这个选项无效。

2. 使用 T-SQL 语句修改数据库

T-SQL 提供了数据库修改语句 ALTER DATABASE。其基本语法格式如下：

```
ALTER DATABASE database_name              /*指定要修改的数据库的名称*/
{ADD FILE <filespec>[,…n][TO FILEGROUP filegroup_name]
                                          /*在文件组中增加数据文件*/
|ADD LOG FILE <filespec>[,…n]             /*增加事务日志文件*/
|REMOVE FILE logical_file_name            /*删除数据文件*/
|ADD FILEGROUP filegroup_name             /*增加文件组*/
|REMOVE FILEGROUP filegroup_name          /*删除文件组*/
|MODIFY FILE <filespec>                    /*修改文件属性*/
|MODIFY NAME=new_dbname                    /*更新数据库名称*/
}
```

【例 5-3】为 KEJI_DB 数据库增加一个数据文件 KEJI_DB_Data3，物理文件名为 KEJI_DB_Data3.ndf，初始大小为 5MB，最大大小为 50MB，每次扩展 1MB。

```
ALTER DATABASE KEJI_DB
ADD FILE
(NAME ='KEJI_DB_Data3',
FILENAME='c:\db\KEJI_DB_Data3.ndf',
SIZE=5MB,
MAXSIZE=50MB,
FILEGROWTH=1MB)
```

其中 ADD FILE 是指增加一个数据文件，还可以使用 ADD LOG FILE 来增加事务日志文件。

【例 5-4】将 KEJI_DB 数据库的第二个数据文件 KEJI_DB_data2 的初始大小修改为 40MB。

```
ALTER DATABASE KEJI_DB
MODIFY FILE
 ( NAME ='KEJI_DB_data2',
SIZE=40MB)
```

【例 5-5】删除 KEJI_DB 的数据文件 KEJI_DB_Data3。

```
ALTER DATABASE KEJI_DB
REMOVE FILE KEJI_DB _Data3
```

【例 5-6】使用 ALTER DATABASE 语句修改数据库选项，将 Study 数据库的自动缩减选项设置为 True。

```
ALTER DATABASE Study
SET AUTO_SHRINK ON
```

【例 5-7】使用系统存储过程 sp_dboption 修改数据库选项，将 Study 数据库的自动缩减选项设置为 True。

```
sp_dboption 'Study','autoshrink','true'
```

除了设置选项外，sp_dboption 还有很多其他的作用。比如，运行不带参数的 sp_dboption，可以得到所有数据库选项的列表，如图 5-19 所示。

图 5-19 使用 sp_dboption 查看所有数据库选项列表

如果希望看到某个数据库当前的选项设置情况,可以给 sp_dboption 加上一个数据库名作为参数,SQL Server 将显示所有在该数据库中设置为 True 的选项,如图 5-20 所示。

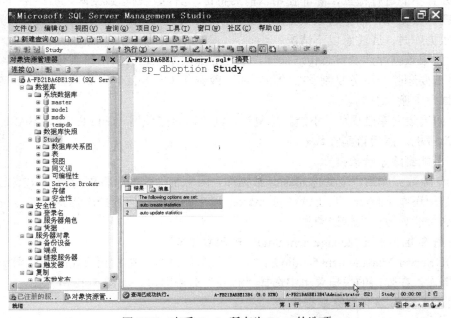

图 5-20 查看 Study 所有为 True 的选项

如果想查看某个特定选项的当前值,可以给 sp_dboption 加上数据库名和选项名两个参数。图 5-21 显示了 Study 数据库 autoclose 选项的设置情况。

关于 ALTER DATABASE 语句的更详细的用法可以参考 SQL Server 2005 的联机丛书。

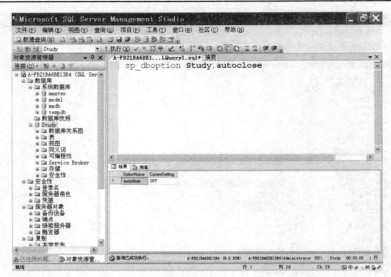

图 5-21　查看 Study 数据库 autoclose 选项的设置情况

5.1.6　删除数据库

当不再需要用户定义数据库，或者已将其移到其他数据库或服务器上时，可以删除该数据库。数据库删除之后，文件及其数据都从服务器的磁盘中删除。一旦删除数据库，它将被永久删除，并且不能进行检索，除非使用以前的备份。所以，删除数据库之前应格外小心。

可以删除数据库，而不管该数据库所处的状态。这些状态包括脱机、只读和可疑。

删除数据库时，应注意以下情况：

（1）如果数据库涉及日志传送操作，应在删除数据库之前取消日志传送操作。

（2）若要删除为事务复制发布的数据库，或删除为合并复制发布或订阅的数据库，必须首先从数据库中删除复制。

（3）如果数据库已损坏，不能删除复制，则可以首先使用 ALTER DATABASE 语句将数据库设置为脱机，然后再删除数据库。

（4）不能删除系统数据库。

（5）删除数据库后，应备份 master 数据库，因为删除数据库将更新 master 数据库中的信息。如果必须还原 master，自上次备份 master 以来删除的任何数据库仍将引用这些不存在的数据库。这可能导致产生错误消息。

1. 使用 SQL Server Management Studio 删除数据库

在 SQL Server Management Studio 的"对象资源管理器"中找到要删除的数据库，右击要删除的数据库，在弹出的快捷菜单中选择"删除"命令即可，如图 5-22 所示。

2. 使用 T-SQL 语句删除数据库

使用 T-SQL 提供的 DROP DATABASE 语句可以删除数据库，并且可以一次删除多个数据库。其语法格式如下：

```
DROP DATABASE database [,…n]
```

【例 5-8】删除数据库 BookSys。

```
DROP  DATABASE BookSys
```

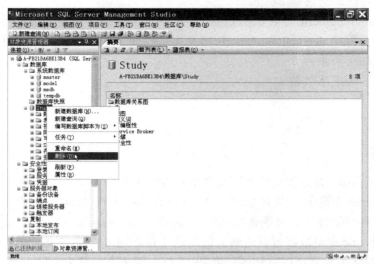

图 5-22　删除数据库

5.2　数据表的创建

表是用来存储数据和操作数据的逻辑结构。关系数据库中的所有数据都存储在表中，因此表是 SQL Server 数据库最重要的组成部分。在介绍表的创建之前，先要介绍 SQL Server 2005 提供的数据类型。

5.2.1　数据类型

SQL Server 为了实现 T-SQL 的良好性能，提供了丰富的数据类型。

1. 数值型数据

（1）bigint。bigint 型数据可以存放$-2^{63}\sim2^{63}$-1 范围内的整型数据。以 bigint 数据类型存储的每个值占用 8 个字节，共 64 位，其中 63 位用于存储数字，1 位用于表示正负。

（2）int。int 也可以写作 integer，可以存储$-2^{31}\sim2^{31}$-1 范围内的全部整数。以 int 数据类型存储的每个值占用 4 个字节，共 32 位，其中 31 位用于存储数字，1 位用于表示正负。

（3）smallint。smallint 型数据可以存储$-2^{15}\sim2^{15}$-1 范围内的所有整数。以 smallint 数据类型存储的每个值占用 2 个字节，共 16 位，其中 15 位用于存储数字，1 位用于表示正负。

（4）tinyint。tinyint 型数据可以存储 0～255 范围内的所有整数。以 tinyint 数据类型存储的每个值占用 1 个字节。

整数型数据可以在较少的字节里存储较大的精确数字，而且存储结构的效率很高。所以，平时在选用数据类型时，应尽量选用整数型数据类型。

（5）decimal 和 numeric。事实上，numeric 数据类型是 decimal 数据类型的同义词，decimal 可以简写为 Dec。在 T-SQL 中，numeric 与 decimal 数据类型在功能上是等效的。

使用 decimal 和 numeric 型数据可以精确指定小数点两边的总位数 p（precision，精度）和小数点右面的位数 s（scale，刻度）。

在 SQL Server 中，decimal 和 numeric 型数据的最高精度可以达到 38 位，即$1\leqslant p\leqslant38$，

$0 \leqslant s \leqslant p$。decimal 和 numeric 型数据的刻度的取值范围必须小于精度的最大范围。

SQL Server 分配给 decimal 和 numeric 型数据的存储空间随精度的不同而不同，一般说来对应的比例关系如下所示：

精度范围	分配字节数
1～9	5
10～19	9
20～28	13
29～38	17

（6）real 和 float。real 型数据范围为-3.40E+38～1.79E+38，存储时使用 4 个字节，精度可以达到 7 位。float 型数据范围为-1.79E+38～1.79E+38。利用 float 来表明变量和表列时可以指定用来存储按科学记数法记录的数据尾数的 bit 数。如 float(n)，n 的范围是 1～53。当 n 的取值为 1～24 时，float 型数据可以达到的精度是 7 位，用 4 个字节来存储。当 n 的取值范围时 25～53 时，float 型数据可以达到的精度是 15 位，用 8 个字节来存储。

2. 字符数据类型

SQL Server 提供了 3 类字符数据类型，分别是 char、varchar 和 text。在这 3 类数据类型中，最常用的是 char 和 varchar 两类。

（1）char(n)。利用 char 数据类型存储数据时，每个字符占用一个字节的存储空间。char 数据类型使用固定长度来存储字符，最长可以容纳 8000 个字符。利用 char 数据类型来定义表列或者定义变量时，应该给定数据的最大长度 n。如果实际数据的字符长度短于给定的最大长度，则多余的字节会以空格填充。如果实际数据的字符长度超过了给定的最大长度，则超过的字符将会被截断。在使用字符型常量为字符数据类型赋值时，必须使用单引号（''）将字符型常量引起来。

（2）varchar(n)。varchar 数据类型的使用方式与 char 数据类型类似。SQL Server 利用 varchar 数据类型来存储最长可以达到 8000 字符的变长字符。与 char 数据类型不同的是，varchar 数据类型的存储空间随存储在表列中的每一个数据的字符数的不同而变化。

例如，定义表列为 varchar(20)，那么存储在该列的数据最多可以长达 20 个字节。但是，在数据没有达到 20 个字节时并不会在多余的字节上填充空格，而是按实际占用的字符长度分配字节。

当存储在列中的数据值大小经常变化时，使用 varchar 数据类型可以有效地节省空间。

（3）text。当要存储的字符型数据非常庞大以至于 8000 字节完全不够用时，char 和 varchar 数据类型都失去了作用，这时应该选择 text 数据类型。

text 数据类型专门用于存储数量庞大的变长字符数据。最大长度可以达到 2^{31}-1 个字符，约 2GB。

【例 5-9】建立一个以字符类型定义表列的表，然后向其中插入一行数据。

创建一个表格：

```
CREATE TABLE chars_example
(char_1 char(5),
varchar_1 varchar(5),
text_1 text)
```

```
go
```
插入一行数据：
```
INSERT INTO chars_example
VALUES('abc', 'abc', 'dddddddddddddddddddddddddd')
go
```

3. 日期/时间数据类型

SQL Server 提供的日期/时间数据类型可以存储日期和时间的组合数据。以日期和时间数据类型存储日期或时间的数据比使用字符型数据更简单，因为 SQL Server 提供了一系列专门处理日期和时间的函数来处理这些数据。如果使用字符型数据来存储日期和时间，只有用户本人可以识别，计算机并不能识别，因而也不能自动将这些数据按照日期和时间来进行处理。

日期/时间数据类型有 datetime 和 smalldatetime 两类。

（1）datetime。datetime 数据类型范围从 1753 年 1 月 1 日到 9999 年 12 月 31 日，可以精确到千分之一秒。datetime 数据类型的数据占用 8 个字节的存储空间。

（2）smalldatetime。smalldatetime 数据范围从 1900 年 1 月 1 日到 2079 年 6 月 6 日，可以精确到分。smalldatetime 数据类型占 4 个字节的存储空间。

SQL Server 在用户没有指定小时以上精度的数据时，会自动设置 datetime 和 smalldatetime 数据的时间为 00:00:00。

在 SQL Server 2005 中，用户可以使用 GETDATE()函数来得到系统时间，使用 SET DATEFORMAT 命令设置日期格式。

【例 5-10】设置日期格式为"月-日-年"。
```
Set DATEFORMAT MDY
```
本例设置的日期格式为"月-日-年"。M 表示月，D 表示日，Y 表示年。

SQL Server 2005 提供了多种日期表达式，其中，年可以是 4 位数或 2 位数，月和日可以用 2 位数或 1 位数。系统默认的日期格式是：年-月-日。常用的日期格式如下：

- 年
- 年月日
- 月-日-年
- 月/日/年
- 年-月-日

4. 货币数据类型

货币数据类型专门用于货币数据处理。SQL Server 提供了 money 和 smallmoney 两种货币数据类型。

（1）money。money 数据类型存储的货币值由 2 个 4 字节整数构成。前面的一个 4 字节表示货币值的整数部分，后面的一个 4 字节表示货币值的小数部分。以 money 存储的货币值的范围为 $-2^{63} \sim 2^{63}-1$，可以精确到万分之一货币单位。

（2）smallmoney。由 smallmoney 数据类型存储的货币值由 2 个 2 字节整数构成。前面的一个 2 字节表示货币值的整数部分，后面的一个 2 字节表示货币值的小数部分。以 smallmoney 存储的货币值的范围为 $-2^{31} \sim 2^{31}-1$，也可以精确到万分之一货币单位。

在把值加入定义为 money 或 smallmoney 数据类型的表列时，应该在最高位之前放一个货币记号$或其他货币单位的记号，但是也没有严格要求。

【例 5-11】建立一个以货币数据类型定义表列的表，然后向其中插入一行数据。

建立一个表格：

```
CREATE TABLE money_example2
(money_num money,
smallmoney_num smallmoney
)
go
```

插入一行数据：

```
INSERT INTO money_example2
VALUES ($222.222,$333.333)
```

5. 二进制数据类型

所谓二进制数据是一些用十六进制来表示的数据。例如，十进制数据 245 表示成十六进制数据就应该是 F5。在 SQL Server 中，可以使用 3 种数据类型来存储二进制数据，分别是 binary、varbinary 和 image。

二进制数据类型同字符数据类型非常相似。使用 binary 数据类型定义的列或变量，具有固定的长度，最大长度可以达到 8KB；使用 varbinary 数据类型定义的列或变量具有不固定的长度，其最大长度也不得超过 8KB；image 数据类型可以用于存储字节数超过 8KB 的数据，比如 Microsoft Word 文档，Microsoft Excel 图表及图像数据（包括.GIF、.BMP、.JPEG 文件）等。

一般说来，最好使用 binary 或 varbinary 数据类型来存储二进制数据。只有在数据的字节数超过了 8KB 的情况下，才使用 image 数据类型。

在对二进制数据进行插入操作时，必须在数据常量前面增加一个前缀 0x。

【例 5-12】建立一个以二进制数据类型定义表列的表，然后向其中插入一行数据。

建立一个表格：

```
CREATE TABLE binary_example
(bin_1 binary (5),
bin_2 varbinary(5))
go
```

插入一行数据：

```
INSERT INTO binary_example
VALUES (0xaabbccdd,0xaabbccddee)
INSERT INTO binary_example
VALUES (0xaabbccdde,0x)
go
```

6. 双字节数据类型

SQL Server 2005 提供的双字节数据类型共有 3 类，分别是 nchar、nvarchar、ntext。

（1）nchar(n)。nchar(n)是固定长度的双字节数据类型，括号里的 n 用来定义数据的最大长度。n 的取值范围是 1～4000，所以使用 nchar 数据类型所能存储的最大字符数是 4000 字符。由于存储的都是双字节字符，所以双字节数据的存储空间为：字符数*2（字节）。

nchar 数据类型的其他属性及使用方法与 char 数据类型一样。例如，在有多余字节的情况下也会自动加上空格进行填充。

（2）nvarchar(n)。nvarchar(n)数据类型存储可变长度的双字节数据类型，括号里的 n 用来定义数据的最大长度。n 的取值为 0～4000。所以使用 nvarchar 数据类型所能存储的最大字符数也是 4000。nvarchar 数据类型的其他属性及使用方法与 varchar 数据类型一样。

（3）ntext。ntext 数据类型存储的是可变长度的双字节字符，ntext 数据类型突破了前两种双字节数据类型不能超过 4000 字符的规定，最多可以存储多达 2^{30}-1 个双字节字符。ntext 数据类型的其他属性及使用方法与 text 数据类型一致。

7. 图像、文本数据的使用

为了方便用户存储和使用文本、图像等大型数据，SQL Server 2005 提供了 text、ntext 和 image 三种数据类型。

文本和图像数据在 SQL Server 中是用 text、ntext 和 image 数据类型来表示的。这 3 种数据类型很特殊，因为它们的数据量往往较大，所以它们不像表中其他类型的数据那样一行一行地依次存放在数据页中，而是经常被存储在专门的页中，在数据行的相应位置处只记录指向这些数据实际存储位置的指针。在 SQL Server 2005 以前的版本中，文本和图像数据都是这样与表中的其他数据分开存储的。SQL Server 2005 提供了将小型的文本和图像数据在行中存储的功能。

当将文本和图像数据存储在数据行中时，SQL Server 2005 不需要为访问这些数据而去访问另外的页，这使得读、写文本和图像数据可以与读写 varchar、nvarchar 和 varbinary 字符串一样快。

为了指定某个表的文本和图像数据在行中存储，需要使用系统存储过程 sp_tableoption 设置该表的 text in row 选项为 True。当指定 text in row 选项时，还可以指定一个文本和图像数据大小的上限值，这个上限值应在 24 字节到 7000 字节之间。当同时满足以下两个条件时，文本和图像数据可以直接存储在行中：

（1）文本和图像数据的大小不超过指定的上限值。

（2）数据行有足够的空间存放这些数据。

当以上两个条件有一个不满足时，行中只存放指向这些数据实际存储位置的指针。

现建立表 text_example：

```
CREATE TABLE text_example
(bin_1 text,
bin_2 ntext)
```

以下的语句将指定 text_example 表在行中存储文本和图像数据：

```
sp_tableoption 'text_example','text in row','true'
```

规定 text_example 表中不大于 1000 字节的文本和图像数据直接在行中存储，可以执行以下语句：

```
sp_tableoption 'text_example ', ' text in row', '1000'
```

如果不显示地指定上限，那么默认的上限为 256 字节，即在前一个例子中，行中存储文本和图像数据最大为 256 字节。

以下语句指定 text_example 表不在行中存储文本和图像数据：

```
sp_tableoption 'text_example', ' text in row', 'false'
```

8. 用户定义数据类型及使用

用户定义的数据类型并不是真正的数据类型，它只是提供了一种加强数据库内部和基本数据类型之间一致性的机制。通过使用用户定义数据类型能够简化对常用规则和默认值的管理。

可以使用系统存储过程 **sp_addtype** 来创建用户定义数据类型。其语法格式如下：

```
sp_addtype type_name, system_type, {'NULL'|'NOT NULL'|'NONULL'}
```

默认为 NULL，可以为空。

凡是包含了诸如"()"或","等分隔符的系统数据类型，如 Char(9)，必须使用单引号括起来，即'Char(9)'。用户自定义数据类型在数据库中的命名必须唯一。只要命名唯一，甚至相同的类型定义也可以存储在同一个数据库中。

【例 5-13】下面的例子创建了两个用户定义数据类型：

```
use model
go
exec sp_addtype telelephone,'varchar(24)','not null'
exec sp_addtype fax, 'varchar(24)','null'
```

可以直接使用用户定义数据类型来定义表列，就如同使用系统数据类型那样。但是用户自定义数据类型更常与默认值或规则等配合使用。

使用系统存储过程 **sp_droptype** 可以删除用户定义数据类型，其语法格式如下：

```
sp_droptype type_name
```

在实际使用中，如果用户定义数据类型正被某表中的某列使用，则不能立即删除，必须首先删除使用该数据类型的表。

也可以使用 SQL Server Management Studio 来创建用户定义数据类型，步骤如下：

（1）选中要创建数据类型的数据库 Study，展开该结点。

（2）选中树型结构上的"可编程性"→"类型"→"用户定义数据类型"。

（3）右击，从弹出的快捷菜单中选择"新建用户定义的数据类型（N）…"命令。在弹出的"新建用户定义数据类型"对话框中输入名称、系统数据类型、长度、可否为空等参数，如图 5-23 所示。

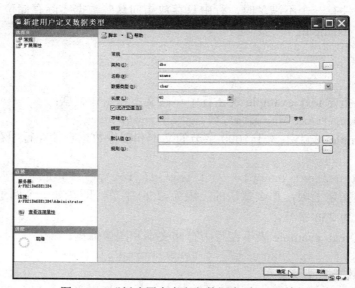

图 5-23　"新建用户自定义数据类型"对话框

（4）设置完毕后，单击"确定"按钮，即可完成用户定义数据类型的创建。

5.2.2　创建表结构

在创建表及其对象之前，最好先规划并确定表的下列特征：

（1）表要包含的数据类型。

（2）表中的列数，每一列中数据的类型和长度（如果必要）。

（3）哪些列允许空值。

下面在数据库 Study 中创建以下 3 个表：Student、Course、Score。表的结构特征如表 5-1 所示。

表 5-1　表的结构特征

Student（学生）

列名	数据类型	可否为空	备注
sno	char(10)	Not null	学号
sname	varchar(40)	Not null	姓名
sage	tinyint	Null	年龄
ssex	char(4)	Null	性别：男，女
sbirthday	smalldatetime	Null	出生日期
depart	char(20)	Null	系别
class	char(10)	null	班级

Course（课程）

列名	数据类型	可否为空	备注
cno	char(10)	Not null	课程号
cname	varchar(40)	Not null	课程名
credit	char(4)	Null	学分
notes	varchar(200)	Null	备注

Score（选课）

列名	数据类型	可否为空	备注
sno	char(10)	Not null	学号
cno	char(10)	Not null	课程号
degree	tinyint	null	成绩

表的创建也有两种方式：一是通过 SQL Server Management Studio 创建；二是用 T-SQL 命令创建。

1. 利用 SQL Server Management Studio 提供的图形界面创建表

利用 SQL Server Management Studio 提供的图形界面创建表，步骤如下：

（1）在"对象资源管理器"的树型目录中找到要建表的数据库 Study，展开该数据库。

（2）选择"表"，右击，在弹出的快捷菜单中选择"新建表（N）..."命令，打开表设计器，如图 5-24 所示。

图 5-24　表设计器

（3）表设计器的上半部分有一个表格，在这个表格中输入列的属性，表格的每一行对应设置一列。对每一列都需要进行以下设置，它们是：

1）列名：为每一列设定一个列名。

2）数据类型：数据类型是一个下拉列表框，其中包括了所有的系统数据类型和用户定义数据类型。用户可根据需要来选择数据类型和长度。

3）允许空：单击该行的复选框，可以切换是否允许该列为空值的状态。打勾表示允许为空值，空白表示不允许为空值，默认状态下是允许为空值的。

表设计器的下半部分是特定列的详细属性，包括是否是 IDENTITY 列、是否使用默认值等。

表设计器的右半部分是表的详细属性，这里可以设置表的名称、表所在的文件组等信息。

（4）逐个定义好表中的列，单击工具栏中的"保存"按钮。若没有在表设计器中给出表的名称，会出现保存对话框，提示用户输入表的名称，如图 5-25 所示。

单击"确定"按钮，Student 表就建立完成了。

图 5-25　保存表结构

2．使用 T-SQL 语句创建表

在 T-SQL 中，可以用 CREATE TABLE 命令来创建表，表中列的定义必须用括号括起来。一个表最多 1024 列。CREATE TABLE 的基本语法格式如下：

```
CREATE TABLE table_name
({column_name  datatype  NOT NULL|NULL})
```

说明：

（1）table_name 是所创建的表的名称，表名在一个数据库内必须唯一。

（2）column_name 是列名，列名在一个表内必须唯一。

（3）datatype 是该列的数据类型，可以使用系统数据类型，也可以使用用户定义数据类型。对于需要给定数据最大长度的类型，在定义时要给出长度。

（4）NOT NULL|NULL 指示该列可否输入空值，默认可以为空。

【例 5-14】在 Study 数据库上创建课程表 Course 和成绩表 Score。

```
use Study
go
```

```
CREATE TABLE Course                    /*定义课程表 Course*/
( cno char(10) not null,               /*课程号列 cno,不能输入空值*/
 cname varchar(40) not null,           /*课程名列 cname,不能输入空值*/
 credit char(4),                       /*学分列 credit */
 notes varchar(200))                   /*备注列 notes*/
go

CREATE TABLE Score                     /*定义成绩表 Score*/
(sno char(10) not null,                /*学号列 sno,不能输入空值*/
 cno char(10) not null,                /*课程号列 cno,不能输入空值*/
 degree tinyint)                       /*成绩列 degree*/
go
```

5.2.3　查看表结构

1. 使用 SQL Server Management Studio 查看表属性

在 SQL Server Management Studio 的"对象资源管理器"中找到要查看表所在的数据库，选中树型结构中的"表"结点，右边的窗口中就会显示这一数据库中所有的表，其中系统表单独在"系统表"文件夹内。对于每个表，都会显示它的架构和创建时间。

在列表中选择一个要查看的表，右击打开快捷菜单，选择"属性"命令，打开"表属性"对话框，如图 5-26 所示。可以在此查看、设置表的属性、权限和扩展属性等。

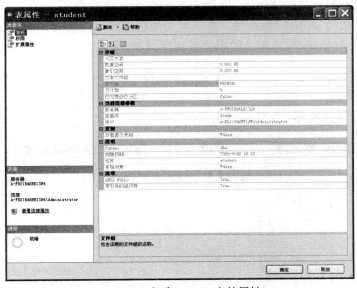

图 5-26　查看 Student 表的属性

2. 使用 T-SQL 语句显示表结构

可以使用系统存储过程 sp_help 来查看表结构，包括表的所有者、类型（系统表还是用户表）、创建时间、表上每一列的名称、数据类型、表上定义的索引及约束等。

【例 5-15】查看表 Course 的基本结构。

```
use Study
```

```
go
exec sp_help Course
```
使用查询编辑器执行这一语句的结果如图 5-27 所示。

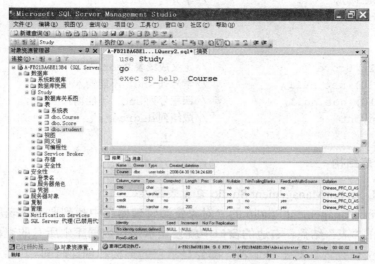

图 5-27   查看 Course 表的结构

实际上，使用 sp_help 可以查看所有数据库对象的定义，除了表外，还包括视图、存储过程以及用户定义数据类型等，只需将不同数据库对象的名字作为 sp_help 的输入参数即可。另外，若执行不带参数的 sp_help 命令时，将返回当前数据库中的所有数据库对象。

【例 5-16】查看 Study 数据库上的所有数据库对象。
```
use Study
go
exec sp_help
```
执行结果如图 5-28 所示。

图 5-28   查看 Study 库的所有对象

5.2.4 修改表结构

创建完一个表以后，如果要修改表的结构，如添加、修改及删除列等，可以使用 SQL Server Management Studio 或 T-SQL 语句两种方式实现。

1. 使用 SQL Server Management Studio 修改表

在 SQL Server Management Studio 的"对象资源管理器"中找到要修改的表，右击要修改的表，在弹出的快捷菜单中选择"修改（Y）"命令，将弹出如图 5-29 所示的表设计器。

此时可以像新建表时一样，向表中增加列、从表中删除列或修改列的属性，修改完毕后单击"保存"按钮即可。

选中某一列，右击，在弹出的快捷菜单中选择"删除列（N）命令"，则可删除某一列。用与建表时相似的方法可以对列值进行修改。

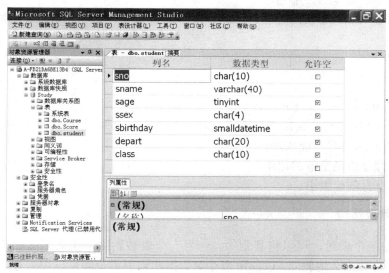

图 5-29 修改 student 的表结构

2. 使用 T-SQL 语句修改表

（1）添加列。向表中增加一列时，应使新增加的列有默认值或允许为空值，SQL Server 将向表中已存在的行填充新增列的默认值或空值。如果既没有提供默认值也不允许为空值，那么新增列的操作将会出错，因为 SQL Server 不知道该怎么处理那些已经存在的行。

向表中添加列的语句格式如下：

```
ALTER TABLE 表名
ADD 列名 列的描述
```

【例 5-17】向 Student 表中添加两个新的列：邮箱 Email 和电话 phone。

```
use Study
go
ALTER TABLE Student
ADD Email varchar(20) null,
   phone char(20) null
```

可以一次向表中添加多个列，各列之间用逗号分开即可。

（2）删除列。删除一列的语句格式如下：

```
ALTER TABLE  表名
DROP COLUMN  列名
```

【例 5-18】删除 Student 表的 Email 列。

```
use Study
go
ALTER TABLE Student
DROP COLUMN Email
```

（3）修改列定义。表中的每一列都有其定义，包括列名、数据类型、数据长度及是否允许为空值等，这些值都可以在表创建好以后修改。

修改列定义的语句格式如下：

```
ALTER TABLE  表名
ALTER COLUMN  列名 列的描述
```

【例 5-19】将 Student 表的姓名列 sname 改为最大长度为 20 的 varchar 型数据，且不允许为空值。

```
use Study
go
ALTER TABLE Student
ALTER COLUMN sname varchar(20) not null
```

默认状态下，列是被设置允许空值的，将一个原来允许为空的列改为不允许为空时，必须在以下两个条件满足时才能成功：

1）列中没有存放是空值的记录。

2）在列上没有创建索引。

5.2.5　删除表结构

当不再需要某个表时，可以将其删除。一旦一个表被删除，那么它的数据、结构定义、约束、索引等都将被永久地删除，以前用来存储数据和索引的空间可以用来存储其他的数据库对象了。

1. 使用 SQL Server Management Studio 删除表

（1）使用 SQL Server Management Studio 删除一个表非常简单，只需在"对象资源管理器"中找到要删除的表，右击，在弹出的快捷菜单中选择"删除（D）"命令即可，如图 5-30 所示。

（2）在打开的如图 5-31 所示的"删除对象"对话框中，单击"确定"按钮即可。

2. 使用 T-SQL 语句删除表

在 T-SQL 语句中，DROP TABLE 语句可以用来删除表。其语法格式如下：

```
DROP TABLE  表名
```

需要注意的是，DROP TABLE 语句不能用来删除系统表。

【例 5-20】删除 Study 数据库中的表 table1。

```
use Study
go
DROP TABLE table1
```

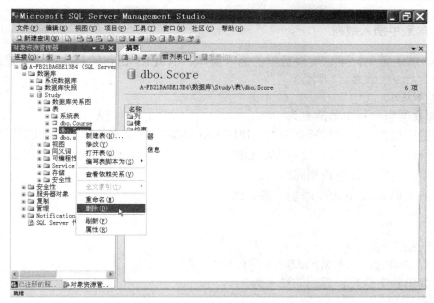

图 5-30 删除 Study 库的 Score 表

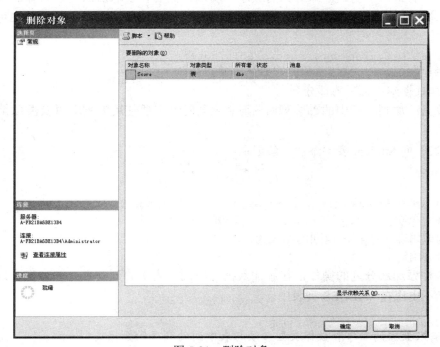

图 5-31 删除对象

5.3 数据更新

新创建的表中没有任何数据，可以通过数据更新操作向表中插入新数据，修改表中的数据和删除表中的数据。

5.3.1　向表中插入数据

使用 INSERT 语句，可以实现数据的插入操作。INSERT 语句的基本语法格式如下：

```
INSERT [INTO] 表名 [(列名)]
VALUES(表达式)
```

1．添加数据到一行中的所有列

当将数据添加到一行中的所有列时，使用 VALUES 关键字来给出要添加的数据。INSERT 语句中无需给出表中的列名，只要在 VALUES 中给出的数据与用 CREATE TABLE 定义表时给定的列名顺序、类型和数量均相同即可。

【例 5-21】向 Course 表中添加一条记录。

```
use Study
go
INSERT INTO Course
VALUES('080110H','数据库原理与应用','3','必修')
```

在查询编辑器中执行，返回的结果为：

```
(1 行受影响)
```

若对表中的结构不明确，即对列的顺序不明确，则要在表名后面给出具体的列名，而且列名顺序、类型和数量也要与 VALUES 中给出的数据一一对应。如上面的语句也可以写成如下形式：

```
INSERT INTO Course(cno,cname,credit,notes)
VALUES('080110H','数据库原理与应用','3','必修')
```

2．添加数据到一行中的部分列

要将数据添加到一行中的部分列时，则必须同时给出要使用的列名以及要赋给这些列的数据。

【例 5-22】向 Student 表中添加一条记录。

```
use Study
go
INSERT INTO Student(sno,sname,sage,ssex,sbirthday)
VALUES('05091101','李明',19,'男','1989-1-10')
```

在查询编辑器中执行，返回的结果为：

```
(1 行受影响)
```

对于这种添加部分列的操作，在添加数据前应确认表中的列是否允许为空，只有允许为空的列才能不出现在 VALUES 列表中。

注意：

（1）输入数据的顺序和数据类型必须与表中列的顺序和数据类型一致。

（2）列名与数据必须一一对应，当每列都有数据输入时，列名可以省略，但输入数据的顺序必须与表中列的定义顺序相一致。

（3）可以不给全部列赋值，但没有赋值的列必须是可以为空的列。

（4）插入字符型和日期型数据时要用单引号括起来。

3．添加多行数据

通过在 INSERT 语句中嵌套子查询，可以将子查询的结果作为批量数据，一次向表中添加多行数据。查询语句将在第 6 章中讲解，在此只给出一个简单的例子。

【例 5-23】添加批量数据。

创建一个新的数据表 stu_temp：

```
CREATE TABLE stu_temp
(sno char(10) not null,
sname char(20) not null,
sage tinyint)
go
```

假设 Student 中已有一批数据，可以从 Student 表中选择部分数据插入到新表 stu_temp 中，此时将所有女生的信息插入到新表 stu_temp 中：

```
INSERT INTO stu_temp
SELECT sno,sname,sage
FROM Student
WHERE ssex='女'
```

5.3.2　修改表中数据

当数据添加到表中后，会经常需要修改，如客户的地址发生了变化、货品库存量的增减等。使用 UPDATE 语句可以实现数据的修改，其语法格式如下：

```
UPDATE　表名
SET　列名= 表达式
[ WHERE 条件 ]
```

【例 5-24】将所有课程的备注信息都改为"必修"。

```
use Study
go
UPDATE  Course
SET notes='必修'
```

因为没有使用 WHERE 子句，所以对备注列的修改将影响到表中的每一行。

【例 5-25】将课程号为 080110H 的课程改为"必修"。

```
use Study
go
UPDATE Course
SET notes='必修'
WHERE cno='080110H'
```

在此例中，只有满足 WHERE 子句条件的行被修改。

5.3.3　删除表中数据

当数据的添加工作完成以后，随着使用和对数据的修改，表中可能存在着一些无用的数据，这些无用数据不仅会占用空间，还会影响修改和查询数据的速度，所以应及时将它们删除。

1. 使用 DELETE 语句删除数据

使用 T-SQL 中的 DELETE 语句可以删除数据表中的一个或多个记录。DELETE 语句最简单的形式如下：

```
DELETE　表名
```

[WHERE　条件]

其中，表名是要删除数据的表的名字。如果 DELETE 语句中没有 WHERE 子句限制，表中的所有记录都将被删除。

【例 5-26】删除学号为 05091101 的学生的基本信息。

```
use Study
go
DELETE Student
WHERE sno='05091101'
```

执行结果为：

(1 行受影响)

2. 使用 TRUNCATE TABLE 语句删除数据

TRUNCATE TABLE 语句提供了一种删除表中所有记录的快速方法，因为 TRUNCATE TABLE 语句不记录日志，只记录整个数据页的释放操作，而 DELETE 语句对每一行修改都记录日志，所以 TRUNCATE TABLE 语句总比没有指定条件的 DELETE 语句快。

【例 5-27】删除所有学生的成绩记录。

```
TRUNCATE  TABLE  Score
```

因为 TRUNCATE TABLE 操作是不进行日志记录的，所以建议在使用 TRUNCATE TABLE 语句之前先对数据库作备份，数据库备份的操作将在第 10 章中介绍。

5.3.4　使用 SQL Server Management Studio 实现数据操作

使用 SQL Server Management Studio 可以对一个表中的数据进行查看、插入、修改及删除等操作，方法如下：

（1）在"对象资源管理器"的树型目录中找到存放表的数据库。

（2）展开数据库，选中要操作的数据表。

（3）右击要操作的表，在弹出的快捷菜单中选择"打开表（**O**）"命令，如图 5-32 所示。

图 5-32　打开表

（4）打开的窗口如图 5-33 所示。

图 5-33 显示表中的数据

在此窗口可以实现查看表中的数据、为表添加数据、修改数据及删除数据的操作。

本章小结

本章主要讲述了数据库的结构、数据库和表的创建与管理、SQL Server 2005 提供的数据类型以及表中数据的添加、修改、删除。通过对本章的学习，读者应能建立和管理数据库和表。熟悉对于表中数据的操作，包括插入、修改和删除，并向表中添加一定量的数据，为后面的数据查询做准备。

SQL Server 2005 用文件来存放数据库，即将数据库映射到操作系统文件上。数据库文件有 3 类：主数据文件、次要数据文件和事务日志文件。

SQL Sever 2005 数据库中的数据在逻辑上被组织成一系列对象，当一个用户连接到数据库后，他所看到的是这些逻辑对象，而不是物理的数据库文件。SQL Server 2005 中的对象有：表（Table）、视图（View）、存储过程（Stored Procedures）、触发器（Triggers）、用户定义数据类型（User-defined Data Types）、用户自定义函数（User-defined Functions）、索引（Indexes）、规则（Rules）、默认值（Defaults）等。

SQL Server 2005 有 master 数据库、tempdb 数据库、model 数据库和 msdb 数据库 4 个系统库，在创建任何数据库之前，依次打开 SQL Server Management Studio 中"对象资源管理器"的"服务器"/"数据库"/"系统数据库"目录，我们就可以看到这 4 个系统数据库。

我们可以使用 SQL Server Management Studio 和 T-SQL 语句两种方式创建、查看、修改和删除数据库。T-SQL 提供了数据库创建语句 CREATE DATABASE、数据库查看语句 sp_helpdb 和 sp_databases、文件查看语句 sp_helpfile、数据库修改语句 ALTER DATABASE、数据库删除语句 DROP DATABASE。

SQL Server 为了实现 T-SQL 的良好性能，提供了丰富的数据类型，包括数值型、字符型、日期/时间型、货币型、二进制型、双字节型、图像、文本型以及用户自定义型数据。

我们同样可以使用 SQL Server Management Studio 和 T-SQL 语句两种方式创建、显示、修改和删除数据表结构。T-SQL 提供了数据表创建语句 CREATE TABLE、数据表显示语句 sp_help、数据表修改语句 ALTER TABLE、数据表删除语句 DROP TABLE。

新创建的表中没有任何数据，可以通过数据更新操作向表中插入新数据，修改表中的数据和删除表中的数据。我们可以使用 INSERT 语句插入数据、UPDATE 语句修改数据、DELETE 和 TRUNCATE 语句删除数据。

习题五

一、填空题

1．SQL Server 2005 提供的系统数据类型有_____、_____、_____、_____、_____和货币数据，也可以使用用户定义的数据类型。

2．SQL Server 2005 的数据库包含 3 类文件：_____、_____和_____。包含 4 个系统数据库：_____、_____、_____和 msdb 数据库。

3．可以使用系统存储过程_____来查看表的定义，后面加上要查看的_____作为参数。

二、操作题

1．创建用户定义的数据类型：编号（非空，长度为 8 的字符型）。

2．创建图书数据库（BookSys），并在数据库中建立如下表，要求图书编号、读者编号使用用户定义类型：编号。

图书信息（tsxx）

图书编号（tusbh）	书名（shum）	价格（jiag）	出版社（chubs）	出版日期（chubrq）	作者（zuoz）

说明：图书编号、书名不能为空。

读者信息（dzxx）

读者编号（duzbh）	姓名（xingm）	身份证号（shenfzh）	级别（jib）

说明：读者编号、姓名不能为空。

借阅信息（jyxx）

读者编号（duzbh）	图书编号（tusbh）	借阅日期（jieyrq）	还书日期（huansrq）	是否续借（shifxj）

说明：图书编号、读者编号不能为空。

3．完成如下操作。

（1）向读者信息表中添加列：联系方式，可以为空。

（2）修改列"出版社"的定义，长度修改为 200。

（3）删除"联系方式"一列。

4．完成如下数据操作。

（1）向各表插入若干数据。

（2）修改读者信息表中编号为 00001001 的读者的级别为 2 级。

（3）删除借阅信息表中读者编号为 00001001 借阅 10010001 图书的记录。

第 6 章　数据查询

【本章导读】

本章主要讲解 SQL Server 2005 的数据查询功能。SELECT 语句具有强大的查询功能，有的用户甚至只需要熟练掌握 SELECT 语句的一部分，就可以轻松地利用数据库来完成自己的工作。

【本章要点】

- 基于单表的简单查询
- 基于多表的连接查询
- 操作结果集
- 子查询的建立和使用
- 视图的创建、修改和删除

6.1　T-SQL 简单查询

SELECT 在任何一种 SQL 语言中，都是使用频率最高的语句。可以说 SELECT 是 SQL 语言的灵魂。SELECT 语句的作用是让数据库服务器根据客户端的要求搜寻出用户所需要的信息资料，并按用户规定的格式进行整理后返回给客户端。用户使用 SELECT 语句除了可以查看普通数据库中的表格和视图的信息外，还可以查看 SQL Server 的系统信息。

本章通过对 Study 数据库的查询操作来讲解 SELECT 语句的使用，对于查询的结果使用文本方式显示。

6.1.1　最简单的 SELECT 语句

1．SELECT 语句的常规使用方式

其具体语法格式如下：

```
SELECT 列名 1[, 列名 2, …, 列名 n]
FROM　表名
```

使用该形式可以选择表中的全部列或部分列，这类运算又称为投影。其变化方式主要表现在 SELECT 子句的 "列名" 上。各个列的先后顺序可以根据需要而定。

【例 6-1】查询 Student 表中学生的学号、姓名和年龄。

```
use Study
go

SELECT sno, sname, sage
FROM Student
go
```

服务器返回的结果如下：

```
sno           sname                 sage
----------    --------------------  ----
06091101      王芳                   23
06081201      吴非                   22
06081102      李刚                   22
07081103      吴凡                   20
07081104      刘阳                   20
07091104      刘孜                   20
06091207      白兰                   21
06091210      李富阳                 22
07091221      钱征                   20
07091222      王露                   20
06071222      王非                   20
06071032      李斌                   21
07071219      刘博                   20
06071415      白雨新                 21
06091033      王美兰                 21
```

(15 行受影响)

这个查询结果一共返回了 15 行数据，通过这一查询可以看出使用 SQL 语句所操作的是数据集合，而不是单独的行。在上述查询里，返回的是所有行中相同目标列上的数据。

2. 用 "*" 表示表中所有的列

当要求输出表中的所有列时，可以使用 "*" 来简化对全部列的描述，其语法格式如下：

```
SELECT *
FROM 表名
```

服务器会按用户表格创建时列的顺序来显示所有的列。

【例 6-2】查看 Student 表中的所有学生的信息。

```
use  Study
go

SELECT *
FROM  Student
go
```

服务器返回的结果如下：

sno	sname	sage	ssex	sbirthday	depart	class
06091101	王芳	23	女	1985-07-09 00:00:00	信息系	计算 06
06081201	吴非	22	男	1986-02-12 00:00:00	土木系	测绘 C6
06081102	李刚	22	男	1986-04-02 00:00:00	土木系	测绘 06
07081103	吴凡	20	男	1988-04-02 00:00:00	土木系	测绘 07
07081104	刘阳	20	男	1988-07-02 00:00:00	土木系	测绘 07
07091104	刘孜	20	女	1988-07-02 00:00:00	信息系	计算 07
06091207	白兰	21	女	1987-07-12 00:00:00	信息系	计算 06
06091210	李富阳	22	男	1986-10-12 00:00:00	信息系	计算 05

07091221	钱征	20	男	1988-11-01 00:00:00	信息系	计算 07
07091222	王露	20	女	1988-01-14 00:00:00	信息系	计算 07
06071222	王非	20	女	1988-01-14 00:00:00	经济系	金融 06
06071032	李斌	21	男	1987-09-10 00:00:00	经济系	金融 06
07071219	刘博	20	男	1988-01-10 00:00:00	经济系	金融 07
06071415	白雨新	21	女	1987-06-12 00:00:00	经济系	金融 06
06091033	王美兰	21	女	1987-03-23 00:00:00	信息系	计算 06

(15 行受影响)

3. 使用 SELECT 语句进行无数据源检索

所谓无数据源检索就是使用 SELECT 语句来检索不在表中的数据。例如，可以使用 SELECT 语句检索常量、全局变量或已经赋值的变量。

无数据源检索实质上就是在客户机屏幕上显示出变量或常量的值。

（1）使用 SELECT 语句查看常量。

【例 6-3】显示常量。

```
SELECT 'sql server 6.5'
SELECT 'sql server 7.0'
go
```

服务器返回的结果如下：

```
--------------
sql server 6.5

(1 行受影响)


--------------
sql server 7.0

(1 行受影响)
```

（2）使用 SELECT 语句查看全局变量。

【例 6-4】查询本地 SQL Server 服务器的版本信息。

```
SELECT @@version
go
```

服务器返回的结果如下：

```
------------------------------------------------------------------------------
Microsoft SQL Server 2005 - 9.00.1399.06 (Intel X86)
    Oct 14 2005 00:33:37
    Copyright (c) 1988-2005 Microsoft Corporation
    Standard Edition on Windows NT 5.1 (Build 2600: Service Pack 2)

(1 行受影响)
```

【例 6-5】查询本地 SQL Server 服务器使用的语言。

```
SELECT @@language
go
```

服务器返回的结果如下：

简体中文

(1 行受影响)

4. 使用 TOP 关键字

SQL Server 2005 提供了 TOP 关键字，让用户指定返回前面一定数量的数据。当查询到的数据量非常庞大（如有 100 万行），但又没有必要对所有数据进行浏览时，使用 TOP 关键字查询可以大大减少查询花费的时间。

语法格式如下：

```
SELECT [TOP n | TOP n PERCENT] 列名1[, 列名2, …列名n]
FROM  表名
```

说明：

（1）TOP n：表示返回最前面的 n 行数据，n 表示返回的行数。

（2）TOP n PERCENT：表示返回前面的百分之 n 行数据。

【例 6-6】从 Study 数据库的 Student 表中返回前 10 行数据。

```
use  Study
go

SELECT TOP 10 *
FROM Student
go
```

服务器返回的结果如下：

sno	sname	sage	ssex	sbirthday	depart	class
06091101	王芳	23	女	1985-07-09 00:00:00	信息系	计算06
06081201	吴非	22	男	1986-02-12 00:00:00	土木系	测绘06
06081102	李刚	22	男	1986-04-02 00:00:00	土木系	测绘06
07081103	吴凡	20	男	1988-04-02 00:00:00	土木系	测绘07
07081104	刘阳	20	男	1988-07-02 00:00:00	土木系	测绘07
07091104	刘孜	20	女	1988-07-02 00:00:00	信息系	计算07
06091207	白兰	21	女	1987-07-12 00:00:00	信息系	计算06
06091210	李富阳	22	男	1986-10-12 00:00:00	信息系	计算06
07091221	钱征	20	男	1988-11-01 00:00:00	信息系	计算07
07091222	王露	20	女	1988-01-14 00:00:00	信息系	计算07

(10 行受影响)

【例 6-7】从 Study 数据库的 Student 表中返回前 10%的数据。

```
use Study
go

SELECT TOP 10 percent *
FROM  Student
go
```

服务器返回的结果如下：

```
sno         sname          sage ssex  sbirthday              depart          class
--------    -------------- ---- ----  --------------------   ------------    --------
06091101    王芳            23   女    1985-07-09 00:00:00    信息系          计算 06
06081201    吴非            22   男    1986-02-12 00:00:00    土木系          测绘 06
```

(2 行受影响)

5. 使用 DISTINCT 关键字

前面介绍的最基本的查询方式会返回从表格中搜索到的所有行的数据，而不管这些数据是否重复，这常常不是用户所希望看到的。使用 DISTINCT 关键字能够从返回的结果数据集合中删除重复的行，使返回的结果更简洁。

在使用 DISTINCT 关键字后，如果表中有多个为 NULL 的数据，服务器会把这些数据视为相等。

【例 6-8】查询所有学生所在的院系名称。

```
use Study
go

SELECT depart
FROM  Student
go
```

服务器返回的结果如下：

```
depart
--------------------
信息系
土木系
土木系
土木系
土木系
信息系
信息系
信息系
信息系
信息系
经济系
经济系
经济系
经济系
信息系
```

(15 行受影响)

由于一个院系中的学生有多个，所以会有重复的院系名称出现。若使用 DISTINCT 关键字，就可以过滤掉重复的院系名。

【例 6-9】查询所有学生所在的院系名称（要求重复信息只输出一次）。

```
use Study
go
```

```
SELECT DISTINCT depart
FROM  Student
go
```
服务器返回的结果如下：
```
depart
--------------------
经济系
土木系
信息系
```

(3 行受影响)

只返回了 3 个院系的名字，有 12 个重复的数据被过滤掉了。

当同时对两列或多列数据进行查询时，如果使用了 DISTINCT 关键字，将返回这两列或多列数据的唯一组合。

【例 6-10】查询各院系学生分布的系和班级。
```
use Study
go

SELECT DISTINCT depart, class
FROM  Student
go
```
服务器返回的结果如下：
```
depart                 class
---------------------- ----------
经济系                  金融06
经济系                  金融07
土木系                  测绘06
土木系                  测绘07
信息系                  计算06
信息系                  计算07
```

(6 行受影响)

6. 使用计算列

在进行数据查询时，经常需要对查询到的数据进行再次计算处理。T-SQL 允许直接在 SELECT 语句中使用计算列。计算列并不存在于表格所存储的数据中，它是通过对某些列的数据进行演算得来的。

【例 6-11】将 Score 表中各门课程的成绩提高 10%。
```
use Study
go

SELECT sno, cno, degree,degree+degree* 0.1
from   Score
go
```

服务器返回以下结果：

```
sno          cno        degree
----------   ----------  ------ -------
06091101     020101A     70      77.0
06081201     020101A     79      86.9
06081102     020101A     87      95.7
07081103     020101A     83      91.3
07081104     020101A     90      99.0
07091104     020101A     88      96.8
06091207     020101A     91     100.1
06091210     020101A     95     104.5
07091221     020101A     89      97.9
......
```

（40 行受影响）

由于没有为计算列指定列名，所以在返回的结果上看不到计算列的名字，此列将显示无列名。

在 T-SQL 的计算列上，允许使用+、-、*、/、%以及按照位来进行计算的逻辑运算符号AND（&）、OR（|）、XOR（^）、NOT（～）和字符串连接符（+）。

【例 6-12】查询学生的学号和姓名，并将其在一列中显示，学号和姓名以"-"分隔。

```
use  Study
go

SELECT  sno+ '- '+sname
FROM    Student
go
```

服务器返回的结果如下：

```
-------------------------------
06091101  -王芳
06081201  -吴非
06081102  -李刚
07081103  -吴凡
07081104  -刘阳
07091104  -刘孜
06091207  -白兰
06091210  -李富阳
07091221  -钱征
07091222  -王露
06071222  -王非
06071032  -李斌
07071219  -刘博
06071415  -白雨新
06091033  -王美兰
```

（15 行受影响）

7. 操作查询的列名

T-SQL 提供了在 SELECT 语句中操作列名的方法。用户可以根据实际需要对查询数据的列标题进行修改，或者为无标题的列加上临时的标题。

对列名进行操作有 3 种方式：

（1）采用符合 ANSI 规则的标准方法，在列表达式后面给出列名。

【例 6-13】将 Score 表中各门课程的成绩提高 10%，并以"调整后成绩"作为新成绩的列名。

```
use Study
go

SELECT sno '学号', cno '课程号', degree '原始成绩', degree+degree* 0.1 '调整后成绩'
FROM   Score
go
```

服务器查询的结果如下：

```
学号          课程号       原始成绩     调整后成绩
---------  ----------  --------  ------------
06091101   020101A     70        77.0
06081201   020101A     79        86.9
06081102   020101A     87        95.7
07081103   020101A     83        91.3
07081104   020101A     90        99.0
……
(40 行受影响)
```

（2）用"="来连接列表达式。

```
use Study
go

SELECT '学号'=sno, '课程号'=cno, '原始成绩'=degree,  '调整后成绩'=degree+degree* 0.1
FROM   Score
go
```

（3）用 AS 关键字来连接列表达式和指定的列名。

```
Use Study
go

SELECT sno  AS '学号', cno AS '课程号', degree  AS '原始成绩', degree+degree* 0.1 AS
'调整后成绩'
FROM   Score
go
```

执行（2）、（3）与（1）返回结果相同。

6.1.2　带条件的查询

使用 WHERE 子句的目的是为了从表格的数据集中过滤出符合条件的行。

语法格式如下：

```
SELECT   列名1[, 列名2, …, 列名n]
FROM     表名
```

```
WHERE    条件
```

使用 WHERE 子句可以限制查询的范围，提高查询效率。在使用时，WHERE 子句必须紧跟在 FROM 子句之后。WHERE 子句中的条件表达式包括算术表达式和逻辑表达式两种；SQL Server 2005 对 WHERE 子句中的查询条件的数目没有限制。

1. 使用算术表达式

使用算术表达式的搜索条件的一般表达形式如下：

　　　　表达式　算术操作符　表达式

其中，表达式可以是常量、变量和列表达式的任意有效组合。

WHERE 子句中允许使用的算术操作符包括：=（等于）、<（小于）、>（大于）、<> 或 !=（不等于）、!>（不大于）、!<（不小于）、>=（大于等于）、<=（小于等于）。

【例 6-14】查询成绩表中成绩提高 10%后达到优秀的信息。

```
use Study
go

SELECT sno '学号', cno '课程号', degree '原始成绩',degree+degree* 0.1 '调整后成绩'
FROM    Score
WHERE degree+degree* 0.1>=85
go
```

服务器查询的结果如下：

```
学号          课程号       原始成绩   调整后成绩
--------   ----------  -------  -------------
06081201   020101A     79       86.9
06081102   020101A     87       95.7
07081103   020101A     83       91.3
07081104   020101A     90       99.0
......
```

(18 行受影响)

2. 使用逻辑表达式

在 T-SQL 里的逻辑表达式共有 3 个，分别是：

● NOT：非，对表达式的否定。

● AND：与，连接多个条件，所有的条件都成立时为真。

● OR：或，连接多个条件，只要有一个条件成立就为真。

3 种运算的优先级关系为：NOT−AND−OR，可以通过括号改变其优先级关系。

在 T-SQL 中逻辑表达式共有 3 种可能的结果值，分别是 TRUE、FALSE 和 UNKNOWN。UNKNOWN 是由值为 NULL 的数据参与逻辑运算得出的结果。表 6-1 至表 6-3 分别列出了进行逻辑运算时各种情况下的结果。

表 6-1　AND 运算各种情况

AND 运算	TRUE	UNKNOWN	FALSE
TRUE	TRUE	UNKNOWN	FALSE
UNKNOWN	UNKNOWN	UNKNOWN	FALSE
FALSE	FALSE	FALSE	FALSE

表 6-2　OR 运算各种情况

OR 运算	TRUE	UNKNOWN	FALSE
TRUE	TRUE	TRUE	TRUE
UNKNOWN	TRUE	UNKNOWN	UNKNOWN
FALSE	TRUE	UNKNOWN	FALSE

表 6-3　NOT 运算各种情况

NOT 运算	运算结果
TRUE	FALSE
UNKNOWN	UNKNOWN
FALSE	TRUE

【例 6-15】查询信息系所有男生的信息。

```
use      Study
go

SELECT   *
FROM     Student
WHERE ssex='男' and depart='信息系'
go
```

查询结果如下：

```
sno        sname       sage ssex sbirthday            depart        class
--------   ----------  ---- ---- -------------------- ------------  ------
06091210   李富阳       22   男   1986-10-12 00:00:00   信息系         计算06
07091221   钱征         20   男   1988-11-01 00:00:00   信息系         计算07
```

(2 行受影响)

3. 使用 BETWEEN 关键字

使用 BETWEEN 关键字可以更方便地限制查询数据的范围。范围搜索返回介于两个指定值之间的所有值。使用 BETWEEN 限制查询数据范围时包括了边界值，而用 NOT BETWEEN 进行查询时没有包括边界值。

语法格式如下：

表达式 [NOT] BETWEEN 表达式 1 AND 表达式 2

【例 6-16】查询 Student 表中年龄在 18～20 之间的学生姓名。

```
use     Study
go

SELECT   sname as '姓名'
FROM     Student
WHERE    sage BETWEEN 18 AND 20
go
```

查询结果如下：

姓名

```
--------------------
吴凡
刘阳
刘孜
钱征
王露
王非
刘博
```

(7 行受影响)

使用 BETWEEN 表达式进行查询的效果完全可以用含有>=和<=的逻辑表达式来代替。使用 NOT　BETWEEN 进行查询的效果完全可以用含有>和<的逻辑表达式来代替。

如上面的查询语句可以用下面的语句代替：

```
use  Study
go

SELECT  sname AS '姓名'
FROM   Student
WHERE  sage>=18 AND sage<= 20
go
```

【例 6-17】查询学生表中年龄小于 18 和年龄大于 20 的学生的姓名。

```
use  Study
go

SELECT   sname AS '姓名'
FROM    Student
WHERE   sage<18 OR sage>20
go
```

查询结果如下：

```
姓名
--------------------
王芳
吴非
李刚
白兰
李富阳
李斌
白雨新
王美兰
```

(8 行受影响)

若使用 BETWEEN 表达式，查询语句如下：

```
use  Study
go
```

```
SELECT    sname AS '姓名'
FROM    Student
WHERE    sage NOT  BETWEEN 18  AND  20
go
```

4. 使用 IN 关键字

使用 IN 关键字可以选择与列表中的任意值匹配的行。同 BETWEEN 关键字一样，IN 的引入也是为了更方便地限制检索数据的范围。灵活使用 IN 关键字，可以用简洁的语句实现结构复杂的查询。

语法格式如下：

表达式 [NOT] IN (表达式1，表达式2 [，…，表达式 n])

IN 关键字之后的各项必须用逗号隔开，并且括在括号中。

【例 6-18】查询信息系、土木系和经济系的学生的信息。

```
use  Study
go

SELECT  *
FROM Student
WHERE depart  IN ('信息系'，'土木系'，'经济系')
go
```

如果不使用 IN 关键字，这些语句可以使用下面的语句代替：

```
use  Study
go

SELECT  *
FROM  student
WHERE depart='信息系' OR depart='土木系' OR depart='经济系'
```

【例 6-19】查询所有不在上述 3 个系中的学生的信息。

```
use  Study
go

SELECT  *
FROM Student
WHERE depart NOT IN ('信息系'，'土木系'，'经济系')
go
```

此例与下面的语句等价：

```
use  Study
go

SELECT  *
FROM Student
WHERE depart!='信息系' AND depart!='土木系' AND depart!='经济系'
```

5. 空值处理

当需要判断一个列是否是 NULL（空）值时，可以使用 IS （NOT）NULL 关键字来判断。

【例 6-20】查询 Score 表中成绩为空的学生信息。

```
use  Study
go

SELECT  *
FROM  Score
WHERE degree IS NULL
go
```

6.1.3 模糊查询

在实际应用中，用户有时不能给出精确的查询条件。因此，经常需要根据一些并不确切的线索来搜索信息。T-SQL 提供了 LIKE 子句来进行这类模糊搜索。LIKE 关键字搜索与指定模式匹配的字符串、日期或时间值。

语法格式如下：

表达式 [NOT] LIKE 模式表达式

模式表达式通常与通配符配合使用。

1. 通配符的使用

LIKE 关键字使用常规表达式包含值所要匹配的模式。模式表示要搜索的字符串的形式，模式字符串中可以包含通配符。SQL Server 2005 提供了以下 4 种通配符供用户灵活实现复杂的查询条件。

- % （百分号）： 表示从 0～n 个任意字符。
- _ （下划线）：表示单个的任意字符。
- [ ] （封闭方括号）：表示方括号中列出的任意一个字符。
- [^]：任意一个没有在方括号里列出的字符。

下面看一下模糊查询的使用方法。

【例 6-21】查询所有姓"李"的学生的信息。

```
use  Study
go

SELECT  *
FROM Student
WHERE  sname LIKE '李%'
go
```

查询结果如下：

sno	sname	sage	ssex	sbirthday	depart	class
06081102	李刚	22	男	1986-04-02 00:00:00	土木系	测绘 06
06091210	李富阳	22	男	1986-10-12 00:00:00	信息系	计算 06
06071032	李斌	21	男	1987-09-10 00:00:00	经济系	金融 06

(3 行受影响)

【例 6-22】查询所有学号以"06"开头，第四位是"7"的学生的信息。

```
use  Study
go
```

```
SELECT *
FROM Student
WHERE sno  LIKE  '06_7%'
go
```
查询结果如下：

sno	sname	sage	ssex	sbirthday	depart	class
06071222	王非	20	女	1988-01-14 00:00:00	经济系	金融06
06071032	李斌	21	男	1987-09-10 00:00:00	经济系	金融06
06071415	白雨新	21	女	1987-06-12 00:00:00	经济系	金融06

(3 行受影响)

使用方括号可以将字符搜索的范围进一步缩小，它可以给出某一位的具体取值范围。

【例 6-23】查询所有学号以"06"开头，第四位是8、9的学生的信息。

```
use  Study
go

SELECT *
FROM student
WHERE sno  LIKE  '06_[8,9]%'
go
```
查询结果如下：

sno	sname	sage	ssex	sbirthday	depart	class
06091101	王芳	23	女	1985-07-09 00:00:00	信息系	计算06
06081201	吴非	22	男	1986-02-12 00:00:00	土木系	测绘06
06081102	李刚	22	男	1986-04-02 00:00:00	土木系	测绘06
06091207	白兰	21	女	1987-07-12 00:00:00	信息系	计算06
06091210	李富阳	22	男	1986-10-12 00:00:00	信息系	计算06
06091033	王美兰	21	女	1987-03-23 00:00:00	信息系	计算06

(6 行受影响)

也可以使用方括号和连字符来指定某一位的连续取值范围。

【例 6-24】查询所有学号第二位取 1～7，第四位不是 3、4、5 的学生的信息。

```
use  Study
go
SELECT *
FROM Student
WHERE sno  LIKE  '_[1-7]_[^3-5]%'
go
```

用户必须注意的是，所有通配符都只有在 LIKE 子句中使用才有意义，否则通配符会被当作普通字符处理。在前面举过的查找所有姓"李"的学生的例子中，若使用下面的查询语句，将一无所获。

```
use  Study
go

SELECT  *
FROM Student
WHERE  sname= '李%'
```
返回结果如下：

（所影响的行数为 0 行）

因为并不存在一个学生名字叫"李%"。

2. 转义字符的使用

假设有一个表 X，列 col 的值如下：

```
'[xyz]'
'%xyz'
'x_yz'
'xyzw'
```

在 col 列中的数值包含了若干通配符，此时若要对此列数据进行模糊查询，就要用到转义字符，来将通配符转义为普通的字符。

【例 6-25】在 X 表中查找以"%"开头的字符串。

```
SELECT col
FROM X
WHERE col LIKE 't%%'
escape 't'
```
查询结果如下：

```
col
-----
%xyz
```
（1 行受影响）

在这个查询中，需要将"%"作为普通字符来对待，使用 escape 't'来定义 t 是转义字符，可以将紧跟在它后面的通配符转义为普通字符。在上面例子的模式表达式"t%%"中，跟在 t 后面的第一个"%"已经被转义为普通字符，而第二个"%"仍是通配符，可以表示以"%"开头的字符串。

转义字符可以取任何一个不出现在字符匹配表达式中的字符。

6.1.4　函数的使用

为了有效处理用户通过使用 SQL 查询得到的数据集合，SQL Server 2005 提供了一系列统计函数，这些函数把存储在数据库中的数据描述为一个整体而不是一行行孤立的记录。通过使用这些函数可以实现数据集合的汇总或是求平均值等各种统计运算。

1. 常用统计函数

最常见的统计函数如表 6-4 所示。

表 6-4　SQL Server 2005 的统计函数

函数名	功能
sum()	返回一个数字列或计算列的总和
avg()	返回一个数字列或计算列的平均值
min()	返回一个数字列或计算列的最小值
max()	返回一个数字列或计算列的最大值
count()	返回满足 SELECT 语句中指定条件的记录数
count(*)	返回找到的行数

【例 6-26】查询所有学生的平均年龄。

```
use Study
go

SELECT avg(sage)
FROM Student
go
```

返回的结果如下：

```
-----------
20
```

(1 行受影响)

使用统计函数所返回的结果与使用计算列一样，没有列标题。不过用户可以像使用计算列一样，为统计函数返回的结果指定一个临时列名。如可以为上例的"avg(sage)"指定列名为"平均年龄"。

```
use Study
go

select avg(sage) '平均年龄'
from Student
go
```

返回的结果如下：

```
平均年龄
-----------
20
```

(1 行受影响)

2. 与统计函数一起使用 WHERE 子句

通过与 WHERE 子句一起使用统计函数，可以指定统计操作中应该包括哪些行。

【例 6-27】查询信息系学生的平均年龄。

```
use Study
go

SELECT avg(sage) '平均年龄'
```

```
FROM Student
WHERE depart= '信息系'
go
```

查询的结果如下：

```
平均年龄
-----------
21
```

(1 行受影响)

3. 与统计函数一起使用 DISTINCT 关键字

在 T-SQL 中，允许与统计函数如 count()、sum()和 avg()一起使用 DISTINCT 关键字，来处理列或表达式中不同的值。

【例 6-28】查询学生所在院系的数量。

```
use  Study
go

SELECT  count(DISTINCT  depart)
FROM  Student
go
```

返回的结果如下：

```
-----------
3
```

(1 行受影响)

若不用 DISTINCT 关键字，则返回结果为 15。

6.1.5　查询结果排序

如果没有指定查询结果的显示顺序，DBMS 将按其最方便的顺序（通常是元组在表中的先后顺序）输出查询结果。为了方便阅读和使用，可以对查询的结果进行排序。在 T-SQL 语言中，用于排序的是 ORDER BY 子句。

语法格式如下：

```
ORDER BY 表达式1 [ ASC | DESC]  [，表达式2[ ASC | DESC][，…n]]
```

其中表达式是用于排序的列。可以用多列进行排序，各列在 ORDER BY 子句中的顺序决定了排序过程中的优先级。

text、ntext 或 image 类型的列不允许出现在 ORDER BY 子句中。

在默认的情况下，ORDER BY 按升序进行排列，即默认使用的是 ASC 关键字。如果用户特别要求按降序进行排列，必须使用 DESC 关键字。

【例 6-29】查询 Score 表中学生的成绩信息，并按成绩升序排列。

```
use  Study
go

SELECT  *
FROM Score
```

```
ORDER BY degree
go
```
返回的结果如下：
```
sno          cno          degree
---------    ----------   ------
07091221     010102H      52
06071032     020101A      54
06091210     010106U      54
06091101     080120I      56
07091221     080101A      56
06081201     080110H      56
07091222     020101A      57
06071222     020101A      59
......
```

（40 行受影响）

如果在某一列中使用了一个计算列，如对某一列的值使用了函数或者表达式，而用户又希望针对该列的值进行排序，那么必须在 **ORDER BY** 子句中再包含该函数或者是表达式，或者是使用为该计算列临时分配的列名。

【例 6-30】查询 Score 表中学生的成绩信息，将成绩提高 10%，并按调整后成绩升序排列。
```
use  Study
go

SELECT  sno '学号', cno '课程号', degree+degree*0.1 '成绩'
FROM  Score
ORDER BY '成绩'
go
```
查询结果如下：
```
学号          课程号        成绩
----------   ----------   ----------
07091221     010102H      57.2
06071032     020101A      59.4
06091210     010106U      59.4
06091101     080120I      61.6
07091221     080101A      61.6
06081201     080110H      61.6
07091222     020101A      62.7
06071222     020101A      64.9
......
```

（40 行受影响）

用户也可以根据未曾出现在 SELECT 列表中的值进行排序。

【例 6-31】查询学生表中学生的学号、姓名，并按年龄降序排序。
```
use  Study
go
```

```
SELECT  sno, sname
FROM  Student
ORDER BY  sage  DESC
go
```
查询结果如下：
```
sno          sname
----------  -------
06091101    王芳
06081201    吴非
06081102    李刚
06091210    李富阳
06071032    李斌
......
```

(15 行受影响)

也可以根据两列或多列的结果进行排序，只要用逗号分隔开不同的排序关键字就可以了。

【例 6-32】查询学生的学号、姓名，并按年龄降序、学号升序排列。
```
use  Study
go

SELECT  sno, sname
FROM  Student
ORDER BY  sage  DESC, sno
go
```
查询结果如下：
```
sno          sname
----------  --------------------
06091101    王芳
06081102    李刚
06081201    吴非
06091210    李富阳
06071032    李斌
06071415    白雨新
......
```

(15 行受影响)

6.1.6 使用分组

在大多数情况下，使用统计函数返回的是所有数据行的统计结果。如果需要按某一列数据的值进行分类，在分类的基础上再进行查询或统计，就要使用 GROUP BY 子句了。

1. 简单分组

【例 6-33】查询信息系各个班级的平均年龄。
```
use Study
```

```
go

SELECT class '班级', avg(sage) '平均年龄'
FROM Student
WHERE depart='信息系'
GROUP BY class
go
```

查询结果如下：

班级	平均年龄
计算06	21
计算07	20

(2 行受影响)

通过这个结果可以看出，GROUP BY 子句可以将查询结果中的各行按一列或多列依据取值相等的原则进行分组。所有的统计函数都是在对查询出的每一行数据进行了分组以后，再进行统计计算的。所以在结果集合中，对所进行分类的列的每一种数据都有一行统计结果值与之对应。分组一般与统计函数一起使用。

GROUP BY 子句中不支持对列分配的假名，也不支持任何使用了统计函数的集合列。另外，对 SELECT 后面每一列数据除了出现在统计函数中的列以外，都必须出现在 GROUP BY 子句中。

如下面的查询是错误的：

```
use Study
go

SELECT class '班级', depart '系别', avg(sage) '平均年龄'
FROM Student
WHERE depart='信息系'
GROUP BY class
go
```

服务器返回错误信息：

消息 8120，级别 16，状态 1，第 2 行
选择列表中的列'student.depart' 无效，因为该列没有包含在聚合函数或 GROUP BY 子句中。

列 depart 在选择列表中无效，因为该列既不包含在聚合函数中，也不包含在 GROUP BY 子句中。

也可以根据多列进行分组。这时，统计函数按照这些列的唯一组合来进行统计计算。

【例 6-34】查询各个系、各个班的平均年龄。

```
use Study
go

SELECT depart '院系', class '班级', avg(sage) '平均年龄'
FROM  student
GROUP BY depart, class
go
```

查询结果如下：

院系	班级	平均年龄
土木系	测绘 06	22
土木系	测绘 07	20
信息系	计算 06	21
信息系	计算 07	20
经济系	金融 06	20
经济系	金融 07	20

(6 行受影响)

2. 使用 HAVING 筛选结果

可以对符合条件的信息进行分组统计。

【例 6-35】查询所有学生的平均成绩，只将及格成绩计算在内。

```
use Study
go

SELECT sno '学号', avg(degree) '平均成绩'
FROM score
WHERE degree>=60
GROUP BY sno
go
```

查询结果如下：

学号	平均成绩
06071222	60
06081102	79
06081201	73
06091101	70
06091207	79
06091210	84
07081103	85
07081104	90
07091104	79
07091221	83
07091222	67

(11 行受影响)

当完成数据结果的查询和统计后，可以使用 HAVING 关键字来对查询和统计的结果作进一步的筛选。

【例 6-36】查询平均成绩大于 75 的学生的信息，计算平均成绩时只将及格成绩计算在内。

```
use Study
go

SELECT sno '学号', avg(degree) '平均成绩'
```

```
FROM score
WHERE degree>=60
GROUP BY sno
HAVING avg(degree)>75
go
```

查询的结果如下：

```
学号         平均成绩
---------- -----------
06081102   79
06091207   79
06091210   84
07081103   85
07081104   90
07091104   79
07091221   83
```

(7 行受影响)

由本例可以发现，WHERE 子句是在求平均值之前从表中选择所需要的行，HAVING 子句则是在进行统计计算后产生的结果中选择所需要的行。

6.2　T-SQL 高级查询

6.2.1　连接查询

在数据库的应用中，经常需要从多个相关的表中查询数据，这就需要使用连接查询。

1. 内连接（Inner join）

内连接使用比较运算符，根据每个表的通用列中的值匹配两个表中的行。

其语法格式如下：

```
SELECT  列
FROM  表 1 [INNER] JION 表 2
ON 表 1.列 1 比较运算符 表 2.列 2
```

或

```
SELECT  列
FROM  表 1, 表 2
WHERE 表 1.列 1 比较运算符 表 2.列 2
```

在 SQL-92 标准中，可以在 FROM 子句或 WHERE 子句中指定内部连接。这是 WHERE 子句中唯一一种 SQL-92 支持的连接类型。WHERE 子句中指定的内部连接称为旧式内部连接。

当连接所用的比较运算符为"="时，这种内连接称为等值连接。自然连接是一种特殊的等值连接，它要求两个关系（表）中进行比较的分量必须是相同的属性组，并且在结果中把重复的属性列去掉。它是组合两个表的常用方法。

【例 6-37】从 Student 表和 Score 表中输出学生的学号、姓名和成绩信息。

```
use Study
```

```
go

SELECT Student.sno, Student.sname, Score.degree
FROM Student join Score
ON Student.sno=Score.sno
go
```
服务器返回的结果如下：

sno	sname	degree
06091101	王芳	70
06081201	吴非	79
06081102	李刚	87
07081103	吴凡	83
07081104	刘阳	90
07091104	刘孜	88
06091207	白兰	91
……		

（40 行受影响）

在上述查询中 Student 表与 Score 表通过 sno 列进行连接，这样可以在一次查询中从两个表获得数据。用第二种形式，上例可写成如下形式：

```
SELECT Student.sno, Student.sname, Score.degree
FROM Student, Score
WHERE Student.sno=Score.sno
```

当在单个查询中引用多个表时，所有列引用都必须是明确的。在查询所引用的两个或多个表中，任何重复的列名都必须用表名加以限定。如上例中 sno 列在两个表中都存在，引用时要加上表名加以限定。

如果某个列名在查询用到的两个或多个表中不重复，则对该列的引用就不必加表名来限定。但由于没有指明提供每个列的表，因此这样的 SELECT 语句有时会难以理解。如果所有的列都用它们的表名加以限定，将会提高查询的可读性。

【例 6-38】查询学生的学号、姓名，所选课程的课程号、课程名和成绩信息。

```
use Study
go

SELECT Student.sno, Student.sname, Course.cno, Course.cname, Score.degree
FROM Student JOIN Score
ON Student.sno=Score.sno
JOIN Course
ON Course.cno=Score.cno
```
得到的结果如下：

sno	sname	cno	cname	degree
06091101	王芳	020101A	高等数学	70
06091101	王芳	080120I	数据结构	56

| 06081201 | 吴非 | 020101A | 高等数学 | 79 |
| 06081201 | 吴非 | 080120I | 数据结构 | 67 |

......

（39 行受影响）

用第二种形式，上例可写成如下形式：

```
SELECT Student.sno, Student.sname, Course.cno, Course.cname, Score.degree
FROM Student, Course, Score
WHERE  Student.sno=Score.sno AND Course.cno=Score.cno
```

通过上述查询可以将 Student、Course 和 Score 三个表连接起来，把学生、课程和成绩信息对应起来。

2．外连接（Outer join）

仅当两个表中都至少有一个行符合连接条件时，内连接才返回行。内连接消除了与另一个表中不匹配的行。而外部连接会返回 FROM 子句中提到的至少一个表或视图中的所有行，只要这些行符合任何 WHERE 或 HAVING 搜索条件。对于该表中无匹配信息的行将在相应列上填充 NULL 值。

外连接分为左外连接、右外连接和全外连接。左外连接是对连接条件中左边的表不加限制，即连接条件左边的表中的数据会全部显示出来；右外连接是对右边的表不加限制，即连接条件右边的表中的数据会全部显示出来；全外连接是对两个表都不加限制，即所有两个表中的行会全部包括在结果集中。

左外连接的语法格式为：

```
SELECT 列
FROM  表 1 LEFT[OUTER]JOIN 表 2
ON  表 1.列 1=表 2.列 2
```

右外连接的语法格式为：

```
SELECT 列
FROM  表 1 RIGHT[OUTER]JOIN 表 2
ON  表 1.列 1=表 2.列 2
```

全外连接的语法格式为：

```
SELECT 列
FROM  表 1 FULL[OUTER]  JOIN  表 2
ON 表 1.列 1=表 2.列 2
```

【例 6-39】查询所有学生的选课信息，输出学号、姓名、课程号和成绩四项，包括不选任何课程的学生。

```
use Study
go

SELECT Student.sno, Student.sname, Score.cno, Score.degree
FROM Student left JOIN Score
ON Student.sno=Score.sno
```

查询结果如下：

```
sno        sname                cno        degree
---------- -------------------- ---------- ------
```

```
06091101      王芳            020101A      70
06091101      王芳            080120I      56
06081201      吴非            020101A      79
06081201      吴非            080120I      67
06081201      吴非            080110H      56
06081102      李刚            020101A      87
......
07071219      刘博            NULL         NULL
06071415      白雨新          NULL         NULL
06091033      王美兰          NULL         NULL
```

（43 行受影响）

上例中连接 Student 和 Score 时使用的是 Left join（左外连接），对 Student 表中的信息不加限制，将输出所有学生的信息。而对于查询结果中不匹配的行将在相应列上填充 NULL。

3. 自连接（Self join）

连接操作不仅可以在不同的表上进行，而且可以在同一张表内进行自身连接，即将同一个表的不同行连接起来。自连接可以看作一张表的两个副本之间的连接。在自连接中，必须为表指定两个别名，使之在逻辑上成为两张表。

【例 6-40】将 Student 表作自连接，输出两个表的姓名列。

```
use Study
go

SELECT s1.sname, s2.sname
FROM Student s1,Student s2
WHERE s1.sno=s2.sno
```

查询结果如下：

```
sname                sname
---------------- ----------------
王芳                王芳
吴非                吴非
......
```

（15 行受影响）

4. 交叉连接

交叉连接也叫非限制连接，它将两个表不加任何约束地组合起来。在数学上，就是两个表的笛卡儿积。交叉连接后得到的结果集的行数是两个被连接表的行数的乘积。

具体语法格式如下：

```
SELECT 列
FROM 表 1 CROSS JOIN 表 2
```

或

```
SELECT 列
FROM 表 1，表 2
```

【例 6-41】将 Student 表和 Score 表作交叉连接。

```
use  Study
```

```
go

SELECT *
FROM Student, Score
```
查询结果如下：
```
sno       sname sage ssex   sbirthday          depart class  sno        cno      degree
--------  ----- ---- ----   ----------------   ------ -----  --------   ------   ------
06091101  王芳  23   女     1985-07-09 00:00:00 信息系 计算06 06091101   020101A  70
06091101  王芳  23   女     1985-07-09 00:00:00 信息系 计算06 06081201   020101A  79
06091101  王芳  23   女     1985-07-09 00:00:00 信息系 计算06 06081102   020101A  87
06091101  王芳  23   女     1985-07-09 00:00:00 信息系 计算06 07081103   020101A  83
06091101  王芳  23   女     1985-07-09 00:00:00 信息系 计算06 07081104   020101A  90
06091101  王芳  23   女     1985-07-09 00:00:00 信息系 计算06 07091104   020101A  88
……
```

（600　行受影响）

在实际应用中，使用交叉连接产生的结果集一般没有什么意义，但在数据库的数学模式上有重要的作用。

6.2.2　操作结果集

T-SQL 提供了 3 种集合操作来处理不同查询语句的结果集。它们分别是 UNION、EXCEPT 和 INTERSECT。

1. UNION 合并结果集

使用 UNION 语句可以把两个或两个以上的查询产生的结果集合并为一个结果集。

语法格式如下：
```
查询语句 1
UNION  [ALL]
查询语句 2
```
说明：

（1）UNION 中的每一个查询所涉及的列必须具有相同的列数，相容的数据类型，并以相同的顺序出现。

（2）最后结果集中的列名来自第一个 SELECT 语句。

（3）若 UNION 中包含 ORDER BY 子句，则将对最后的结果集排序。

（4）在合并结果集时，默认从最后的结果集中删除重复的行，除非使用了 ALL 关键字。

【例 6-42】查询所有学生和课程的名称。
```
use Study
go

SELECT sname
FROM Student
UNION
SELECT cname
FROM Course
```

查询结果如下：

```
sname
---------------------
java
白兰
白雨新
大学英语
概率论
高等数学
李斌
李富阳
李刚
......
```

（24 行受影响）

2. EXCEPT 和 INTERSECT

EXCEPT 运算符返回由 EXCEPT 运算符左侧的查询返回、而又不包含在右侧查询所返回的值中的所有非重复值。

INTERSECT 返回由 INTERSECT 运算符左侧和右侧的查询都返回的所有非重复值。使用 EXCEPT 或 INTERSECT 比较的结果集必须具有相同的结构。它们的列数必须相同，并且列的数据类型必须兼容。

【例 6-43】查询 06091101 号同学选修，但 06091210 号同学未选修的课程的课程号。

```
use Study
go

SELECT cno
FROM Score
WHERE sno='06091101'
EXCEPT
SELECT cno
FROM Score
WHERE sno='06091210'
go
```

查询结果如下：

```
cno
----------
0801201
```

（1 行受影响）

【例 6-44】查询 06091101 号同学和 06091210 号同学共同选修的课程的课程号。

```
use Study
go

SELECT cno
```

```
FROM Score
WHERE sno='06091101'
INTERSECT
SELECT cno
FROM Score
WHERE sno='06091210'
```

查询结果如下：

```
cno
----------
020101A
```

（1 行受影响）

6.2.3 子查询

子查询是指将一条 SELECT 语句作为另一条 SELECT 语句的一部分，外层的 SELECT 语句被称为外部查询，内层的 SELECT 语句被称为内部查询（或子查询）。

子查询受下列限制的制约：

（1）通过比较运算符引入的子查询选择列表只能包括一个表达式或列名称（对 SELECT * 执行的 EXISTS 或对列表执行的 IN 子查询除外）。

（2）如果外部查询的 WHERE 子句包括列名称，它必须与子查询选择列表中的列是连接兼容的。

（3）text、ntext 和 image 数据类型不能用在子查询的选择列表中。

（4）由于必须返回单个值，所以由未修改的比较运算符（即后面未跟关键字 ANY 或 ALL 的运算符）引入的子查询不能包含 GROUP BY 和 HAVING 子句。

（5）包含 GROUP BY 的子查询不能使用 DISTINCT 关键字。

（6）不能指定 COMPUTE 和 INTO 子句。

（7）只有指定了 TOP 时才能指定 ORDER BY。

（8）不能更新使用子查询创建的视图。

子查询分两种：嵌套子查询和相关子查询。

1. 嵌套子查询

嵌套子查询的执行不依赖于外部查询。

嵌套子查询的执行过程为：首先执行子查询，子查询得到的结果集将不被显示出来，而是传给外部查询，作为外部查询的条件使用，然后执行外部查询，并显示查询结果。子查询可以多层嵌套。

嵌套子查询一般也分为两种：子查询返回单个值和子查询返回一个值列表。

（1）返回单个值。该值被外部查询的比较操作（如=、!=、<、<=、>、>=）使用，该值可以是子查询中使用统计函数得到的值。

【例 6-45】查询所有年龄高于学生平均年龄的学生姓名。

```
use Study
go
```

```
SELECT sname
FROM Student
WHERE sage>  (SELECT avg(sage)
                    FROM Student)
```

查询结果如下：

```
sname
--------------------
王芳
吴非
李刚
白兰
李富阳
李斌
白雨新
王美兰
```

(8 行受影响)

在这个例子中，SQL Server 2005 首先获得 "select avg(sage) from Student" 的结果集，该结果集为单行单列，然后将其作为外部查询的条件执行外部查询，并得到最终的结果。子查询必须用括号限定。

【例 6-46】查询 "王芳" 同学的选课信息。

```
use Study
go

SELECT *
FROM  Score
WHERE sno=(SELECT sno
           FROM Student
           WHERE sname='王芳' )
```

查询结果如下：

```
sno          cno         degree
----------   ----------  ------
06091101     020101A     70
06091101     080120I     56
```

(2 行受影响)

上例的查询也可以用前面讲过的表连接来实现，代码如下：

```
use Study
go

SELECT Score.sno, cno, degree
FROM Score,Student
WHERE Score.sno=Student.sno and sname='王芳'
```

得到的结果与例 6-46 使用子查询一样，但连接操作要比子查询快，所以能使用表连接的时候应尽量使用表连接。

（2）返回一个值列表。该列表被外部查询的 IN、NOT IN、ANY、SOME 或 ALL 操作使用。

IN 表示属于。即外部查询中用于判断的表达式的值与子查询返回的值列表中的某一个值相等；NOT IN 表示不属于。

【例 6-47】查询选修了 080110H 这门课的学生的学号、姓名、班级和院系。

```
use Study
go

SELECT sno, sname, class, depart
FROM Student
WHERE sno IN
      (SELECT sno
       FROM Score
       WHERE cno='080110H')
```

查询结果如下：

```
sno         sname            class      depart
----------  ---------------- ---------- ----------------
06081201    吴非             测绘06     土木系
06081102    李刚             测绘06     土木系
07091104    刘孜             计算07     信息系
06091207    白兰             计算06     信息系
06091210    李富阳           计算06     信息系
```

（5 行受影响）

在这个例子中，选修 080110H 课程的学生可能有多个，故子查询返回的将是一个多行单列的值列表集合，故在外层查询中要使用 IN 集合运算。

ANY、SOME 和 ALL 用于一个值与一组值进行比较运算，其中 ANY 和 SOME 在 SQL-92 标准中是等同的。以"＞"为例，"＞ANY"表示大于集合中的任意一个，"＞ALL"表示大于集合中的所有值。例如，"＞ANY(1, 2, 3)"表示大于 1，而"＞ALL(1, 2, 3)"表示大于 3。

【例 6-48】查询成绩比 06091210 同学的所有成绩都高的同学的学号。

```
use Study
go

SELECT sno  AS '学号'
FROM Score
WHERE degree>ALL (SELECT degree
                  FROM Score
                  WHERE sno= '06091210')
```

在上例中，使用 ALL 来限制大于集合中所有的值，即大于集合中的最大值，在此可以使用统计函数 max()将子查询的结果转化为单值，该例与下面的语句等同。

```
use Study
go

SELECT sno  AS '学号'
```

```
FROM Score
WHERE degree> (SELECT max(degree)
               FROM Score
               WHERE sno='06091210 ')
```

由分析可知，ALL、ANY（SOME）的意义与转化为等同的单值运算的对应方式如表 6-5 所示。

表 6-5 ANY 和 ALL 的使用方法

使用形式	等同形式	意义
>ANY 或>SOME	>MIN()	大于集合中的任意一个，即大于集合中的最小值
<ANY 或>SOME	<MAX()	小于集合中的任意一个，即小于集合中的最大值
>ALL	>MAX()	大于集合中的每一个，即大于集合中的最大值
<ALL	<MIN()	小于集合中的每一个，即小于集合中的最小值

2. 相关子查询

在相关子查询中，子查询的执行依赖于外部查询，多数情况下是子查询的 WHERE 子句中引用了外部查询的表。

相关子查询的执行过程与嵌套子查询完全不同，嵌套子查询中子查询只执行一次，而相关子查询中的子查询需要重复地执行，为外部查询可能选择的每一行均执行一次。相关子查询的执行过程如下：

（1）子查询为外部查询的每一行执行一次，外部查询将子查询引用的列的值传给子查询。

（2）如果子查询的任何行与其匹配，外部查询就返回结果行。

（3）再回到第一步，直到处理完外部表的每一行。

【例 6-49】查找成绩大于该课程平均成绩的同学的选课信息。

```
SELECT *
FROM Score  s1
WHERE  degree>(SELECT avg(degree)
               FROM Score  s2
               WHERE s1.cno=s2.cno)
```

查询结果如下：

```
sno         cno         degree
----------  ----------  ------
07081104    010102H     90
06091210    010102H     86
06091207    010106U     78
07091221    010106U     77
06081201    020101A     79
……

(23 行受影响)
```

与下面的语句比较一下结果有什么不同。

```
SELECT *
FROM Score
```

```
WHERE  degree>(SELECT Avg(degree)
                   FROM Score)
```

3．在查询的基础上创建新表

使用 SELECT INTO 语句可以在查询的基础上创建新表，SELECT INTO 语句首先创建一个新表，然后用查询的结果填充新表。

语法格式如下：

```
SELECT  列
INTO 新表
FROM 源表
[WHERE 条件 1]
[GROUP BY 表达式 1]
[HAVING 条件 2]
[ORDER BY 表达式 2[ASC|DESC]]
```

【例 6-50】将学生选课的情况，包括学号、姓名、课程号、课程名和成绩五项内容保存为新表 s_c。

```
SELECT Student.sno, Student.sname, Course.cno, Course.cname, Score.degree
INTO s_c
FROM Student, Course, Score
WHERE  Student.sno=Score.sno AND  Course.cno=Score.cno
```

查询结果如下：

(39 行受影响)

查看 s_c 表的信息：

```
SELECT *
FROM s_c
```

查询结果如下：

sno	sname	cno	cname	degree
06091101	王芳	020101A	高等数学	70
06091101	王芳	080120I	数据结构	56
06081201	吴非	020101A	高等数学	79
06081201	吴非	080120I	数据结构	67

......

(39 行受影响)

6.3　视图

6.3.1　视图的概念

视图是从一个或多个表（或视图）中导出的表。例如，对于一所学校，其学生的情况保存在数据库的一个或多个表中，而作为学校的不同职能部门，所关心的学生数据内容是不同的。即使是同样的数据，也可能有不同的操作要求，于是就可以根据他们的不同需求，在数据库上定义他们对数据库所要求的数据结构，这种根据用户观点所定义的数据结构就是视图。

　　视图与表（有时为了与视图区别，也称表为基本表）不同，视图是一个虚表，即对视图中的数据不进行实际存储。数据库中只存储视图的定义，对视图的数据进行操作时，系统根据视图的定义去操作与视图相关联的基本表。若基本表的数据发生变化，则这种变化可以自动地反映到视图中。

　　视图一经定义后，就可以像基本表一样被查询、修改、删除和更新。

　　视图有以下优点：

　　（1）为用户集中数据，简化用户的数据查询和处理。有时用户所需要的数据分散在多个表中，定义视图可将它们集中在一起，从而方便用户的数据查询和处理。

　　（2）屏蔽数据库的复杂性。用户不必了解复杂的数据库中的表结构，而且数据表的更改也会不影响用户对数据库的使用。

　　（3）简化用户权限的管理。只需授予用户使用视图的权限，而不必指定用户只能使用表的特定列，既简化了权限管理也增加了安全性。

　　（4）便于数据共享。用户可以根据自己的需要对数据库中的数据定制不同的视图模式，从而共享数据库中的数据。

　　（5）可以重新组织数据以便输出到其他应用程序中。

　　使用视图时，要注意以下事项：

　　（1）只有在当前数据库中才能创建视图。

　　（2）视图的命名必须遵循标识符命名规则，且不能与表同名。而且对于每个用户，视图名必须是唯一的，即对不同用户，即使是定义相同的视图，也必须使用不同的名字。

　　（3）不能把规则、默认值或 AFTER 触发器与视图相关联。

　　（4）不能在视图上建立任何索引，包括全文索引。

　　（5）可以基于已存在的视图创建新视图。Microsoft SQL Server 2005 允许嵌套视图，但嵌套不得超过 32 层。根据视图的复杂性及可用内存，视图嵌套的实际限制可能低于该值。

　　（6）定义视图的查询不能包含 COMPUTE 子句、COMPUTE BY 子句或 INTO 关键字。

　　（7）定义视图的查询不能包含 ORDER BY 子句，除非在 SELECT 语句的选择列表中还有一个 TOP 子句。

6.3.2　创建视图

　　视图在数据库中是作为一个对象来存储的。创建视图前，要保证创建视图的用户已被数据库所有者授权使用 CREATE VIEW 语句，并且有权操作视图所涉及的表或其他视图。在 SQL Server 2005 中，创建视图可以在 SQL Server Management Studio 中进行，也可以使用 T-SQL 的 CREATE VIEW 语句来创建。

　　1．在 SQL Server Management Studio 中创建视图

　　用户使用 SQL Server Management Studio，可以在图形界面下创建视图，这是一种最快捷的方式。下面以在 Study 数据库中创建 V_score（描述学生选课的情况）视图来说明创建视图的过程。

　　（1）打开 SQL Server Management Studio，在"对象管理器"中展开需要建立视图的数据库 Study，选中"视图"服务选项，右击，在弹出的快捷菜单中选择"新建视图"命令，出现"添加表"对话框，如图所 6-1 示。

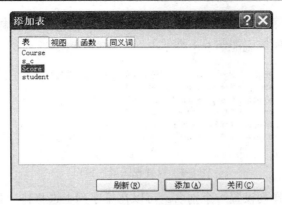

图 6-1　为创建视图添加表

在"添加表"对话框中，有表、视图、函数、同义词 4 个选项卡，分别列出了当前数据库 Study 中存在的可用的表、视图、函数和同义词。在此可以选择创建视图所用到的对象。

（2）添加对象完毕，单击"关闭"按钮，进入视图设计窗口。该窗口又分为多个子窗口，如图 6-2 所示。

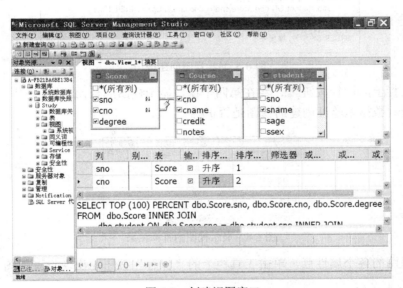

图 6-2　创建视图窗口

第一个子窗口显示了视图所用到的对象的图形表示，如图 6-3 所示。用户可以在此选择视图中要包含的列，只需选中列前的复选框即可。对于多个表之间的连接操作，可以通过在某个表的相关列上按下鼠标左键，拖动鼠标移动到要连接的表的相应列上来实现。

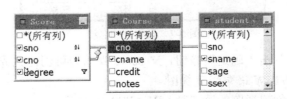

图 6-3　选择列窗口

第二个子窗口显示了用户选择的列的列名、别名、表名、是否输出、排序类型等属性，用户可以在此设置视图属性，如图 6-4 所示。

列	别名	表	输..	排序...	排序...	筛选器	或...	或...
sno	学号	Score	☑	升序	1			
sname	姓名	student	☑					
cno	课程号	Score	☑	升序	2			
cname	课程名	Course	☑					
degree	成绩	Score	☑			>= 60		
			▣					

图 6-4　设置视图属性窗口

可以在别名列为选择列设置一个别名。可以在排序列上选择排序依据的列和排序的方式。在筛选器上还可以编辑选择的条件，出现在此列的多个条件之间将以 AND 来连接。若要编辑以 OR 来连接的条件，可以在每个"或…"列上编辑一个条件。

第三个子窗口显示根据用户设置的属性自动生成的 T-SQL 代码，如图 6-5 所示。

```
SELECT TOP (100) PERCENT dbo.Score.sno AS 学号, dbo.student.sname AS 姓名
FROM  dbo.Score INNER JOIN
    dbo.student ON dbo.Score.sno = dbo.student.sno INNER JOIN
    dbo.Course ON dbo.Score.cno = dbo.Course.cno
WHERE (dbo.Score.degree >= 60)
ORDER BY 学号, 课程号
```

图 6-5　显示视图创建语句

单击工具栏上的运行按钮 ![], 将在第四个窗口显示视图的查询结果，如图 6-6 所示。在此可以通过查看数据来验证创建的视图是否正确。

学号	姓名	课程号	课程名	成绩
071222	王非	01010...	英语...	60
06081...	李刚	02010...	高等...	87
06081...	李刚	08011...	数据...	76
06081...	李刚	08012...	数据...	76
06081...	吴非	02010...	高等...	79
06081...	吴非	08012...	数据...	67

图 6-6　显示视图的查询结果

设置完视图的各个属性后，单击工具栏上的"保存"按钮，出现设置视图名的对话框，如图 6-7 所示。

图 6-7　设置视图名称

输入视图的名称，单击"确定"按钮，V_score 视图即可创建完成。

2. 使用 CREATE VIEW 语句创建视图

T-SQL 语言中用于创建视图的语句是 CREATE VIEW 语句。

其语法格式如下：

```
CREATE VIEW 视图名[(列名1, 列名2[, …, 列名n])]
[WITH 属性]]
AS 查询语句
[WITH CHECK OPTION]
```

说明：

（1）列名 i：视图中包含的列，可以有多个列名，最多可引用 1024 个列。若使用与源表或视图中相同的列名，则不必给出列名。选择列表可以是基表中列名的完整列表，也可以是其部分列表。

下列情况下必须指定视图中每列的名称：

1）视图中的任何列都是从算术表达式、内置函数或常量派生而来。

2）视图中有两列或多列具有相同名称（通常由于视图定义包含连接，因此来自两个或多个不同表的列具有相同的名称）。

3）希望为视图中的列指定一个与其源列不同的名称。无论重命名与否，视图列都会继承其源列的数据类型。

（2）WITH 属性可以取以下值：

1）ENCRYPTION：指定在系统表 syscomments 中存储 CREATE VIEW 语句时进行加密。

2）SCHEMABINDING：指定将视图与其所依赖的表或视图结构相关联。

3）VIEW_METADATA：指定为引用视图的查询请求浏览模式的元数据时，向 DBLIB、ODBC 或 OLEDB API 返回有关视图的元数据信息，而不是返回给基表或其他表。

（3）查询语句：用来创建视图的 SELECT 语句。可在 SELECT 语句中查询多个表或视图，以表明新创建的视图所参照的表或视图。

（4）WITH CHECK OPTION：　指出在视图上所进行的修改都要符合查询语句所指定的限制条件，这样可以确保数据修改后，仍可通过视图看到修改的数据。

【例 6-51】创建视图 V_score_1，查询信息系学生选课的信息，包括学号、姓名、课程号、课程名和成绩。

```
use Study
go

CREATE VIEW V_score_1
AS
SELECT s.sno '学号', sname '姓名', c.cno '课程号', cname '课程名', degree '成绩'
FROM Student s, Course c, Score sc
WHERE s.sno=sc.sno and c.cno=sc.cno and s.depart='信息系'
go
```

创建视图时，源表可以是基本表，也可以是视图。

【例 6-52】创建视图 V_avg，查询信息系每个学生的平均分。

```
use Study
go

CREATE VIEW V_avg(学号, 姓名, 平均分)
AS
```

```
SELECT 学号, 姓名, avg(成绩)
FROM V_score_1
GROUP BY 学号, 姓名
```

6.3.3 查询视图

视图定义后，可以如同查询基本表那样对视图进行查询。

【例 6-53】查询信息系及格学生的成绩信息。

```
use Study
go

SELECT *
FROM V_score_1
WHERE 成绩>=60
```

查询结果如下：

学号	姓名	课程号	课程名	成绩
06091101	王芳	020101A	高等数学	70
07091104	刘孜	020101A	高等数学	88
07091104	刘孜	080120I	数据结构	90
07091104	刘孜	80110H	数据库原理与应用	68

……

(21 行受影响)

从上例可以看出，创建视图可以向最终用户隐藏复杂的表连接，简化用户的 SQL 程序设计。视图还可通过在创建视图时指定限制条件和指定列来限制用户对基本表的访问。例如若限定某用户只能查询视图 V_score_1，实际上就是限制了它只能访问信息系学生的成绩信息；在创建视图时可以指定列，实际上也就是限制了用户只能访问这些列，从而视图也可看作是数据库的安全设施。

使用视图查询时，若在其关联的基本表中添加了新字段，则必须重新创建视图才能查询到新字段。

如果与视图相关联的表或视图被删除，则该视图将不能再使用。但此视图不会自动被删除，需要用户显式地删除。

6.3.4 更新视图

通过更新视图数据（包括插入、修改和删除）可以修改基本表数据，但并不是所有的视图都可以更新，只有对满足更新条件的视图才能进行更新。

满足下列条件，即可通过视图修改基本表中的数据：

（1）任何修改都只能引用一个基本表的列。

（2）视图中要求修改的列必须直接引用表列中的基本数据。不能通过任何其他方式对这些列进行派生，如通过统计函数计算列、集合运算等。

（3）被修改的列不受 GROUP BY、HAVING、DISTINCT 或 TOP 子句的影响。

另外还应注意以下附加准则：

（1）如果在视图定义中使用了 WITH CHECK OPTION 子句，则所有在视图上执行的数据修改语句都必须符合定义视图的 SELECT 语句中所设置的条件。当通过视图修改行时注意不让它们在修改完成后从视图中消失。任何可能导致行消失的修改都会被取消，并显示错误。

（2）INSERT 语句必须为不允许为空值并且没有 DEFAULT 定义的基础表中的所有列指定值。在基础表的列中修改的数据必须符合对这些列的约束，如为空值、约束及 DEFAULT 定义等。如果要删除一行，则相关表中的所有基于 FOREIGN KEY 的约束必须仍然得到满足，删除操作才能成功。

（3）不能对视图中的 text、ntext 或 image 列使用 READTEXT 语句和 WRITETEXT 语句。

1. 插入数据

使用 INSERT 语句通过视图向基本表插入数据。

【例 6-54】创建视图 V_student（包括 sno、sname 和 sage 三个字段），并向 V_student 视图中插入一条记录：('1010', '张远',23)。

```
use Study
go

CREATE view V_student
AS
SELECT sno, sname, sage
FROM Student
go

INSERT V_student
VALUES('1010', '张远',23)
```

使用 SELECT 语句查询 V_student 依据的是基本表 Student。

```
SELECT *  FROM Student
```

将会看到该表中已添加了('1010', '张远', NULL ,23,NULL, NULL, NULL)行。

当视图所依赖的基本表有多个时，不能向该视图插入数据，因为这会影响多个基本表。

2. 修改数据

使用 UPDATE 语句可以通过视图修改基本表的数据。

【例 6-55】将 V_student 视图中 06091101 号学生的年龄修改为 24。

```
UPDATE V_student
SET  sage=24
WHERE sno='06091101'
```

该语句实际上是将 V_student 视图所依赖的基本表 Student 中 06091101 号学生的 sage 字段值修改为 24。

若一个视图依赖于多个基本表，则一次修改只能变动一个基本表的数据，因此不能通过视图直接修改基于多个表的数据。

3. 删除数据

使用 DELETE 语句可以通过视图删除基本表的数据。但要注意，对于依赖于多个基本表的视图，不能使用 DELETE 语句。

【例 6-56】删除 V_student 表中学号为 06091101 的学生记录。

```
DELETE V_student
WHERE sno='06091101'
```
可以通过视图删除其所依赖的基本表的数据。

对视图的更新操作也可通过 SQL Server Management Studio 窗口进行，操作方法与对表数据的插入、修改和删除的界面操作方法基本相同，在此不再举例说明。

6.3.5 删除视图

1. 使用 SQL Server Management Studio 删除视图

在 SQL Server Management Studio 的"对象资源管理器"中选中要删除的视图，如 V_avg，右击，在弹出的快捷菜单上选择"删除"命令，出现如图 6-8 所示的"删除对象"对话框，单击"确定"按钮即可。

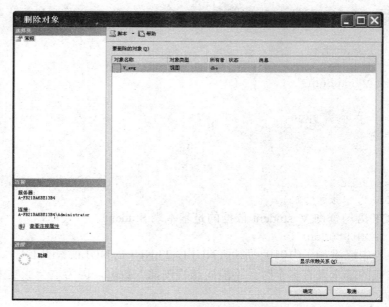

图 6-8　删除视图

2. 使用 T-SQL 语句删除视图

删除视图的 T-SQL 语句是 DROP VIEW 。其语法格式如下：
```
DROP VIEW 视图名[, …n]
```
使用 DROP VIEW 一次可删除多个视图。

【例 6-57】删除视图 V_student 和 V_score。
```
DROP VIEW V_student, V_score
```
将视图 V_student 和 V_score 删除。

本章小结

SELECT 是 SQL 语言的灵魂，SELECT 语句的作用是让数据库服务器根据客户端的要求搜寻出用户所需要的信息资料，并按用户规定的格式进行整理后返回给客户端。SELECT 语句的基本格式如下：

SELECT 列名 FROM 表名 WHERE 条件1 ORDER BY 表达式1 GROUP BY 表达式2 HAVING 条件2

其中，**ORDER BY** 子句用于排序；**GROUP BY** 子句用于分组；**HAVING** 子句用来对查询和统计的结果进行筛选。

视图是从一个或多个表（或视图）中导出的表。视图一经定义后，就可以像基本表一样被查询、修改、删除和更新。查询、修改、删除和更新视图的命令动词与查询、修改、删除和更新基本表的动词是一样的。

习题六

一、根据第 5 章建立的 BookSys 数据库，完成如下查询语句。

1．查询图书馆中所有的图书、出版社、作者信息。

2．查询读者的所有信息。

3．查询本地 SQL Server 服务器的版本信息。

4．查询前 10 项读者借阅图书的信息。

5．查询前 10%的读者借阅图书的信息。

6．查询所有借书的读者的编号，要求取消重复行。

7．查询图书价格打 8 折后的图书名称、原价和折后价格，分别以"图书名称"、"原价"、"折后价格"为列名显示。

8．查询价格大于等于 20 元的图书信息。

9．查询"中国水利水电出版社"出版的价格大于等于 20 元的图书信息。

10．查询价格在 20～40 之间的图书信息。

11．查询由"中国水利水电出版社"、"高等教育出版社"、"清华大学出版社"出版的所有图书。

12．查询姓李读者的信息。

13．查询姓名是 3 个字的读者的信息。

14．计算图书馆图书的总价格、平均价格。

15．计算出自"中国水利水电出版社"的图书数量。

16．按读者级别由高到低输出读者信息。

17．统计各出版社在图书馆中藏书的数量并输出数量大于 20 的。

18．查询借过书的读者的借阅信息，包括读者姓名、借书书名、借书日期、还书日期及书的价格。

19．查询所有读者的借阅信息，包括读者姓名、借书书名、借书日期、还书日期及书的价格。

20．查询所有图书被借的信息，包括读者姓名、借书书名、借书日期、还书日期及书的价格。

21．查询图书价格大于图书平均价格的所有图书信息。

22．查询"李青"曾出版过书的出版社还出版了哪些书。

23．查询价格大于"中国水利水电出版社"出版的任意书的价格的图书信息。
24．查询价格不大于"中国水利水电出版社"出版的所有书的价格的图书信息。

二、根据第 5 章建立的 BookSys 数据库，完成以下操作。

1．建立视图显示读者借书的信息（包括读者姓名、借书名、借书日期）。
2．删除该视图。

第 7 章　存储过程和触发器

【本章导读】

存储过程和触发器是数据库应用中两个重要的数据库对象。利用存储过程和触发器不仅可以简化用户的工作，而且在保障数据库的完整性方面也发挥着重要的作用。本章主要讲解存储过程与触发器的概念、类型、建立和使用。

【本章要点】

- 存储过程与触发器的功能、类型和特点
- 存储过程与触发器的建立、管理和使用
- 存储过程和触发器在维护数据库完整性中的作用

7.1　存储过程

7.1.1　存储过程概述

存储过程（Stored Procedure）是一组事先编译好的 T-SQL 代码。存储过程是一个独立的数据库对象，可以作为一个单元被用户的应用程序调用。由于存储过程是已经编译好的代码，所以执行时不必再次进行编译，从而提高了程序的运行效率。

SQL Server 的存储过程类似于其他编程语言里的过程，具体体现在以下几个方面：

（1）存储过程可以接收参数并以输出参数的形式向调用过程或批处理返回一个或多个值。

（2）存储过程可以包含用于在数据库中执行操作（包括调用其他过程）的编程语句。

（3）存储过程可以向调用过程或批处理返回状态值，以指明成功或失败（以及失败的原因）。

在 SQL Server 中使用存储过程而不使用存储在客户端计算机本地的 T-SQL 程序的好处在于以下几点：

（1）执行速度快。存储过程在创建时就经过了语法检查和性能优化，因此在执行时不必再重复这些步骤。存储过程在经过第一次调用之后，就驻留在内存中，不必再次编译和优化，所以执行速度快。当有大量批处理的 T-SQL 语句要重复执行时，使用存储过程可以极大地提高运行效率。

（2）模块化的程序设计。存储过程经过了一次创建以后，可以被调用无数次。用户可以独立于应用程序而对存储过程进行修改。可以按照独特的功能模式，设计不同的存储过程以供使用。

（3）减少网络通信量。存储过程中可以包含大量的 T-SQL 语句，但存储过程是作为一个独立的单元来使用的。在进行调用时，只需要使用一个语句就可以实现，所以大大减少了网络上数据的传输量。

（4）保证系统的安全性。可以设置用户通过存储过程对某些关键数据进行访问，而不允许用户直接使用 T-SQL 或 SQL Server Management Studio 对数据进行访问。在一定程度上，存储过程起到屏蔽和保护数据的作用。

7.1.2　存储过程的类型

SQL Server 2005 中提供了 3 种类型的存储过程：用户定义的存储过程、扩展存储过程和系统存储过程。

1. 用户定义的存储过程

用户定义的存储过程是由用户创建并能完成一定功能的存储过程，是封装了可重用代码的模块或例程。存储过程可以接收输入参数，向客户端返回表格或标量结果和消息，调用数据定义语言（DDL）和数据操作语言（DML）语句，返回输出参数。

在 SQL Server 2005 中，用户定义的存储过程有两种类型：T-SQL 或 CLR。

T-SQL 存储过程是指保存的 T-SQL 语句集合，可以接收和返回用户提供的参数。例如，存储过程中可能包含根据客户端应用程序提供的信息在一个或多个表中插入新行所需的语句。存储过程也可能从数据库向客户端应用程序返回数据。例如，电子商务 Web 应用程序可能使用存储过程根据联机用户指定的搜索条件返回有关特定产品的信息。

CLR 存储过程是指对 Microsoft .NET Framework 公共语言运行时（Common Language Runtime，CLR）方法的引用，可以接收和返回用户提供的参数。它们在 Microsoft .NET Framework 程序集中是作为类的公共静态方法实现的。

2. 扩展存储过程

扩展存储过程允许使用编程语言（如 C）创建自己的外部例程。扩展存储过程是指 Microsoft SQL Server 的实例可以动态加载和运行的 DLL。扩展存储过程直接在 SQL Server 2005 实例的地址空间中运行，可以使用 SQL Server 2005 扩展存储过程 API 完成编程。

SQL Server 2005 支持在 SQL Server 2005 和外部程序之间提供一个接口以实现各种维护活动的系统存储过程。这些扩展存储程序使用"xp_"前缀。

3. 系统存储过程

SQL Server 2005 中的许多管理活动都是通过一种特殊的存储过程执行的，这种存储过程被称为系统存储过程。例如，sp_help 就是一个系统存储过程。从物理意义上讲，系统存储过程存储在源数据库中，并且带有"sp_"前缀。从逻辑意义上讲，系统存储过程出现在每个系统定义数据库和用户定义数据库的 sys 架构中。在 SQL Server 2005 中，可将 GRANT、DENY 和 REVOKE 权限应用于系统存储过程。

7.1.3　创建存储过程

可以使用 SQL Server Management Studio 和 T-SQL 语句两种方式创建存储过程。创建存储过程前，应注意下列事项：

（1）CREATE PROCEDURE 语句不能与其他 SQL 语句在单个批处理中组合使用。

（2）要创建过程，必须具有数据库的 CREATE PROCEDURE 权限，还必须具有对该数据库的 ALTER 权限。

（3）存储过程是数据库作用域内的对象，它们的名称必须遵守标识符命名规则。

（4）只能在当前数据库中创建存储过程。

（5）存储过程最大为 128MB。

在创建存储过程时，应指定：

（1）所有输入参数和向调用过程或批处理返回的输出参数。

（2）执行数据库操作（包括调用其他过程）的编程语句。

（3）返回至调用过程或批处理以表明成功或失败（以及失败原因）的状态值。

1. 使用 SQL Server Management Studio 创建存储过程

可以在 SQL Server Management Studio 中创建存储过程，步骤如下：

（1）打开 SQL Server Management Studio，在"对象资源管理器"中，依次展开"数据库" →"Study"→"可编程性"，选中其下出现的"存储过程"结点，右击，在弹出的快捷菜单中选择"新建存储过程（N）…"命令，如图 7-1 所示。

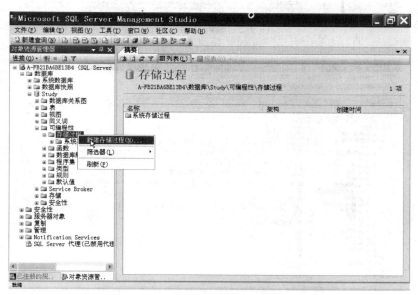

图 7-1　新建存储过程

（2）在命令编辑窗口将出现编辑存储过程的模板代码，如图 7-2 所示。在此代码中填充需要的项目，如存储过程名、输入参数、输出参数、SQL 语句等。

（3）单击菜单栏上的"执行"按钮，即可创建完毕，如图 7-3 所示。

2. 使用 T-SQL 语句创建存储过程

创建存储过程还可以使用 **CREATE PROC[EDURE]** 语句，其语法格式如下：

```
CREATE PROC[ EDURE ] 存储过程名 [;number ]
  [ { @parameter data_type }
  [ VARYING ] [ = default ] [ OUTPUT ]] [, …n ]
[ WITH{ RECOMPILE | ENCRYPTION | RECOMPILE , ENCRYPTION } ]
[ FOR REPLICATION ]
AS SQL 语句
```

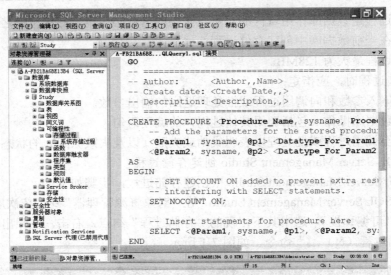

图 7-2　编辑存储过程

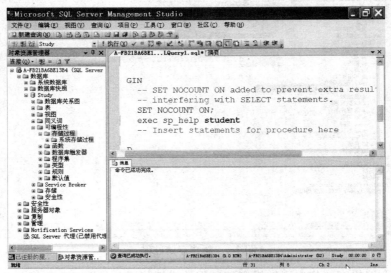

图 7-3　创建存储过程

说明：

（1）@parameter：存储过程中使用的参数。在 CREATE PROCEDURE 语句中可以声明一个或多个参数。用户必须在执行过程时提供每个所声明的输入参数的值（除非定义了该参数的默认值）。存储过程最多可以有 2100 个参数。

使用@符号作为第一个字符来指定参数名称。参数名称必须符合标识符的命名规则。每个过程的参数仅用于该过程本身；相同的参数名称可以用在其他过程中。默认情况下，参数只能代替常量，而不能用于代替表名、列名或其他数据库对象的名称。

（2）default：参数的默认值。如果定义了默认值，不必指定该参数的值即可执行过程。默认值必须是常量或 NULL。如果过程对该参数使用 LIKE 关键字，那么默认值中还可以包含通配符（如%、_、[]和[^]）。

（3）OUTPUT：表明参数是输出参数（返回参数）。该选项的值可以返回给 EXEC[UTE]。使用 OUTPUT 参数可将信息返回给调用过程。

（4）RECOMPILE：表明 SQL Server 不会缓存该过程的计划，该过程将在运行时重新编译。

（5）ENCRYPTION：表示 SQL Server 加密 syscomments 表中包含 CREATE PROCEDURE 语句文本的条目，以对其文本进行加密。使用 ENCRYPTION 可防止将过程作为 SQL Server 2005 复制的一部分发布。

（6）FOR REPLICATION：指定不能在订阅服务器上执行为复制创建的存储过程。本选项不能和 WITH RECOMPILE 选项一起使用。

【例7-1】创建带有复杂SELECT语句的存储过程。

建立存储过程usp_s_c，实现查看学生选课的信息。该存储过程不使用参数。

```
use Study
go

CREATE PROCEDURE usp_s_c
AS
SELECT s.sno, sname, c.cno, cname, degree
FROM Student s, Score sc, Course c
WHERE s.sno=sc.sno and c.cno=sc.cno
go
```

说明：建议使用下面的方式建立存储过程。

```
use Study
go

if exists ( SELECT name FROM sysobjects
          WHERE name = 'usp_s_c' AND type = 'p')
DROP PROCEDURE usp_s_c
go
CREATE PROCEDURE usp_s_c
AS
SELECT s.sno, sname, c.cno, cname, degree
FROM Student s, Score sc, Course c
WHERE s.sno=sc.sno and c.cno=sc.cno
go
```

可以使用 EXEC[UTE]命令在查询编辑器中执行存储过程。

```
exec usp_s_c
```

如果存储过程是批处理的第一条语句也可不加 EXEC[UTE]，直接运行存储过程名来执行；否则必须使用 EXEC[UTE]来执行。

【例 7-2】创建带有参数的存储过程。

建立存储过程 usp_s_cBysno，通过提供学生的学号来查询此学号学生的选课信息。该存储过程接收与传递的参数精确匹配的值。

```
use Study
go
```

```
CREATE PROCEDURE usp_s_cBysno
@sno char(10)
AS
SELECT s.sno, sname, c.cno, cname, degree
FROM Student s, Score sc, Course c
WHERE s.sno=sc.sno and c.cno=sc.cno AND s.sno=@sno
go
```

执行该存储过程：

```
exec usp_s_cBysno '06081201'
```

【例 7-3】创建带有通配符参数的存储过程。

建立存储过程 usp_s_cBysname，通过提供学生的姓名来查询此学生的选课信息。该存储过程对传递的参数进行模式匹配。如果没有提供参数，则显示所有学生的选课信息。

```
use Study
go

CREATE PROCEDURE usp_s_cBysname
@sname varchar(20)= '%'
AS
SELECT s.sno, sname, c.cno, cname, degree
FROM Student s, Score sc, Course c
WHERE s.sno=sc.sno AND c.cno=sc.cno AND s.sname LIKE @sname
go
```

执行该存储过程：

```
exec usp_s_cBysname '李%'
```

【例 7-4】创建带有 OUTPUT 参数的存储过程。

创建存储过程 usp_GetAvg，它返回某学生的平均分信息。该例使用 OUTPUT 参数，外部过程、批处理或多个 T-SQL 语句可以访问在过程执行期间设置的值。

```
use Study
go

CREATE PROCEDURE usp_GetAvg
@sno char(10),
@avgdegree tinyint out
as
SET @avgdegree=(SELECT avg(degree)
                FROM Score
                WHERE sno=@sno)
go
```

执行该存储过程，并使用其返回值：

```
declare @avg tinyint
exec usp_GetAvg '06081201',@avg out
print '学号为 06081201 的学生的平均分是：'+str(@avg)
```

7.1.4　查看存储过程信息

1．使用 T-SQL 语句查看存储过程

（1）使用 sp_helptext 命令查看创建存储过程的文本信息。

【例 7-5】查看存储过程 usp_s_c 的文本信息。

```
use Study
go

sp_helptext  usp_s_c
go
```

系统返回信息是：

```
    Text
--------------------------------------------------------------------------
CREATE PROCEDURE usp_s_c
AS
SELECT s.sno, sname, c.cno, cname, degree
 FROM Student s, Score sc, Course c
WHERE s.sno=sc.sno and c.cno=sc.cno
```

若在创建存储过程时使用了 with encryption 选项，则使用 sp_helptext 将无法看到存储过程的文本信息。

（2）使用 sp_help 查看存储过程基本信息。

【例 7-6】查看 usp_s_c 的基本信息。

```
use Study
go

sp_help  usp_s_c
go
```

系统返回信息是：

```
Name            Owner            Type                 Created_datetime
--------- ---------------- -------------------- --------------------
usp_s_c         dbo              stored procedure     2008-05-08 16:22:51.160
```

（3）使用 sp_depends 查看某个表被存储过程引用的情况或存储过程引用表的情况。

【例 7-7】查看 Student 表被存储过程引用的情况。

```
use Study
go

sp_depends Student
go
```

系统返回信息如下：

在当前数据库中，以下内容引用了指定的对象：

```
name                      type
------------------------- ----------------
dbo.usp_s_c               stored procedure
dbo.usp_s_cBysname        stored procedure
```

```
dbo.usp_s_cBysno          stored procedure
dbo.V_score               view
dbo.V_student             view
```

【例7-8】查看存储过程 usp_s_c 引用表的情况。

```
use Study
go

sp_depends usp_s_c
go
```

系统返回信息如下：

在当前数据库中，指定的对象引用了以下内容：

name	type	updated	selected	column
dbo.student	user table	no	yes	sno
dbo.student	user table	no	yes	sname
dbo.Course	user table	no	yes	cno
dbo.Course	user table	no	yes	cname
dbo.Score	user table	no	yes	sno
dbo.Score	user table	no	yes	cno
dbo.Score	user table	no	yes	degree

2. 使用 SQL Server Management Studio 管理存储过程

可以使用 SQL Server Management Studio 管理存储过程，方法如下：

（1）打开 SQL Server Management Studio，在"对象资源管理器"的树型结构上选中存储过程所在的数据库结点，展开该结点。

（2）选中数据库结点下的"可编程性"→"存储过程"结点，则右边的列表列出了数据库中目前所有的存储过程。

（3）选中需要的存储过程，右击，弹出快捷菜单，如图7-4所示。

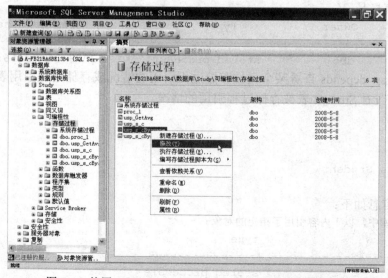

图 7-4 使用 SQL Server Management Studio 管理存储过程

（4）用户可以选择快捷菜单上对应的命令对存储过程进行管理，如修改、执行存储过程、查看依赖关系、重命名、删除及查看属性等。

在此不再一一操作。

7.1.5 修改存储过程

SQL Server 2005提供了在不改变存储过程使用许可和名字的情况下，对存储过程进行修改的语句。语法格式如下：

```
ALTER  PROC[EDURE ] 存储过程名 [; number ]
    [ { @parameter data_type }
    [ VARYING ] [ = default ] [ OUTPUT ] ] [,…n ]
[ WITH { RECOMPILE | ENCRYPTION | RECOMPILE, ENCRYPTION } ]
[ FOR REPLICATION ]
AS SQL 语句
```

【例 7-9】修改 usp_s_c 存储过程，对其进行加密。

```
use Study
go

ALTER PROCEDURE usp_s_c
WITH encryption
AS
SELECT s.sno, sname, c.cno, cname, degree
FROM student s, score sc, course c
WHERE s.sno=sc.sno and c.cno=sc.cno
go
```

7.1.6 删除存储过程

当不再需要存储过程时可将其删除。删除存储过程使用DROP PROCEDURE语句。语法格式如下：

```
DROP  PROCEDURE  存储过程名 [, …n]
```

【例 7-10】删除存储过程 usp_s_c。

```
use Study
go

DROP PROCEDURE usp_s_c
go
```

如果有存储过程调用某个已被删除的存储过程，Microsoft SQL Server 2005 将在执行调用进程时显示一条错误消息。但是，如果定义了具有相同名称和参数的新存储过程来替换已被删除的存储过程，那么引用该过程的其他过程仍能成功执行。例如，如果存储过程 proc1 引用存储过程 proc2，而 proc2 已被删除，但又创建了另一个名为 proc2 的存储过程，现在 proc1 将引用这一新存储过程。proc1 也不必重新创建。

7.2　触发器

7.2.1　触发器概述

Microsoft SQL Server 2005 提供了两种主要机制来强制执行业务规则和数据完整性：约束和触发器。触发器是一种特殊的存储过程，它在执行语句事件时自动生效。SQL Server 2005 包括两大类触发器：DML 触发器和 DDL 触发器。

1. DML 触发器

当数据库中发生数据操作语言（DML）事件时将调用 DML 触发器。DML 事件包括在指定表或视图中修改数据的 INSERT 语句、UPDATE 语句或 DELETE 语句。DML 触发器可以查询其他表，还可以包含复杂的 T-SQL 语句。将触发器和触发它的语句作为可在触发器内回滚的单个事务对待。如果检测到错误（如磁盘空间不足），则整个事务将自动回滚。

DML 触发器有以下 3 种类型：

（1）AFTER 触发器。在执行了 INSERT、UPDATE 或 DELETE 语句操作之后执行 AFTER 触发器。指定 AFTER 与指定 FOR 相同，它是 Microsoft SQL Server 早期版本中唯一可用的选项。AFTER 触发器只能在表上指定。

一个表中可以具有多个给定类型的 AFTER 触发器，只要它们的名称不相同即可。但是，每个触发器只能应用于一个表，尽管一个触发器可以应用于三个用户操作（UPDATE、INSERT 和 DELETE）的任何子集。

（2）INSTEAD OF 触发器。执行 INSTEAD OF 触发器代替通常的触发动作。如可以为视图定义 INSTEAD OF 触发器，则这些触发器能够扩展视图可支持的更新类型。

INSTEAD OF 触发器的主要优点是可以使不能更新的视图支持更新。基于多个表的视图必须使用 INSTEAD OF 触发器来支持引用多个表中数据的插入、更新和删除操作。

一个表（视图）只能具有一个给定类型的 INSTEAD OF 触发器。

（3）CLR 触发器。CLR 触发器可以是 AFTER 触发器或 INSTEAD OF 触发器。CLR 触发器还可以是 DDL 触发器。CLR 触发器将执行在托管代码（在 Microsoft .NET Framework 中创建并在 SQL Server 中上载的程序集的成员）中编写的方法，而不用执行 T-SQL 存储过程。

2. DDL 触发器

DDL 触发器是 SQL Server 2005 的新增功能。当服务器或数据库中发生数据定义语言（DDL）事件时将调用这些触发器。触发 DDL 触发器的语句主要是以 CREATE、ALTER 和 DROP 开头的语句。DDL 触发器可用于管理任务，如审核和控制数据库操作。

本章主要介绍 DML 触发器。

7.2.2　创建触发器

创建 DML 触发器前应考虑下列问题：

（1）CREATE TRIGGER 语句必须是批处理中的第一个语句，该语句后面的所有其他语句将被解释为 CREATE TRIGGER 语句定义的一部分。

（2）创建 DML 触发器的权限默认分配给表的所有者，且不能将此权限转给其他用户。

（3）DML 触发器为数据库对象，其名称必须遵循标识符的命名规则。

（4）虽然 DML 触发器可以引用当前数据库以外的对象，但只能在当前数据库中创建 DML 触发器。

（5）虽然 DML 触发器可以引用临时表，但不能对临时表或系统表创建 DML 触发器。不应引用系统表，而应使用信息架构视图。

（6）对于含有用 DELETE 或 UPDATE 操作定义的外键的表，不能定义 INSTEAD OF DELETE 和 INSTEAD OF UPDATE 触发器。

（7）虽然 TRUNCATE TABLE 语句类似于不带 WHERE 子句的 DELETE 语句（用于删除所有行），但它并不会触发 DELETE 触发器，因为 TRUNCATE TABLE 语句操作没有记录日志。

当创建一个触发器时必须指定以下几项内容：

（1）触发器的名称。

（2）在其上定义触发器的表。

（3）触发器将何时激发。

（4）执行触发器操作的编程语句。

1. 使用 SQL Server Management Studio 创建触发器

可以使用 SQL Server Management Studio 创建触发器，步骤如下：

（1）打开 SQL Server Management Studio，在"对象资源管理器"中，展开要创建对象的数据库"Study"和"表"。在表的树型结构中找到要在其上创建触发器的表，如 Student，展开其树型结点，选择其下的"触发器"项，右击，在弹出的快捷菜单中选择"新建触发器（N）…"命令，如图 7-5 所示。

图 7-5　新建触发器

（2）在命令编辑窗口将出现编辑触发器的模板代码，如图 7-6 所示。在此代码中填充需要的项目，如触发器名、基于的表或视图、激发触发器的操作和 SQL 语句等。

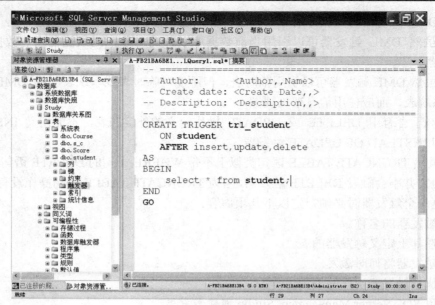

图 7-6　编辑触发器

（3）单击菜单栏上的"执行"按钮，触发器创建成功，如图 7-7 所示。

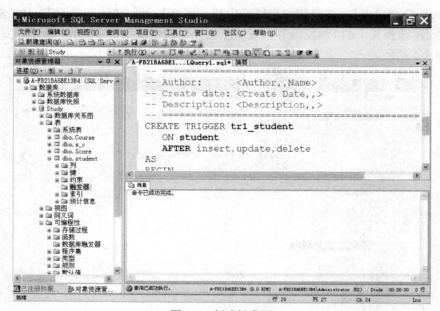

图 7-7　创建触发器

　　本例中在 Student 表上创建了关于 INSERT、UPDATE 和 DELETE 三种操作的触发器，其作用是在执行这 3 种操作之一后，显示 Student 表中的数据。如执行下列语句：

```
UPDATE student
SET sage=19
WHERE sno='06081201'
```

服务器返回的结果如图 7-8 所示。

图 7-8　服务器执行结果

2. 使用 T-SQL 语句创建触发器

创建触发器可以使用 CREATE TRIGGER 语句。其语法格式如下：

```
CREATE TRIGGER 触发器名 ON {表名|视图名}
[WITH ENCRYPTION]
[FOR|AFTER|INSTEAD OF]
{[DELETE][,][INSERT][,][UPDATE] }
[NOT FOR REPLICATION]
AS
SQL 语句
[RETURE 整数表达式]
```

说明：

（1）WITH ENCRYPTION：触发器作为一种数据库对象，在 syscomment 表中存储有完整的文本的定义信息。可以使用 WITH ENCRYPTION 对访问 syscomment 表的入口进行加密。

（2）NOT FOR REPLICATION： 定义在复制过程中，不执行触发器操作。

在 CREATE TRIGGER 语句中，不能使用 SELECT 语句返回对表格查询的数据，因为触发器不接收用户应用程序传递的参数，从而也无法向用户应用程序返回查询表格数据所得到的结果。

在创建触发器的语句中，禁止使用下列 T-SQL 语句：

ALTER DATABASE

ALTER PROCEDURE

ALTER TABLE

ALTER TRIGGER

ALTER VIEW

CREATE DATABASE

CREATE DEFAULT

CREATE INDEX

CREATE PROCEDURE

CREATE RULE

CREATE TABLE

CREATE TRIGGER

DROP DATABASE

DROP DEFAULT

DROP INDEX

DROP PROCEDURE

DROP RULE

DROP TABLE

DROP TRIGGER

DROP VIEW

GRANT

RESTORE DATABASE

RESTORE LOG

REVOKE

TRUNCATE TABLE

由于系统表所存储数据的特殊性和重要性，所以建议用户不要自己在系统表上建立触发器。在创建触发器时，不允许使用 RETURN 语句返回体现运行状态的数据。

【例 7-11】创建一个针对 Student 表的触发器，打印共修改了多少行数据。

```
use Study
go

 if exists (SELECT name FROM sysobjects
              WHERE name='tr_student_update' and type='tr')
    DROP TRIGGER  tr_student_update

CREATE TRIGGER tr_student_update
ON Student
FOR UPDATE
AS
DECLARE @msg varchar(100)
SELECT @msg=str(@@rowcount)+'Student updated by this statement'
PRINT @msg
RETURN
go
```

由于 SQL Server 2005 支持在同一个表的同一种操作类型上，建立多个触发器，所以当创建了 tr_student_update 触发器后，在 Student 表执行 INSERT 和 DELETE 操作时将触发 tr1_student 触发器，在执行 UPDATE 操作时，将触发 tr1_student 和 tr_student_update 两个触发器，它们都是有效的触发器。

如再次执行语句：
```
UPDATE student
SET sage=19
WHERE sno='06081201'
```
服务器返回的结果如图 7-8 所示，返回的消息如图 7-9 所示。

图 7-9　执行多个触发器返回的消息

DML 触发器在执行过程中可以使用两个特殊的临时表——Deleted 表和 Inserted 表。这两个表都存储于内存中，它们在结构上和触发器所在的表的结构相同，SQL Server 2005 会自动创建和管理这些表。可以使用这两个临时的驻留内存的表测试某些数据修改的效果及设置触发器操作的条件。

Deleted 表用于存储 DELETE、UPDATE 语句所影响的行的副本。在执行 DELETE 或 UPDATE 语句时，数据行从触发器表中删除，并传输到 Deleted 表中。

Inserted 表用于存储 INSERT、UPDATE 语句所影响的行的副本，在一个插入或更新事务处理中，新建的行被同时添加到更新操作的表和 Inserted 表中。Inserted 表中的行是触发器表中新行的副本。

两个表由系统管理，不允许用户直接对其进行修改，但可访问。触发器工作完成后，与该触发器相关的这两个表也将被删除。

【例 7-12】创建关于视图 V_score（第 6 章创建）的触发器，实现对于视图的数据插入操作。
```
use Study
go

CREATE TRIGGER tr_v_score_insert
ON V_score
INSTEAD OF INSERT
AS
DECLARE @sno char(10),@cno char(10), @degree tinyint
```

```
SELECT @sno=学号, @cno=课程号, @degree=成绩
FROM INSERTED
if exists(SELECT sno FROM student WHERE sno=@sno)and exists(SELECT cno FROM
          course WHERE cno=@cno)
INSERT INTO score
VALUES(@sno, @cno, @degree)
else print 'wrong data!'
go
```

第 6 章中所建立的视图 V_score 是基于多表的，故不能对该视图进入插入、更新及删除等数据操作。在本例中，对视图 V_score 建立替代触发器，将对视图的插入操作转化为对 Score 表的插入操作。

本例利用 Inserted 表中的数据得到要插入的数据，并判断提供的学号和课程号是否合法。若数据合法则插入到 Score 表中，否则打印"wrong data!"错误信息。

同样，还可以建立视图 V_score 关于 UPDATE 和 DELETE 操作的替代触发器，从而实现基于多表的视图的数据更新和删除操作。

7.2.3　管理触发器

触发器是特殊的存储过程，适用于存储过程的管理方式都适用于触发器，所以用户完全可以使用 sp_helptext、sp_help、sp_depends 等系统存储过程，以及使用 SQL Server Management Studio 来浏览触发器的有关信息，也可以使用 sp_rename 系统存储过程来为触发器更名。

可以使用系统存储过程 sp_helptrigger 来浏览指定表格上指定类型的触发器的信息。其语法格式如下：

```
sp_helptrigger {表名|视图名} [, [type]]
```

其中，type 是触发器的类型取值范围，分别是 INSERT、UPDATE 和 DELETE。

【例 7-13】查看视图 V_score 关于 INSERT 操作的触发器信息。

```
use Study
go
sp_helptrigger V_score,[insert]
```

返回结果如下：

```
trigger_name   trigger_owner   isupdate   isdelete   isinsert   isafter
isinsteadof trigger_schema
--------------- --------------- ---------- ----------- ------------ ----------
tr_v_score_insert       dbo        0           0          1         0
  1            dbo
(1 行受影响)
```

提示：如果不设置 type 值，则返回定义在该表上的所有触发器的信息。

7.2.4　修改触发器

修改触发器使用 ALTER TRIGGER 语句。其语法格式如下：

```
ALTER TRIGGER 触发器名 ON {表名|视图名}
[WITH  ENCRYPTION]
[FOR|AFTER|INSTEAD OF]
```

```
{[DELETE][,][INSERT][,][UPDATE] }
[NOT FOR REPLICATION]
AS
SQL 语句
```

用户也可以用 SQL Server Management Studio 来修改和管理触发器，步骤与创建触发器的步骤类似，在此不再赘述。

7.2.5 删除触发器

删除触发器使用 DROP TRIGGER 语句。其语法格式如下：

```
DROP TRIGGER 触发器名[, …n]
```

【例 7-14】删除触发器 tr_student_update。

```
use Study
go
DROP TRIGGER tr_student_update
```

用户删除某个表格时，所有建立在该表上的触发器都将被删除。

7.2.6 存储过程和触发器在维护数据完整性中的作用

通常存储过程和触发器可以用来维护数据库引用的行动完整性，也就是在与外键值相对应的主键发生改变以后规范对外键可能执行的操作，约束外键值的改变。

当存在外键引用时，用户不能删除或修改被引用的主键值或 UNIQUE 列的值。

但是使用存储过程可以实现针对受外键约束限制的主键或 UNIQUE 列的值的删除和修改。这种操作一般都影响到多个表，所以一般使用级联删除或级联修改来实现。

当使用存储过程进行级联修改时，可以按以下步骤执行操作：

（1）以新的主键值或 UNIQUE 列值向主表插入新的数据行，重复现存行的所有其他列的值。

（2）将依赖表中的外键改为新值。

（3）删除主表中的旧数据行。

当使用存储过程来实现级联删除时，可以按以下步骤进行操作：

（1）删除外键所在的行，或将外键修改为 NULL 或默认值。

（2）删除主表中的行。

从上面执行的级联修改和级联删除的步骤可以看出，使用存储过程来维护数据的完整性，并不是要替代原有的外键约束。它只是外键约束的补充，外键约束仍然保留在数据库中并起着主要的作用。

使用存储过程可以提供附加的安全性，可以赋予用户调用某些存储过程的权限，但不允许用户对基本表进行修改。

【例 7-15】建立一个存储过程 p_del 来实现针对 Student 和 Score 表的级联删除。即当用户从 Student 表中删除记录时，也删除 Score 表中所有的相关数据。

```
use Study
go

CREATE PROCEDURE p_del
```

```
@sno varchar(4)
AS
begin
DELETE Score
WHERE Sno=@sno
DELETE Student
WHERE sno=@no
end
```

【例 7-16】建立 Student 表关于 DELETE 操作的触发器 tr_student_delete，实现针对 Student 和 Score 表的级联删除。当用户从 Student 表中删除记录时，也删除 Score 表中所有的相关数据。

```
use Study
go

CREATE TRIGGER tr_student_delete
ON Student
FOR DELETE
AS
DECLARE @num varchar(4)
SELECT @num=sno from Deleted
DELETE Score
WHERE sno=@num
go
```

如果两张表中的主键—外键联系是通过约束来建立的，则不能使用触发器来实现影响外键和主键的级联修改和级联删除。实际上，触发器通常都应用在实施企业复杂规则的场合中，一般说来这些规则难以用普通的约束来实现。例如，监督某一列数据的变化范围，并在超出规定范围以后，对两个以上的表进行修改等。

本章小结

存储过程（Stored Procedure）是一组事先编译好的 T-SQL 代码。SQL Server 2005 中提供了三种类型的存储过程：用户定义的存储过程、扩展存储过程和系统存储过程。用户定义的存储过程又有两种类型：T-SQL 和 CLR。

T-SQL 存储过程是指保存的 T-SQL 语句集合，可以接收和返回用户提供的参数。CLR 存储过程是指对 Microsoft .NET Framework 公共语言运行时（Common Language Runtime，CLR）方法的引用，可以接收和返回用户提供的参数。

触发器是一种特殊的存储过程，它在执行语句事件时自动生效。SQL Server 包括两大类触发器：DML 触发器和 DDL 触发器。当数据库中发生数据操作语言（DML）事件时将调用 DML 触发器。DDL 触发器是 SQL Server 2005 的新增功能。当服务器或数据库中发生数据定义语言（DDL）事件时将调用这些触发器。

DML 触发器有以下三种类型：

（1）AFTER 触发器：在执行了 INSERT、UPDATE 或 DELETE 语句操作之后执行 AFTER

触发器。AFTER 触发器只能在表上指定，一个表中可以具有多个给定类型的 AFTER 触发器，但每个触发器只能应用于一个表。

（2）INSTEAD OF 触发器：执行 INSTEAD OF 触发器代替通常的触发动作。一个表（视图）只能具有一个给定类型的 INSTEAD OF 触发器。

（3）CLR 触发器：CLR 触发器将执行在托管代码（在.NET Framework 中创建并在 SQL Server 中上载的程序集的成员）中编写的方法，而不用执行 T-SQL 存储过程。

DML 触发器在执行过程中可以使用两个特殊的临时表 Deleted 表和 Inserted 表。Deleted 表用于存储 DELETE、UPDATE 语句所影响的行的副本。INSERTED 表用于存储 INSERT、UPDATE 语句所影响的行的副本。

这两个表都存在于内存中，它们在结构上和触发器所在的表的结构相同。两个表由系统管理，不允许用户直接对其修改，但可访问。触发器工作完成后，与该触发器相关的这两个表也将被删除。

可以使用 SQL Server Management Studio 和 T-SQL 语句两种方式创建和管理存储过程、触发器。

创建存储过程可以使用 CREATE PROC[EDURE]语句。使用 sp_helpText 命令可以查看存储过程的创建文本。使用 sp_help 可以查看存储过程的基本信息。使用 sp_depends 可以查看某个表被存储过程引用的情况或存储过程引用表的情况。修改存储过程可以使用 ALTER PROC[EDURE]语句。删除存储过程可以使用 DROP PROCEDURE 语句。

创建触发器可以使用 CREATE TRIGGER 语句。使用 sp_helpText 命令可以查看触发器的创建文本。使用 sp_help 可以查看触发器的基本信息。使用 sp_depends 可以查看某个表被触发器引用的情况或触发器引用表的情况。使用 sp_rename 系统存储过程可以为触发器更名。使用系统存储过程 sp_helptrigger 可以浏览指定表格上指定类型的触发器的信息。修改触发器使用 ALTER TRIGGER 语句。删除触发器使用 DROP TRIGGER 语句。

习题七

1．建立存储过程，根据用户输入的读者编号来查看此读者的借阅信息。

2．建立关于借阅表的触发器，当有用户借书时，向借阅表插入借书信息，并打印"借阅成功！"。

第 8 章　管理 SQL Server 的安全性

【本章导读】

对任何企业组织来说，数据的安全性最为重要。数据库的安全性是指保护数据库以防止不合法的使用所造成的数据泄露、更改或破坏。SQL Server 2005 提供了内置的安全性和数据保护机制，这种管理既有效又容易实现。

【本章要点】

- SQL Server 的安全性机制
- 管理服务器的安全性
- 管理 SQL Server 数据库的安全性
- 管理表和列级的安全性

8.1　SQL Server 的安全性机制

数据库的安全性是指保护数据库以防止不合法的使用所造成的数据泄露、更改或破坏。数据库的安全性和计算机系统的安全性（包括操作系统、网络系统的安全性）是紧密联系、相互支持的。SQL Server 的安全性控制策略包括 4 个方面：操作系统的安全性、服务器的安全性、数据库的安全性及表和列级的安全性。

8.1.1　操作系统的安全性

在用户使用客户计算机通过网络实现对 SQL Server 服务器的访问时，用户首先要获得客户计算机操作系统的使用权。

一般来说，在能够实现网络互连的前提下，用户没有必要向 SQL Server 服务器的主机进行登录，除非 SQL Server 服务器就运行在本地计算机上。SQL Server 可以直接访问网络端口，所以可以实现对 Windows NT 或 Windows 2000 Server 安全体系以外的服务器及其数据库的访问。

操作系统的安全性是操作系统管理员或网络管理员的任务。由于 SQL Server 2005 采用了集成 Windows NT 网络安全性的机制，所以使得操作系统安全性的地位得到提高，但同时也加大了管理数据库系统安全性的灵活性和难度。

8.1.2　服务器的安全性

SQL Server 服务器的安全性是建立在控制服务器登录账号和口令的基础上的。SQL Server 采用了标准的 SQL Server 登录和集成 Windows 登录两种方法。无论是哪种登录方式，用户在登录时提供的登录账号和口令决定了用户能否获得对 SQL Server 服务器的访问权，以及在获得访问权后用户可以利用的资源。设计和管理合理的登录方式是 SQL Server DBA（DataBase Administrator，数据库管理员）的重要任务，在 SQL Server 的安全体系中，DBA 是发挥主动性的第一道防线。

　　SQL Server 事先设计了许多固定的服务器角色，可供具有服务器管理员资格的用户分配和使用，拥有固定服务器角色的用户可以拥有服务器级的管理权限。

8.1.3　数据库的安全性

　　在用户通过 SQL Server 服务器的安全性检查以后，将直接面对不同的数据库入口。这是用户接受的第三次安全性检查。

　　在建立用户的登录账号信息时，SQL Server 会提示用户选择默认的数据库。以后用户每次连接上服务器后，都会自动转到默认的数据库上。对任何用户来说，Master 数据库的门总是打开的，如果在设置登录账号时没有指定默认的数据库，则对用户的权限将局限在 Master 数据库内。

　　默认情况下，只有数据库的所有者才可以访问该数据库内的对象，数据库的所有者可以给其他用户分配访问权限，以便让其他用户也拥有针对该数据库的访问权，在 SQL Server 中并不是所用的权限都可以自由地转让和分配的。

　　SQL Server 提供了许多固定的数据库角色，可以用来在当前数据库内向用户分配部分权限。同时，还可以创建用户自定义的角色，来实现特定权限的授予。

8.1.4　表和列级的安全性

　　数据库对象的安全性是核查用户权限的最后一个安全等级。在创建数据库对象时，SQL Server 自动将该数据库对象的所有权赋予该对象的创建者。对象的所有者可以实现以该对象的完全控制。

　　默认情况下，只有数据库的所有者可以在该数据库下进行操作。当一个普通用户想访问数据库内的对象时，必须事先由数据库的所有者赋予该用户关于某指定对象的指定操作权限。例如，一个用户想访问某数据库表的信息，则他必须在成为数据库的合法用户的前提下，获得由数据库所有者分配的针对该表的访问许可。

8.2　管理服务器的安全性

8.2.1　服务器登录账号

　　SQL Server 的安全性管理是建立在登录验证和权限许可的基础上的。登录验证是指核对连接到 SQL Server 实例的登录账号和密码是否正确，以此确定用户是否具有连接到 SQL Server 实例的权限。

　　在 SQL Server 2005 中有两类登录账号：Windows 登录账号和 SQL Server 登录账号。

　　Windows 登录账号是由 Windows 服务器负责验证用户身份的身份验证方式，由 Windows 账号或组控制用户对 SQL Server 系统的访问。当使用 Windows 登录账号的用户访问 SQL Server 系统时，如果 SQL Server 在系统表 syslogins 中找到该用户的 Windows 登录账号或组账号，就接受本次身份验证连接。这时，SQL Server 系统不需要重新验证口令是否有效，因为 Windows 已经验证用户的口令是有效的。但是，在该用户连接之前，SQL Server 系统管理员必须将 Windows 账号或 Windows 组账号定义为 SQL Server 的有效登录账号。

SQL Server 登录账号是 SQL Server 2005 自身负责验证身份的登录账号。当使用 SQL Server 登录账号和口令的用户连接 SQL Server 服务器时，由 SQL Server 2005 验证该用户是否在 syslogins 表中，且其口令是否与以前记录的口令匹配。

在 SQL Server Management Studio 的"对象资源管理器"窗口中，依次展开"服务器"→ "安全性"→"登录名"，可以看到当前服务器的所有登录账号名，如图 8-1 所示。

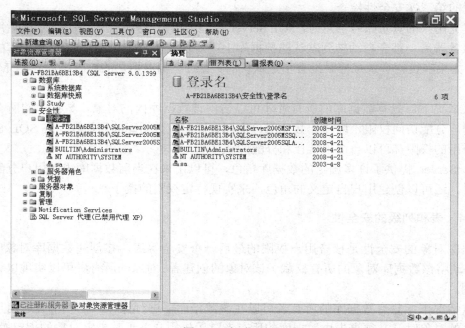

图 8-1　查看登录名

对于 Windows NT/2000 账号，账号名采用"域名（计算机名）\用户（或组）名"的形式。比如 domain 域的用户 administrator，就使用 domain\administrator 作为它的账号名。

对于内建本地组，如 administrators、users 和 guests 的账号名中可以用 BUILTIN 代替域名或计算机名，比如内建的 administrators 组，账号名为 BUILTIN\administrators。

服务器所有的登录账号都保存在服务器的 Master 数据库的 syslogins 表中，所以也可以通过在 Master 数据库中查询 syslogins 表来获得服务器的账号信息。

在查询编辑器中执行以下语句：

```
use master
go

SELECT  *
FROM  syslogins
go
```

结果如图 8-2 所示。

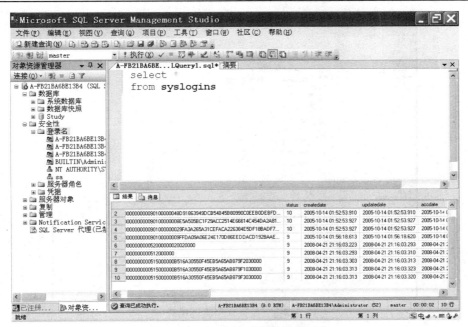

图 8-2　使用语句查看服务器登录名

8.2.2　设置安全性身份验证模式

当 SQL Server 在 Windows 操作系统上运行时，系统管理员必须指定系统身份验证模式的类型。SQL Server 的身份验证模式有两种类型：Windows 身份验证模式（Windows Authentication Mode）和混合验证模式（Mixed Authentication Mode）。

Windows 身份验证模式只允许使用 Windows 登录账号的用户连接 SQL Server 服务器。它要求用户登录到 Windows，当用户访问 SQL Server 时，不必再次进行登录验证。混合验证模式既允许用户使用 Windows 登录账号，又允许其使用 SQL Server 登录账号连接服务器。

要设置身份验证模式，用户必须使用系统管理员账号，在 SQL Server Management Studio 中进行设置，步骤如下：

（1）在"对象资源管理器"中，展开服务器组。

（2）右击要设置安全认证模式的服务器，并在弹出的快捷菜单中选择"属性"命令。

（3）在打开的"服务器属性"对话框中，选择"安全性"选择页。

（4）在"安全性"选择页的"服务器身份验证"一项中，通过选择"Windows 身份验证模式"或"SQL Server 和 Windows 身份验证模式"来设置服务器的身份验证方式，如图 8-3 所示。

设置改变后，用户必须停止并重新启动 SQL Server 服务，设置才会生效。

8.2.3　创建登录账号

无论使用哪种身份验证模式，用户都必须以一种合法的身份登录。用户的合法身份用一个用户标识来表示，也就是账号。可以使用 SQL Server Management Studio 和 T-SQL 语句两种方式来创建登录账号。

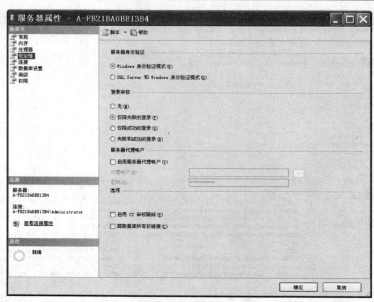

图 8-3   设置安全验证模式

1. 将 Windows 账号添加到 SQL Server 2005 中

使用 SQL Server Management Studio 将 Windows 账号添加到 SQL Server 2005 中,步骤如下:

（1）在操作系统中创建 Windows 账号。在 Windows 操作系统中,单击"控制面板"→"用户账户"→"创建一个新账户",给 Windows 添加一个新的账号 Liu。

（2）打开 SQL Server Management Studio,在"对象资源管理器"中,依次展开"服务器"→"安全性"文件夹,选中"登录名",右击,在弹出的快捷菜单中选择"新建登录名"命令,打开"登录名－新建"对话框,如图 8-4 所示。

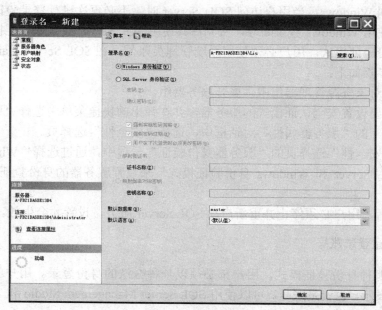

图 8-4   新建登录名

（3）保持默认的"Windows 身份验证"单选按钮的选中状态，单击"搜索"按钮，在打开的对话框中选择新建的 Windows 账号 Liu 添加到 SQL Server 2005 中。注意：系统会自动生成此登录账号的全名，即 A-FB21BA6BE13B4\Liu。

（4）单击"确定"按钮，即可将 Windows 账号添加到 SQL Server 2005 中。

另外，使用 T-SQL 语句中的系统存储过程 sp_grantlogin 也可以将 Windows 账号添加到 SQL Server 2005 中。其语法格式如下：

```
sp_grantlogin [@loginame=] 'login_name'
```

如添加上述账号 Liu 到 SQL Server 2005 中，需要将本地计算机的名字作为账号的一部分，如本机的计算机名为 A-FB21BA6BE13B4，则 Windows 账号为 A-FB21BA6BE13B4\Liu。运行下面的命令：

```
exec sp_grantlogin 'A-FB21BA6BE13B4\Liu'
```

2．建立 SQL Server 账号

如果用户没有 Windows 账号，也可以为其建立一个 SQL Server 账号。使用 SQL Server Management Studio 创建 SQL Server 账号的步骤如下：

（1）在"对象资源管理器"中，依次展开"服务器"→"安全性"文件夹，选中"登录名"，右击，在弹出的快捷菜单中选择"新建登录名"命令，打开"登录名－新建"对话框，如图 8-5 所示。在此新建一个登录名 user1。

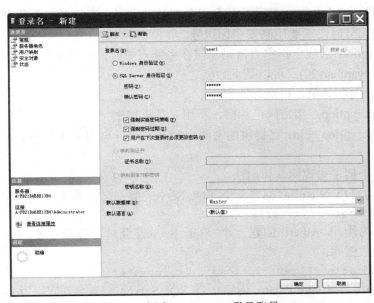

图 8-5　新建 SQL Server 登录账号

（2）选中"SQL Server 身份验证"单选按钮。

（3）在"登录名"文本框中输入一个不带反斜杠的用户名，并在"密码"文本框中输入口令和确认口令。

（4）在"默认数据库"下拉列表框中选择默认数据库，在"默认语言"下拉列表框中选择需要的默认语言。在此，选择 master 数据库作为默认数据库，英语作为默认语言。

（5）单击"确定"按钮，即可创建成功。

使用 T-SQL 语句创建 SQL Server 账号，需要用到系统存储过程 sp_addlogin。其语法格式如下：

```
sp_addlogin [ @loginame = ] '登录名'
            [ , [ @passwd = ] '密码' ]
            [ , [ @defdb = ] '默认数据库' ]
            [ , [ @deflanguage = ] '默认语言' ]
            [ , [ @sid = ] 安全标识号 ]
            [ , [ @encryptopt = ] 'encryption 选项' ]
```

说明：

（1）登录密码默认设置为 NULL。sp_addlogin 执行后，密码将被加密并存储在系统表中。

（2）"默认数据库"是指账号登录后所连接到的数据库，默认设置为 Master 数据库。

（3）"默认语言"是指用户登录到 SQL Server 时系统指派的语言，默认设置为 NULL。如果没有指定默认语言，那么默认语言将被设置为服务器当前的默认语言（由 sp_configure 配置变量 default language 定义）。更改服务器的默认语言不会更改现有登录的默认语言。默认语言保持与添加登录时所使用的默认语言相同。

（4）"安全标识号"的数据类型为 varbinary(16)，默认设置为 NULL。如果安全标识号为 NULL，则系统为新登录生成安全标识号。尽管使用 varbinary 数据类型，非 NULL 的值也必须正好为 16 个字节长度，且不能事先存在。安全标识号很有用。例如，如果要编写 SQL Server 登录脚本，或要将 SQL Server 登录从一台服务器移动到另一台，并且希望登录在服务器间具有相同的安全标识号时，就要用到安全标识号。

（5）"encryption 选项"指定当密码存储在系统表中时，密码是否要加密。encryption 选项的数据类型为 varchar(20)，可以是下列值之一：

- NULL：为默认值，指进行加密。
- Skip_encryption：指密码已加密，不用对其再加密。
- Skip_encryption _old：已提供的密码由 SQL Server 较早版本加密，此选项只供升级使用。

下面通过几个例子来说明具体用法。

【例 8-1】为用户 Victoria 创建一个 SQL Server 登录名，不指定密码和默认数据库。

```
exec sp_addlogin 'Victoria'
```

【例 8-2】为用户 Albert 创建一个 SQL Server 登录，并指定密码为 food 以及名为 corporate 的默认数据库。

```
exec sp_addlogin 'Albert', 'food', 'corporate'
```

【例 8-3】为用户 Claire Picard 创建一个 SQL Server 登录名，密码为 caniche，默认数据库为 public_db，默认语言为 French。

```
exec sp_addlogin 'Claire Picard', 'caniche', 'public_db', 'French'
```

【例 8-4】为用户 Michael 创建一个 SQL Server 登录名，密码为 chocolate，默认数据库为 pubs，默认语言为 us_english，安全标识号 为 x0123456789ABCDEF0123456789ABCDEF。

```
exec sp_addlogin 'Michael', 'chocolate', 'pubs', 'us_english',
0x0123456789ABCDEF0123456789ABCDEF
```

8.2.4　拒绝登录账号

禁止一个登录账号连接 SQL Server 2005，最简单的方法就是删除这个账号。但有时只需要暂时取消这个账号的使用权限，过一段时间再恢复。这种情况可以使用 SQL Server Management Studio 或 T-SQL 语句拒绝该账号对 SQL Server 的访问。

需要注意的是，只能拒绝 Windows 登录账号，对于 SQL Server 登录账号，如果想禁止它连接 SQL Server，只能将其删除。

1. 使用 SQL Server Management Studio 拒绝 Windows 登录账号

使用 SQL Server Management Studio 拒绝 Windows 登录账号的具体步骤如下：

（1）在"对象资源管理器"中，展开服务器组，再展开账号所属的服务器。

（2）展开"安全性"文件夹，选中其下层的"登录名"文件夹，在右边窗口的登录账号列表中，双击要拒绝访问的 Windows 登录账号，打开该账号的"登录属性"对话框。

（3）在"登录属性"对话框中，选中"状态"选择页，在"设置"中的"是否允许连接到数据库引擎"项中选择"拒绝（D）"单选按钮，如图 8-6 所示。

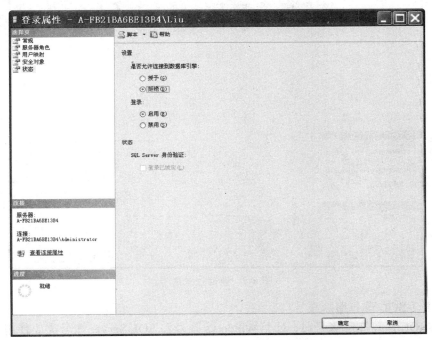

图 8-6　拒绝 Windows 账号的登录

（4）单击"确定"按钮，以后这个账号就不能再登录 SQL Server 服务器了。

如果想恢复此账号的访问权，在"设置"中的"是否允许连接到数据库引擎"项中选择"授予（G）"单选按钮即可。

2. 使用 T-SQL 语句方式拒绝 Windows 登录账号

系统存储过程 sp_denylogin 可以暂时禁止一个 Windows 账号的登录权。如拒绝 A-FB21BA6BE13B4\Liu 账号使用如下语句：

```
exec sp_denylogin 'A-FB21BA6BE13B4\Liu'
```

拒绝登录以后可以用 SQL Server Management Studio 或 sp_grantlogin 系统存储过程恢复登录，以下的语句将重新赋予用户登录服务器的权力：

```
exec sp_grantlogin 'A-FB21BA6BE13B4\Liu'
```

8.2.5　删除登录账号

要删除一个登录账号，可以使用 SQL Server Management Studio 或 T-SQL 语句两种方法。

1. 使用 SQL Server Management Studio 删除登录账号

可以在 SQL Server Management Studio 中直接删除一个登录账号。右击要删除的登录账户，在弹出的快捷菜单中选择"删除"命令，打开"删除对象"对话框，如图 8-7 所示。单击"确定"按钮，在确认对话框中单击"是"按钮，这个登录账号就永久的删除了。

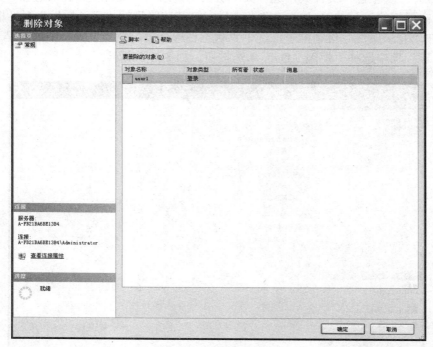

图 8-7　删除登录账号

2. 使用 T-SQL 语句删除账号

使用 T-SQL 语句删除账号时，对于 Windows 账号和 SQL Server 账号需要使用不同的存储过程。

sp_revokelogin：用于删除 Windows 登录账号。sp_revokelogin 命令可以收回 Windows 账号连接 SQL Server 的权限，等同于在 SQL Server 2005 中删除 Windows 登录账号。

sp_droplogin：用于删除 SQL Server 登录账号。

【例 8-5】撤消 Windows 用户 Liu 连接 SQL Server 的权限。

```
sp_revokelogin 'A-FB21BA6BE13B4\Liu'
```

【例 8-6】删除 SQL Server 的登录账号 user1。

```
sp_droplogin  'user1'
```

8.2.6　特殊账户 SA

System Administrator（SA）是 SQL Server 为了向后兼容而内建的特殊账号。SA 属于 sysadmin 角色，而且不能改变。系统管理员在执行管理操作时，应使用其他 sysadmin 账号登录，而尽量不要使用 SA 账号。

8.2.7　服务器角色

服务器角色是根据 SQL Server 的管理任务，以及这些任务相对的重要性等级来把具有 SQL Server 管理职能的用户划分成不同的用户组，每一组所具有的管理 SQL Server 的权限已被预定义。服务器角色适用在服务器范围内，并且其权限不能被修改。

例如，具有 sysadmin 角色的用户在 SQL Server 中可以执行任何管理性的工作，任何企图对其权限进行修改的操作将会失败。

可以将账号加入服务器角色，以使该账号获得此服务器角色中的权限。若将账号从某一服务器角色中删除，则该账号在对应服务器角色中的权限也将被收回。

SQL Server 共有 8 种预定义的服务器角色，这些角色被称为固定服务器角色。各种角色的具体含义如表 8-1 所示。

表 8-1　固定服务器角色

固定服务器角色	描述
Sysadmin	可以在 SQL Server 中做任何事情
Serveradmin	管理 SQL Server 服务器范围内的配置
Setupadmin	添加、删除连接服务器，建立数据库复制，管理扩展存储过程
Securityadmin	管理数据库登录
Processadmin	管理 SQL Server 进程
Dbcreator	创建数据库，并对数据库进行修改
Diskadmin	管理磁盘文件
Bulkadmin	可以运行 Bulk Insert 语句

固定服务器角色的管理可以使用 SQL Server Management Studio 或 T-SQL 语句两种方式来实现。

1．使用 SQL Server Management Studio 管理服务器角色

（1）使用 SQL Server Management Studio 查看服务器角色成员。在"对象资源管理器"中，展开"服务器"→"安全性"文件夹，选中"服务器角色"文件夹，可以看到服务器角色的列表。选择某个角色双击，打开其属性对话框，如图 8-8 所示。在"角色成员"列表中将列出该固定服务器角色的所有成员，当前为空。

（2）增加服务器角色成员。在图 8-8 所示的"服务器角色属性"对话框中单击"添加"按钮，在弹出的"选择登录名"对话框中选择登录名，如图 8-9 所示。单击"确定"按钮，所选择的 user1 登录名将出现在如图 8-8 所示的角色成员列表中，成为此固定服务器角色的成员。

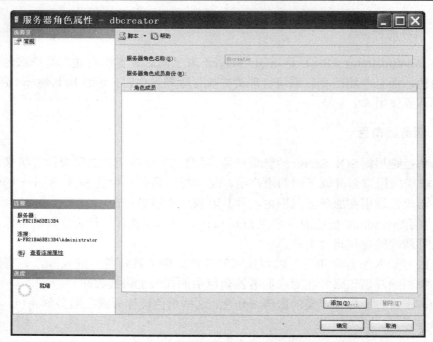

图 8-8　"服务器角色属性"对话框

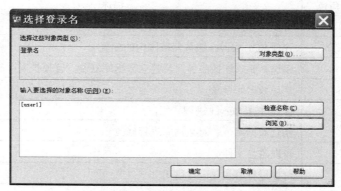

图 8-9　"选择登录名"对话框

将一个登录名加入某个固定服务器角色中，还可以在登录名的属性窗口中设置。在"对象资源管理器"中找到要操作的登录名如 user1，右击，在弹出的快捷菜单中选择"属性"命令，打开 user1 的属性窗口，选择"服务器角色"选择页，如图 8-10 所示。

在出现的"服务器角色"列表中选择要加入的角色，在其前的复选框上打勾即可。可以将一个账号加入多个服务器角色中。

（3）删除角色成员。在图 8-8 中选择"角色成员"列表中的一个成员，并单击"删除"按钮，可以从角色中删除这个成员。

2. 使用 T-SQL 管理服务器角色

在 SQL Server 中管理服务器角色的存储过程主要有两个：sp_addsrvrolemember 和 sp_dropsrvrolemember。

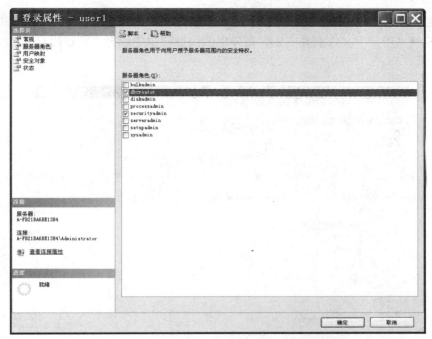

图 8-10　在 user1 的属性窗口中实现角色分配

sp_addsrvrolemember 将登录账号添加到当前服务器的固定服务器角色中，成为该角色的成员，从而具有该角色的权限。语法格式如下：

```
sp_addsrvrolemember [ @membername = ] '账号名', [ @rolename = ] '角色名'
```

sp_dropsrvrolemember 将从当前服务器的固定服务器角色中删除登录账户，收回该账户在对应服务器角色中的权限。语法格式如下：

```
sp_dropsrvrolemember [ @membername = ] '账号名', [ @rolename = ] '角色名'
```

8.3　SQL Server 数据库的安全性

8.3.1　添加数据库用户

在 SQL Server 中，一个用户或工作组取得合法的登录账号，表明该账号已经通过了 Windows NT 认证或者 SQL Server 认证。但其在当前服务器上可以访问哪些数据库，以及对数据库内的数据及数据库对象进行哪些操作，与该账号对应的数据库用户所拥有的权限有关。

一个服务器登录账号要访问一个数据库，必须在数据库内有数据库用户与其相对应，而且也只能有一个。该数据库用户拥有的权限决定了登录账号在该数据库上的操作权限。同一个登录账号登录不同的数据库，将对应不同的数据库用户，即同一个登录账号在不同的数据库上的操作权限可能是不同的。

一个数据库中也只能有一个用户与某一登录账号相对应。

1. 使用 SQL Server Management Studio 添加数据库用户

使用 SQL Server Management Studio 添加一个数据库用户的步骤如下：

（1）在"对象资源管理器"中选择要建立数据库用户的数据库（如 Study）并展开。选中"安全性"→"用户"文件夹并右击，在弹出的快捷菜单中选择"新建用户（N）…"命令，如图 8-11 所示。

图 8-11   新建数据库用户

（2）打开"数据库用户－新建"对话框，如图 8-12 所示。在"用户名"文本框中输入要创建的数据库用户名，如 db_user1。在登录名文本框中输入与该用户名对应的登录账号，如 user1。这里的登录名必须是已经存在的，也可以通过单击其后的按钮来选择，如图 8-13 所示。

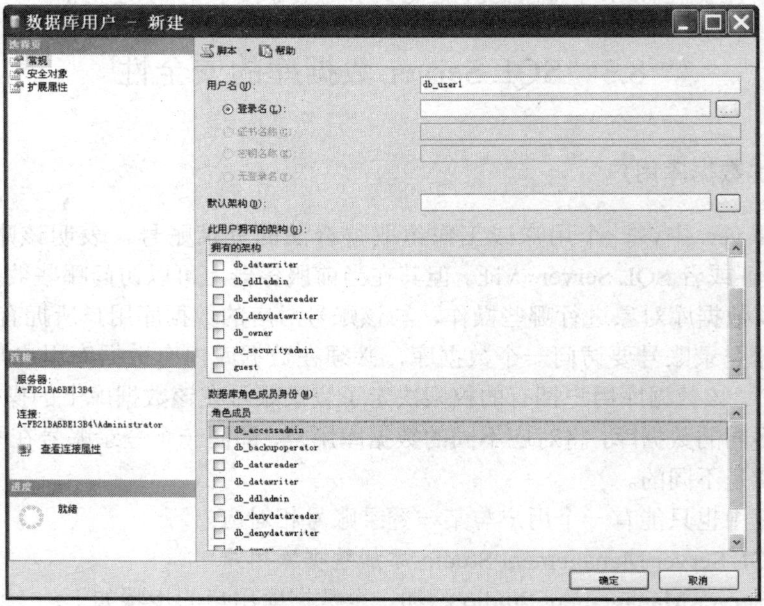

图 8-12   设置数据库用户

单击"浏览"按钮，出现如图 8-14 所示的对话框。

图 8-13　"选择登录名"对话框

图 8-14　"查找对象"对话框

在"匹配的对象"列表框中选择 user1，单击"确定"按钮。user1 出现在如图 8-13 所示的文本框中，再次单击"确定"按钮，完成登录名的选择，如图 8-15 所示。

图 8-15　完成登录名的选择

（3）单击"确定"按钮，即可完成数据库用户 user1 的创建。

2. 使用 T-SQL 语句添加数据库用户

使用 T-SQL 语句添加数据库用户需要使用存储过程 sp_grantdbaccess。其语法格式如下：

```
sp_grantdbaccess [@loginame =] '账号名' [, [@name_in_db =] '数据库用户名' [OUTPUT]]
```

【例 8-7】在当前数据库中为 Windows NT 账号 Corporate\GeorgeW 添加数据库用户，并取名为 Georgie。

```
exec sp_grantdbaccess 'Corporate\GeorgeW', 'Georgie'
```

8.3.2　修改数据库用户

修改数据库用户，即修改用户所属的数据库角色及权限。这些内容将在介绍数据库角色和权限的部分介绍。

8.3.3　删除数据库用户

1. 使用 SQL Server Management Studio 删除数据库用户

（1）在"对象资源管理器"中选择要建立数据库用户的数据库并展开。选中"安全性"→"用户"文件夹并展开，在出现的数据库用户列表中选择要删除的数据库用户，如 db_user1，右击，在弹出的快捷菜单中选择"删除（**D**）"命令即可，如图 8-16 所示。

图 8-16　删除数据库用户

（2）在出现的"删除对象"对话框中，单击"确定"按钮即可，如图 8-17 所示。

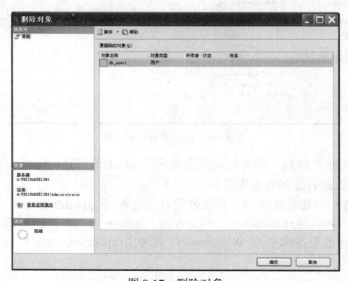

图 8-17　删除对象

2. 使用 T-SQL 语句删除数据库用户

使用 T-SQL 语句删除数据库用户需要使用存储过程 **sp_revokedbaccess**。其语法格式如下：

```
sp_revokedbaccess [ @name_in_db = ] '数据库用户名'
```

【例 8-8】从当前数据库中删除数据库用户 Georgie。

```
exec sp_revokedbaccess 'Georgie'
```

8.3.4　特殊数据库用户

SQL Server 的数据库级别上也存在着两个特殊的数据库用户，分别是 Dbo 和 Guest。

Dbo 是数据库对象的所有者。在安装 SQL Server 时，被设置到 model 数据库中，而且不能被删除，所以 Dbo 在每个数据库中都存在，且具有数据库的最高权限，可以在数据库范围内执行一切操作。

Dbo 用户对应于创建该数据库的登录账号，所以所有系统数据库的 Dbo 都对应于 sa 账户。

Guest 用户允许没有对应数据库用户的登录账号访问数据库，它在数据库上的默认权限最小。可以将权限应用到 Guest 用户上，就如同它是任何其他用户一样。

默认情况下，新建的数据库中没有 Guest 用户。可以在除 master 和 tempdb 外（在这两个数据库中它必须始终存在）的所有数据库中添加或删除 Guest 用户。

当数据库中有 Guest 用户时，服务器登录账号即使在该数据库上没有对应的数据库用户，也可以使用 Guest 身份连接到该数据库上。

【例 8-9】若要将 guest 用户账户添加到名为 Study 的数据库中，请在 SQL 查询编辑器中运行下列代码：

```
use Study
go

exec sp_grantdbaccess guest
```

8.3.5　固定数据库角色

每个数据库都有一系列固定数据库角色。虽然每个数据库中都存在名称相同的角色，但各个角色的作用域只是在特定的数据库内。例如，如果 Database1 和 Database2 中都有叫 UserX 的用户，将 Database1 中的 UserX 添加到 Database1 的 db_owner 固定数据库角色中，对 Database2 中的 UserX 是否是 Database2 的 db_owner 角色成员没有任何影响。

固定数据库角色描述如表 8-2 所示。

表 8-2　固定数据库角色

固定数据库角色	描述
public	维护全部默认许可
db_owner	数据库的所有者，可以对所拥有的数据库执行任何操作
db_accessadmin	可以增加或者删除数据库用户、工作组和角色
db_ddladmin	可以增加、删除和修改数据库中的任何对象
db_securityadmin	执行语句许可和对象许可
db_backupoperator	可以备份和恢复数据库

固定数据库角色	描述
db_datareader	能且仅能对数据库中的任何表执行 SELECT 操作,从而读取所有表的信息
db_datawriter	能够增加、修改和删除表中的数据,但不能进行 SELECT 操作
db_denydatareader	不能读取数据库中任何表中的数据
db_denydatawriter	不能对数据库中的任何表执行增加、修改和删除数据的操作

可以使用 sp_helpdbfixedrole 获得固定数据库角色的列表,可以使用 sp_dbfixedrolepermission 获得每个角色的特定权限。

数据库中的每个用户都默认属于 public 数据库角色。如果想让数据库中的每个用户都能有某个特定的权限,则将该权限指派给 public 角色即可。如果没有给用户专门授予对某个对象的操作权限,他们就使用 public 角色的权限。

8.3.6 创建自定义数据库角色

当一组用户需要在 SQL Server 中执行一组特定的活动,且没有适用的 Microsoft Windows NT / 2000 组可以使用时,需要创建 SQL Server 自定义的数据库角色。

例如,一个公司可能成立慈善活动委员会,其中包括来自不同部门、来自组织中各种不同级别的职员。这些职员需要访问数据库中特殊的项目表。没有只包括这些职员的现有 Windows NT 4.0 或 Windows 2000 组,而且也没有其他理由在 Windows NT 4.0 或 Windows 2000 中创建这样一个组。在这种情况下,可以为此项目创建一个自定义的数据库角色 CharityEvent,并将需要的用户添加到此数据库角色中。当对 CharityEvent 角色赋予指定权限后,该角色中的成员将自动获得这些权限,而其他数据库活动的权限不会受到影响。

1. 使用 SQL Server Management Studio 创建角色

使用 SQL Server Management Studio 创建数据库角色的步骤如下:

(1)在"对象资源管理器"中,依次展开要操作的"数据库"→"安全性"→"角色" →"数据库角色"文件夹。在"数据库角色"的文件夹中列出了所有固定的数据库角色列表。选中"数据库角色",右击,在弹出的快捷菜单中选择"新建数据库角色(**N**)…"命令,如图 8-18 所示。

(2)在出现的"数据库角色-新建"对话框中输入自定义角色的名字 role1,如图 8-19 所示。

在"此角色的成员"列表框中列出了新建角色 role1 的成员,当前为空。单击"添加"按钮,可以选择数据库用户或其他角色加入此新建角色,单击"确定"按钮即可完成用户自定义角色的创建。

2. 使用 T-SQL 语句创建角色

使用存储过程 sp_addrole 也可以创建数据库角色。其语法格式如下:

```
sp_addrole [ @rolename = ] '角色名' [ , [ @ownername = ] '角色的所有者' ]
```

新角色的所有者必须是当前数据库中的某个用户或角色,默认值为 dbo。

图 8-18　选择"新建数据库角色"

图 8-19　新建数据库角色

【例 8-10】将名为 Manager 的新角色添加到当前数据库中。

```
exec sp_addrole 'Manager'
```

若要删除一个自定义的角色，可以使用 sp_droprole，其语法格式如下：

```
sp_droprole [ @rolename = ] '角色名'
```

【例 8-11】删除角色 Manager。

```
exec sp_droprole 'Manager'
```

不能删除仍然带有成员的角色。在删除角色之前，首先必须从该角色删除其所有的成员。不能删除固定角色及 public 角色。

8.3.7 增删数据库角色成员

对于已存在的角色，包括固定的数据库角色和自定义的角色，可以随时使用 SQL Server Management Studio 或 T-SQL 语句增、删角色成员。将数据库用户添加到角色时，新成员将继承所有应用到角色的权限。从角色中删除成员时，该成员也就失去了该角色所涵盖的权限。

1. 使用 SQL Server Management Studio 增、删数据库角色成员

使用 SQL Server Management Studio 增、删数据库角色成员有两种方法。

（1）在"对象资源管理器"中，依次展开要操作的"数据库"→"安全性"→"角色"→"数据库角色"文件夹。在"数据库角色"的文件夹中列出了所有的数据库角色列表，包括自定义的角色。选中要添加成员的数据库角色，如 db_datawriter，右击，在弹出的快捷菜单中选择"属性（R）"命令，打开"数据库角色属性"对话框，如图 8-20 所示。

图 8-20　在数据库角色中添加成员

单击"添加"按钮，选择要加入的数据库用户加入此角色即可。新加入的数据库用户或角色将出现在"此角色的成员"列表框中。要将某个角色中的成员删除，只需在"此角色的成员"列表框中选择该成员，单击"删除"按钮来实现删除操作。

（2）在数据库用户的属性窗口中，也可以实现增、删角色成员的操作。找到要操作的数据库用户，如 db_user1，右击，在弹出的快捷菜单中选择"属性"命令，打开其"数据库用户"的属性对话框，如图 8-21 所示。在"数据库角色成员身份"列表框中勾选某个数据库角色前的复选框，可以将此用户加入到此数据库角色中成为其成员。

2. 使用 T-SQL 语句增、删数据库角色成员

使用 T-SQL 语句增、删数据库角色成员时，需要使用两个存储过程：sp_addrolemember 和 sp_droprolemember。其语法格式如下：

```
sp_addrolemember [ @rolename = ] '角色名', [ @membername = ] '数据库用户名'
sp_droprolemember [@rolename=]'角色名', [ @membername = ] '数据库用户名'
```

图 8-21　将数据库用户加入角色

【例 8-12】将 SQL Server 的用户 Michael 添加到当前数据库中的 Manager 角色。

```
exec sp_addrolemember ' Manager ', 'Michael'
```

【例 8-13】从当前数据库中的 Manager 角色中将 SQL Server 的用户 Michael 删除。

```
exec sp_droprolemember ' Manager ', 'Michael'
```

8.4　表和列级的安全性

8.4.1　权限简介

用户在登录到 SQL Server 之后，其用户账号所归属的 NT 组或角色所被赋予的许可权限决定了该用户能够对哪些数据库对象执行哪种操作以及能够访问、修改哪些数据。

权限用来指定授权用户可以使用的数据库对象和这些授权用户可以对这些数据库对象执行的操作。数据库内的权限始终授予数据库用户、角色和 Windows 用户或组，不能授予 SQL Server 登录账号。

在每个数据库中用户的许可独立于用户账号和用户在数据库中的角色，每个数据库都有自己独立的许可系统，在 SQL Server 中包括 3 种类型的许可权限，即对象权限、语句权限和暗示性权限。

1. 对象权限

处理数据或执行过程时需要的权限称为对象权限。对象权限的使用粒度各有不同。对象权限包括以下内容：

（1）SELECT、INSERT、UPDATE 和 DELETE 语句的使用权限，它们可以应用到整个表或视图中。

（2）SELECT 和 UPDATE 语句的使用权限，它们可以有选择地应用到表或视图中的单个列上。

（3）SELECT 语句的使用权限，它们可以应用到用户定义的函数中。

（4）INSERT 和 DELETE 语句的使用权限，它们会影响整行，因此只可以应用到表或视图中，而不能应用到单个列上。

（5）EXECUTE 语句的使用权限，它们可以影响存储过程和函数的执行。

2. 语句权限

数据库或数据库中的对象（如表或存储过程）所涉及的活动要求另一类称为语句权限的权限。语句权限包括：

（1）CREATE DATABASE

（2）CREATE DEFAULT

（3）CREATE FUNCTION

（4）CREATE PROCEDURE

（5）CREATE RULE

（6）CREATE TABLE

（7）CREATE VIEW

（8）BACKUP DATABASE

（9）BACKUP LOG

3. 暗示性权限

暗示性权限控制那些只能由预定义系统角色的成员或数据库对象所有者执行的活动。例如，sysadmin 固定服务器角色成员自动继承在 SQL Server 安装中进行操作或查看的全部权限。

数据库对象所有者拥有暗示性权限，可以对所拥有的对象执行一切活动。例如，创建表的用户，作为表的所有者可以查看、添加或删除数据，更改表定义，或控制其他用户对表进行操作的权限。

8.4.2 授权

1. 通过 SQL Server Management Studio 授权

数据库用户或自定义角色创建后，默认属于 Public 角色，也就是说他们的权限是最小的。要使数据库用户或自定义角色拥有特定操作的权限，需要为他们授权。通过 SQL Server Management Studio 授权可以有两种方法。为数据库用户授权和为自定义角色授权的操作是一样的。

（1）在数据库对象的属性窗口授权。要为某个数据库用户 db_user1 和自定义角色 role1 授予操作某个数据库对象如 Course 的权限，可以在数据库对象的属性窗口进行授权。操作步骤如下：

1）在"对象资源管理器"中，展开要操作的数据库对象，如表 Course。选中该对象，右击，在弹出的快捷菜单中选择"属性（R）"命令，出现"表属性"对话框，单击"权限"选择页，如图 8-22 所示。在此页中，显示了表 Course 的操作权限分配情况，即哪些数据库用户或角色可以对此表进行哪些操作。其中用户名或角色部分显示了可以操作此表的用户名或角色列表，当前为空。

2）单击"添加"按钮，可以添加要授权的用户或角色，出现如图 8-23 所示的"选择用户或角色"对话框。

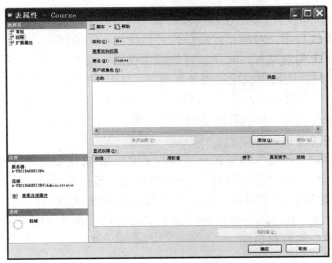

图 8-22　打开表属性对话框

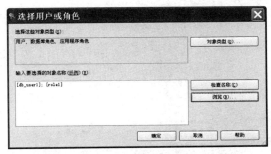

图 8-23　"选择用户或角色"对话框

3）单击"浏览"按钮来选择需要的用户和角色，选择完成后，单击"确定"按钮即可将选择的用户和角色添加到"表属性"对话框中，如图 8-24 所示。

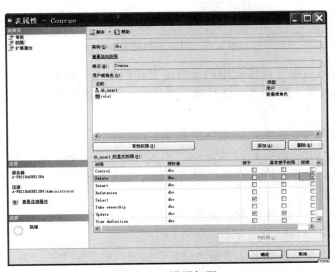

图 8-24　设置权限

　　可以分别为不同的用户、角色设置权限。选中某个用户或角色，在表属性的右下方列表框中列出可授予的操作权限。对应不同的操作可以设置不同的权限。

　　若在"授予"列上勾选某行，表示该行的操作权限被授予此用户。若在"具有授予权限"列上勾选某行，表示该行的操作权限被授予此用户，且用户也拥有将此权限授予其他用户的权限。若在"拒绝"列上勾选某行，则表示该行的操作权限被拒绝授予此用户，此操作可以阻止用户间接地得到此操作权限，如从其所在的角色中间接得到此权限。若要将某权限收回，则将该权限对应的勾选去掉即可。

　　设置完毕后，单击"确定"按钮即可完成关于 Course 表权限的管理操作。

　　（2）在用户或自定义角色的属性窗口中设置权限。授权也可以在用户或自定义角色的属性窗口进行。在"对象资源管理器"中，展开要授权的数据库用户或自定义角色，如用户 db_user1。选中该对象，右击，在弹出的快捷菜单中选择"属性（R）"命令，出现如图 8-25 所示的"数据库用户"属性对话框。

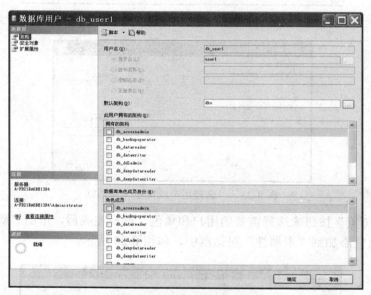

图 8-25　打开用户属性对话框

　　在"常规"选择页中可以将此用户或自定义角色加入其他数据库角色中作为成员来继承其他数据库角色的权限。选择"安全对象"选择页，可以设置用户或自定义角色的具体权限，如图 8-26 所示。

　　在"安全对象"列表框中，显示此数据库用户有权操作的数据库对象，当前为空，可以单击"添加"按钮，出现如图 8-27 所示的"添加对象"对话框，选择要授权的数据库对象。

　　在此对话框中，选择"特定对象"单选按钮，单击"确定"按钮，出现如图 8-28 所示的"选择对象"对话框。

　　在该对话框中，首先选择对象的类型，单击"对象类型"按钮，出现如图 8-29 所示的"选择对象类型"对话框。

　　选择需要的对象类型，如表，单击"确定"按钮。再返回"选择对象"对话框，单击"浏览"按钮，将需要的对象添加到列表中，如图 8-30 所示。

图 8-26 "安全对象"选择页

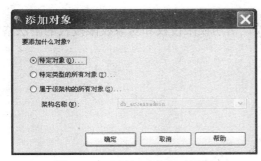

图 8-27 "添加对象"对话框

图 8-28 "选择对象"对话框

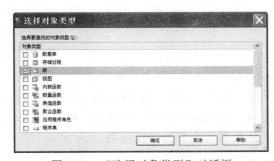

图 8-29 "选择对象类型"对话框

图 8-30 完成对象的选择

单击"确定"按钮,可将此对象加入"数据库用户"属性对话框,如图 8-31 所示。

选中该对象,在"数据库用户"属性对话框的右下方列表框中列出可授予的操作权限。对应不同的操作可以设置不同的权限。具体设置同上,在此不再赘述。

角色权限的设置方法与用户权限设置类似,读者可自行操作。

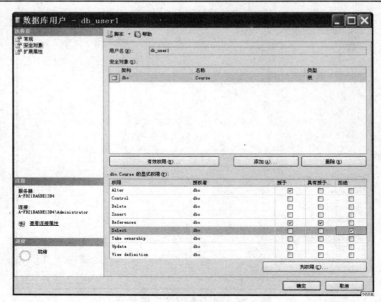

图 8-31　设置权限

2. 使用 T-SQL 语句授权

在 T-SQL 语句中可以使用 GRANT 语句授权。语句权限授权和对象权限授权的语法格式分别如下：

语句权限授权：

```
GRANT { ALL | 语句权限 [, …n ] }
TO 安全账户 [, …n ]
```

对象权限授权：

```
GRANT { ALL [ PRIVILEGES ] | 权限 [, …n ] }
        { ON {表| 视图 }
        | ON {表| 视图} [ (列[, …n ] ) ]
        | ON {存储过程|扩展存储过程}
        | ON {用户定义函数}      }
TO 安全账户[, …n ]
[ WITH GRANT OPTION ]
```

说明：

（1）ALL：表示授予所有可用的权限。对于语句权限，只有 sysadmin 角色成员可以使用 ALL。对于对象权限，sysadmin 和 db_owner 角色成员和数据库对象所有者都可以使用 ALL。

（2）语句权限：是被授予权限的语句。语句列表参考上节语句权限类型。

（3）TO：指定安全账户列表。

（4）安全账户：是权限将应用的主体。安全账户可以是 SQL Server 数据库用户、SQL Server 角色、Microsoft Windows NT 用户和 Windows NT 组。

当权限被授予一个 SQL Server 数据库用户或 Windows NT 用户账户，指定的安全账户是权限能影响到的唯一账户。若权限被授予 SQL Server 角色或 Windows NT 组，权限可影响到当前数据库中该组或该角色成员的所有用户。若组或角色及其成员之间存在权限冲突，最严格的权限（DENY）优先起作用。安全账户必须在当前数据库中存在；不可将权限授予其他数据库中的用户、角色或组，除非已为该用户在当前数据库中创建或给予了访问权限。

（5）权限：是当前授予的对象权限。当在表、表值函数或视图上授予对象权限时，权限列表可以包括这些权限中的一个或多个：SELECT、INSERT、DELETE、REFERENCES 或 UPDATE。列列表可以与 SELECT 和 UPDATE 权限一起提供。如果列列表未与 SELECT 和 UPDATE 权限一起提供，那么该权限应用于表、视图或表值函数中的所有列。

（6）列：是当前数据库中授予权限的列名。

（7）表|视图：是当前数据库中授予权限的表名或视图名。

（8）存储过程|扩展存储过程：是当前数据库中授予权限的存储过程名或扩展存储过程名。

（9）用户定义函数：是当前数据库中授予权限的用户定义函数名。

（10）WITH GRANT OPTION：表示给予了安全账户将指定的对象权限授予其他安全账户的能力。WITH GRANT OPTION 子句仅对对象权限有效。

【例 8-14】给用户 Mary 和 John 以及 Windows NT 组 Corporate\BobJ 授予 CREATE DATABASE、CREATE TABLE 语句权限。

```
GRANT  CREATE DATABASE, CREATE TABLE
to Mary, John, [Corporate\BobJ]
```

【例 8-15】将 Student 表上的 INSERT、UPDATE 和 DELETE 权限授予用户 Mary、John 和 Accounting 角色。

```
use Study
go

GRANT INSERT, UPDATE, DELETE
ON Student
TO Mary, John, Accounting
go
```

8.4.3　权限收回

收回在当前数据库的用户上授予或拒绝的权限使用 REVOKE 语句。收回语句权限和对象权限的语法格式如下：

语句权限收回：

```
REVOKE { ALL | 语句权限 [, …n ] }
FROM 安全账户 [, …n ]
```

对象权限收回：

```
REVOKE [ GRANT OPTION FOR ]{ ALL [ PRIVILEGES ] | 权限 [, …n ] }
      { ON {表| 视图 }
      | ON {表| 视图} [ (列[, …n] ) ]
      | ON {存储过程|扩展存储过程}
      | ON {用户定义函数}}
FROM 安全账户[, …n ]
[CASCADE ]
```

说明：

（1）GRANT OPTION FOR：指定要删除的 WITH GRANT OPTION 权限。在 REVOKE 中使用 GRANT OPTION FOR 关键字可消除 GRANT 语句中指定的 WITH GRANT OPTION 设

置的影响。用户仍然具有该权限，但是不能将该权限授予其他用户。

（2）CASCADE：指定收回来自安全账户的权限时，也收回由安全账户授权任何其他安全账户的该权限。如果要收回的权限原来是通过 WITH GRANT OPTION 设置授予安全账户的，则必须指定 CASCADE 和 GRANT OPTION FOR 子句；否则将返回一个错误。

（3）REVOKE 只适用于当前数据库内的权限。收回的权限只在被收回权限的级别（用户、组或角色）上收回授予或拒绝的权限。

【例 8-16】收回已授予用户 Joe 和 Corporate\BobJ 的 CREATE TABLE 权限。

```
REVOKE CREATE TABLE
FROM Joe, [Corporate\BobJ]
```

它收回了允许 Joe 与 Corporate\BobJ 创建表的权限。不过，如果已将 CREATE TABLE 权限授予给了包含 Joe 和 Corporate\BobJ 成员的任何角色，那么 Joe 和 Corporate\BobJ 仍可创建表。

【例 8-17】废除授予 Mary、John 的关于 Student 表的 INSERT、UPDATE 和 DELETE 权限。

```
use Study
go

REVOKE INSERT, UPDATE, DELETE
ON Student
FROM Mary, John
go
```

8.4.4　拒绝访问

拒绝给当前数据库内的用户授予权限并防止用户通过其组或角色成员资格继承权限，可以使用 DENY 语句。拒绝语句权限和对象权限的语句格式分别如下：

拒绝语句权限：

```
DENY { ALL | 语句权限 [,…n ] }
TO 安全账户 [,…n ]
```

拒绝对象权限：

```
DENY { ALL [ PRIVILEGES ] | 权限 [,…n ] }
    { ON {表| 视图 }
    | ON {表| 视图} [ (列[,…n ] ) ]
    | ON {存储过程|扩展存储过程}
    | ON {用户定义函数} }
TO 安全账户[,…n ]
[ CASCADE ]
```

如果使用 DENY 语句禁止用户获得某个权限，那么以后将该用户添加到已得到该权限的组或角色时，该用户也不能继承这个权限。使用 REVOKE 语句可从用户账户中删除拒绝的权限。安全账户不能访问删除的权限，除非将该权限授予了用户所在的组或角色。

【例 8-18】拒绝用户 Mary、John 和[Corporate\BobJ]创建数据库和表的权限。

```
DENY CREATE DATABASE, CREATE TABLE
TO Mary, John, [Corporate\BobJ]
```

用户不能使用 CREATE DATABASE 和 CREATE TABLE 语句，除非给他们显式授予权限。

【例 8-19】拒绝用户 Mary、John 和 Accounting 角色在 Student 表上的 INSERT、UPDATE 和 DELETE 权限。

```
Use Study
Go

DENY INSERT, UPDATE, DELETE
ON Student
TO Mary, John, Accounting
Go
```

本章小结

数据库的安全性是指保护数据库以防止不合法的使用所造成的数据泄露、更改或破坏。SQL Server 的安全性控制策略包括 4 个方面：操作系统的安全性、服务器的安全性、数据库的安全性以及表和列级的安全性。

操作系统的安全性是操作系统管理员或网络管理员的任务。

当 SQL Server 在 Windows 操作系统上运行时，系统管理员必须指定系统身份验证模式的类型。SQL Server 的身份验证模式有两种类型：Windows 身份验证模式（Windows Authentication Mode）和混合验证模式（Mixed Authentication Mode）。

SQL Server 服务器的安全性是建立在控制服务器登录账号和口令的基础上的。在 SQL Server 2005 中有两类登录账号：Windows 登录账号和 SQL Server 登录账号。可以使用系统存储过程 sp_grantlogin 将 Windows 账号添加到 SQL Server 2005 中，使用 sp_addlogin 创建一个 SQL Server 账号。系统存储过程 sp_denylogin 可以禁止一个 Windows 账号的登录权，sp_revokelogin 可以删除 Windows 登录账号。而删除 SQL Server 账号可以使用 sp_droplogin 命令。

System Adminstrator（SA）是 SQL Server 为了向后兼容而内建的特殊账号。SA 属于 sysadmin 角色，而且不能改变。

根据 SQL Server 的管理任务，以及这些任务相对的重要性等级把具有 SQL Server 管理职能的用户划分成不同的用户组，称为服务器角色。服务器角色适用在服务器范围内，并且其权限不能被修改。SQL Server 2005 共有 8 种预定义的服务器角色，这些角色被称为固定服务器角色。使用系统存储过程 sp_addsrvrolemember 可以将登录账号添加到当前服务器的固定服务器角色中，成为该角色的成员，从而具有该角色的权限。使用系统存储过程 sp_dropsrvrolemember 可以从当前服务器的固定服务器角色中删除登录账户，收回该账户在对应服务器角色中的权限。

一个服务器登录账号要访问一个数据库，必须在数据库内有数据库用户与其相对应，而且也只能有一个。该数据库用户拥有的权限决定了登录账号在该数据库上的操作权限。要为某数据库添加数据库用户可以使用存储过程 sp_grantdbaccess。SQL Server 的数据库级别上存在着两个特殊的数据库用户：Dbo 和 Guest。

Dbo 是数据库对象的所有者。在安装 SQL Server 时，被设置到 model 数据库中，而且不能被删除，所以 Dbo 在每个数据库中都存在，且具有数据库的最高权限。Guest 用户允许没有对应数据库用户的登录账号访问数据库，它在数据库上的默认权限最小。默认情况下，新建的数据库中没有 Guest 用户。可以在除 master 和 tempdb 外（在这两个数据库中它必须始终存在）的所有数据库中添加或删除 Guest 用户。

　　每个数据库都有一系列固定数据库角色。可以使用 sp_helpdbfixedrole 获得固定数据库角色的列表，使用 sp_dbfixedrolepermission 获得每个角色的特定权限。使用存储过程 sp_addrole 可以创建数据库角色。若要删除一个自定义的角色，可以使用 sp_droprole。

　　使用系统存储过程 sp_addrolemember 可以将一个数据库用户或自定义角色加入某个数据库角色中，成为其成员，从而具有该角色的权限。使用系统存储过程 sp_droprolemember 可以从某个数据库角色中删除成员，收回该成员在这个角色中的权限。

　　权限用来指定授权用户可以使用的数据库对象和这些授权用户可以对这些数据库对象执行的操作。数据库内的权限始终授予数据库用户、角色和 Windows 用户或组，不能授予 SQL Server 登录账号。

　　SQL Server 中包括三种类型的许可权限，即对象权限、语句权限和暗示性权限。可以使用 GRANT 语句向数据库用户或自定义角色授予某种权限；使用 REVOKE 语句收回在数据库用户或自定义角色上授予或拒绝的权限；使用 DENY 语句拒绝给某数据库用户或自定义角色授予权限并防止用户通过其组或角色成员资格继承权限。

　　上述使用 T-SQL 语句来完成的操作也可以通过 SQL Server Management Studio 来实现。

习题八

一、填空题

1．数据库的安全性是指保护数据库不被破坏、偷窃和＿＿＿＿＿＿。

2．SQL Server 2005 的身份验证模式有两类，分别是＿＿＿＿＿＿身份验证模式和＿＿＿＿＿＿身份验证模式。

3．登录 SQL Server 2005 可以使用＿＿＿＿＿＿登录账号或＿＿＿＿＿＿登录账号。

4．创建一个 SQL Server 登录账号可以使用＿＿＿＿＿＿命令，将一个登录账号加入某个固定的服务器角色使用＿＿＿＿＿＿命令。

5．创建一个数据库用户使用＿＿＿＿＿＿命令，将一个数据库用户加入数据库角色使用＿＿＿＿＿＿命令。

6．给用户或自定义的角色授予权限使用＿＿＿＿＿＿命令，拒绝权限使用＿＿＿＿＿＿命令，收回权限使用＿＿＿＿＿＿命令。

二、操作题

1．在操作系统中添加一个账号 winlogin，并使用 T-SQL 语句将其添加为 SQL Server 2005 的账号。

2．为上题中创建的服务器登录账号添加关于 BookSys 数据库的用户 SqlUser。

3．在 BookSys 数据库中创建角色 SqlRole，并将 SqlUser 添加为其成员。

4．为 SqlUser 用户授予在 BookSys 数据库中创建视图的权限，并拒绝其修改、删除、插入图书信息表中数据的权限。

第 9 章　设计数据库的完整性

【本章导读】

数据库的完整性是指数据的正确性、有效性和相容性。正确性是指数据的合法性；有效性是指数据是否属于所定义的有效范围；相容性是指描述同一实体的数据应该一致。数据库的完整性关系到数据库系统中的数据是否正确、可信和一致。本章主要介绍了使用约束、规则、默认值和 IDENTITY 列实现 SQL Server 2005 数据库完整性的方法。

【本章要点】

- 完整性的定义、类型
- 使用约束实施数据库的完整性
- 使用规则实施数据库的完整性
- 使用默认值实施数据库的完整性
- 使用 IDENTITY 列实施数据库的完整性

9.1　完整性概述

现实世界中的数据通常都有一定的条件限制，同一种类型的数据在不同的应用中往往要符合不同的要求。例如，学生的年龄必须是整数，取值范围为 14~29；学生的性别只能是男或女；学生的学号一定是唯一的；学生所在的系必须是学校开设的系等。输入数据库中的数据是否真实地反映世界，符合实际的要求，反映同一实体的数据在数据库中是否一致，在数据库的应用中是非常重要的。这是数据库的完整性研究的范畴。

数据库的完整性指数据的正确性和相容性，防止不合语义的数据进入数据库。

SQL Server 2005 中，数据库的完整性包括域完整性、实体完整性和参照完整性 3 种。

9.1.1　域完整性

域完整性是指给定列的输入有效性。域完整性主要由用户定义的完整性组成。

控制域有效性的方法有限制数据类型（通过数据类型定义）、格式（通过 CHECK 约束和规则）、可能值的范围（通过 FOREIGN KEY 约束、CHECK 约束、DEFAULT 定义、NOT NULL 定义和规则）或修改列值时必须满足的条件等。

9.1.2　实体完整性

实体完整性将行定义为特定表的唯一实体。

实体完整性强制表的标识符列或主键的完整性（通过索引、UNIQUE 约束、PRIMARY KEY 约束或 IDENTITY 属性）。

9.1.3 参照完整性

在输入或删除记录时,参照完整性保持表之间已定义的关系。在 SQL Server 2005 中,参照完整性是基于外键与主键之间或外键与唯一键之间的关系(通过 FOREIGN KEY 和 CHECK 约束)。参照完整性确保键值在所有表中的一致性。这样的一致性要求不能引用不存在的值,如果键值更改了,那么在整个数据库中,对该键值的所有引用都要进行一致的更改。

9.2 使用约束实施数据库的完整性

SQL Server 2005 中共有 5 种约束可供使用,分别是主键约束(PRIMARY KEY)、唯一键约束(UNIQUE)、默认值约束(DEFAULT)、检查约束(CHECK)和外键约束(FOREIGN KEY)。

9.2.1 PRIMARY KEY 约束

PRIMARY KEY 约束标识列或列集,使这些列或列集的值唯一标识表中的行。

在一个表中,不能有两行包含相同的主键值,不能在主键内的任何列中输入 NULL 值。在数据库中 NULL 是特殊值,代表不同于空白和 0 值的未知值。建议使用一个小的整数列作为主键。每个表都应有一个主键,且对于每个表只能创建一个 PRIMARY KEY 约束。

一个表中可以有一个以上的列组合,这些组合能唯一标识表中的行,每个组合就是一个候选键。数据库管理员可以从候选键中选择一个作为主键。下面通过一个示例来讲解主键的创建和管理。

【例 9-1】在创建表时创建列级主键。

```
CREATE TABLE Student
( sno char(10)  primary key,
sname char(20),
ssex char(10),
sage tinyint,
sbirthday smalldatetime,
depart char(10),
class char(10))
```

【例 9-2】在创建表时创建表级主键。

```
CREATE TABLE Score
( sno char(10),
  cno char(10),
  degree tinyint,
  constraint pk_sno_cno primary key(sno,cno))
```

或

```
CREATE TABLE Score
( sno char(10),
  cno char(10),
  degree tinyint,
  PRIMARY KEY(sno,cno))
```

【例 9-3】当表已经创建时,可以为表添加主键约束。

```
ALTER TABLE Score
ADD constraint  pk_sno_cno  primary key(sno,cno)
```

或

```
ALTER TABLE Score
ADD  primary key(sno,cno)
```

在为 Score 表添加主键约束前，要确保定义为主键的列集是不能为空的列，并且现有的数据没有重复值存在。如果为具有重复值或允许有空值的列添加 PRIMARY KEY 约束，则数据库引擎将返回一个错误并且不添加约束。

【例 9-4】删除表的主键。

```
ALTER TABLE Score
DROP constraint  pk_sno_cno
```

如果另一个表中的 FOREIGN KEY 约束引用了 PRIMARY KEY 约束，则必须先删除 FOREIGN KEY 约束，才能删除该主键约束。

9.2.2　UNIQUE 约束

UNIQUE 约束在列集内强制执行值的唯一性。

对于 UNIQUE 约束中的列，不允许出现相同的值，这一点与主键约束类似。与主键约束不同的是，在 UNIQUE 约束的列中允许输入空值，所有空值都是作为相同的值对待的。主键也强制执行唯一性，但主键不允许出现空值。

一个表格可以创建多个 UNIQUE 约束，它主要用于不是主键但又要求不能有重复值的字段。UNIQUE 约束优先于唯一索引。下面通过示例来讲解唯一键的创建和管理。

【例 9-5】在创建表时创建列级唯一键约束。

```
CREATE TABLE Course
( cno char(10) primary key,
  cname char(20)  unique,
  credit char(2),
  note char(40))
```

【例 9-6】在创建表时创建表级唯一键约束。

```
CREATE TABLE Course
( cno char(10) primary key,
  cname char(20) ,
  credit char(2),
  note char(40),
  constraint un_cname unique (cname))
```

或

```
CREATE TABLE Course
( cno char(10) primary key,
  cname  char(20) ,
  credit  char(2),
  note   char(40),
  unique (cname))
```

【例 9-7】当表已经创建时，可以为表添加唯一键约束。

```
ALTER TABLE Course
```

```
ADD constraint un_cname unique(cname)
```
或
```
ALTER TABLE Course
add unique(cname)
```
【例 9-8】删除唯一键约束。
```
ALTER TABLE Course
DROP constraint  un_cname
```

9.2.3　DEFAULT 约束

DEFAULT 约束指为表中的列定义默认值。当执行数据插入操作而又没有为该列提供数据时，系统将自动以定义的默认值填充该列。

定义 DEFAULT 约束需要注意以下几点：

（1）表中的每一列都可以包含一个 DEFAULT 定义，但每列只能有一个 DEFAULT 定义。

（2）DEFAULT 定义可以包含常量值、函数或 NULL。

（3）DEFAULT 定义不能引用表中的其他列，也不能引用其他表、视图或存储过程。

（4）不能对数据类型为 timestamp 的列或具有 IDENTITY 属性的列创建 DEFAULT 定义。

（5）不能对使用用户定义数据类型的列创建 DEFAULT 定义。

下面通过示例来讲解默认值约束的创建和管理。

【例 9-9】在创建表时，可以创建 DEFAULT 定义作为表定义的一部分。
```
CREATE TABLE Student
( sno char(10)  PRIMARY KEY,
  sname char(20),
  ssex char(10) DEFAULT '男',
  sage tinyint,
  sbirthday smalldatetime,
  depart char(10),
  class char(10))
```
或
```
CREATE TABLE Student
( sno char(10)  PRIMARY KEY,
  sname char(20),
  ssex char(10) constraint def1 DEFAULT '男',
  sage tinyint,
  sbirthday smalldatetime,
  depart char(10),
  class char(10))
```
【例 9-10】如果某个表已经存在，则可以为其添加 DEFAULT 定义。
```
ALTER TABLE Student
ADD constraint def_ssex DEFAULT '男' for ssex
```
或
```
ALTER TABLE Student
ADD  DEFAULT '男' for ssex
```
【例 9-11】删除 DEFAULT 定义。

```
ALTER TABLE Student
DROP constraint def_ssex
```

如果删除了 DEFAULT 定义，则当新行中的该列没有输入值时，数据库引擎将插入空值而不是默认值。但是，表中的现有数据保持不变。

若要修改 DEFAULT 定义，必须首先删除现有的 DEFAULT 定义，然后用新定义重新创建它。

9.2.4　CHECK 约束

CHECK 约束对可以放入列中的值进行限制，如限定其取值范围、数据格式等，以强制执行域的完整性。

CHECK 约束指定应用于列中输入的所有值的布尔搜索条件（取值为 True 或 False），拒绝所有取值为 False 的值，并且不能引用其他表。

下面在 Score 表上对 degree 列实施检查约束，使其取值在[0,100]范围内。

【例 9-12】在创建表时添加列级 CHECK 约束。

```
CREATE TABLE Score
( sno  char(10),
  cno  char(10),
  degree tinyint CHECK( degree between 0 and 100))
```

【例 9-13】在创建表时添加表级 CHECK 约束。

```
CREATE TABLE Score
( sno  char(10),
  cno  char(10),
  degree tinyint,
  constraint ck_degree CHECK (degree between 0 and 100))
```

或

```
CREATE TABLE Score
( sno  char(10),
  cno  char(10),
  degree tinyint,
  CHECK (degree between 0 and 100))
```

【例 9-14】当表已经创建时，可以为表添加 CHECK 约束。

```
ALTER TABLE Score
ADD constraint ck_degree CHECK (degree between 0 and 100)
```

或

```
ALTER TABLE Score
ADD CHECK (degree between 0 and 100)
```

【例 9-15】删除 CHECK 约束。

```
ALTER TABLE Score
DROP constraint ck_degree
```

注意：

（1）列级 CHECK 约束只能引用被约束的列，表级 CHECK 约束只能引用同一表中的列。

（2）不能在 text、ntext 或 image 列上定义 CHECK 约束。

（3）可以为每列指定多个 CHECK 约束。列上的多个 CHECK 约束按创建顺序进行验证。

9.2.5 FOREIGN KEY 约束

FOREIGN KEY 约束标识表之间的关系，建立两个表之间的联系。

例如，在 Score 表中有成绩记录的学生应该是在校学生，因此 Score 表中的学号列 sno 的取值范围是 Student 表中的学号列 sno 中的所有数据。这就建立了 Score 表和 Student 表之间的联系。同样的，Score 表中出现的课程号也应该是已开设的课程，因此，Score 表中的课程号列 cno 的取值范围是 Course 表中的课程列 cno 中的所有数据。这就建立了 Score 表和 Course 表之间的联系。

【例 9-16】在创建表时添加列级外键约束。
```
CREATE TABLE Score
(sno  char(10) FOREIGN KEY references Student (sno),
 cno  char(10) not null,
 degree tinyint)
```
【例 9-17】在创建表时添加表级外键约束。
```
CREATE TABLE Score
(sno  char(10),
 cno    char(10) not null,
 degree tinyint,
 constraint fk_sno FOREIGN KEY(sno) references Student(sno))
```
或
```
CREATE TABLE Score
(sno  char(10),
 cno    char(10) not null,
 degree tinyint,
 FOREIGN KEY(sno) references Student(sno))
```
【例 9-18】当表已经创建时，可以为表添加 CHECK 约束。
```
ALTER TABLE Score
ADD constraint fk_cno FOREIGN KEY(cno) references Course (cno)
```
或
```
ALTER TABLE Score
ADD FOREIGN KEY(cno) references Course (cno)
```
【例 9-19】删除外键约束。
```
ALTER TABLE Score
DROP constraint fk_sno
```
如果在 FOREIGN KEY 约束的列中输入非 NULL 值，则此值必须在被引用列中存在；否则，将返回违反外键约束的错误信息。

在 FOREIGN KEY 约束中还可以包括 ON DELETE 和 ON UPDATE 子句，指定如果已创建表中的行具有引用关系，并且被引用行已从父表中删除或更新，则对这些行应采取的操作。可以有以下 4 个选项，默认值为 NO ACTION。

1）NO ACTION：数据库引擎将引发错误，并回滚对父表中相应行的删除或更新操作。

2）CASCADE：如果从父表中删除或更新一行，则将从引用表中删除或更新相应行。

3）SET NULL：如果父表中对应的行被删除或更新，则组成外键的所有值都将设置为 NULL。若要执行此约束，外键列必须可为空值。

4）SET DEFAULT：如果父表中对应的行被删除或更新，则组成外键的所有值都将设置为默认值。若要执行此约束，所有外键列都必须有默认定义。如果某个列可为空值，并且未设置显式的默认值，则会使用 NULL 作为该列的隐式默认值。

如在例 9-17 中加入 ON DELETE 子句：

```
CREATE TABLE Score
(sno  char(10),
 cno   char(10) not null,
 degree tinyint,
 constraint fk_sno FOREIGN KEY(sno) references Student(sno) ON DELETE cascade)
```

表示在对 Student 表执行删除操作时，级联删除对应学号在 Score 表中的所有成绩。若采用 NO ACTION，则如果要删除的学号在 Score 表中仍有记录，系统返回删除因错误而失败，即不能删除该学号。

在 FOREIGN KEY 约束的使用上，还要注意以下几点：

（1）FOREIGN KEY 约束只能引用所引用的表的 PRIMARY KEY 或 UNIQUE 约束中的列或所引用的表上 UNIQUE INDEX 中的列。

（2）FOREIGN KEY 约束仅能引用位于同一服务器上的同一数据库中的表。跨数据库的引用完整性必须通过触发器实现。

（3）FOREIGN KEY 约束可引用同一表中的其他列。此行为称为自引用。

（4）列级 FOREIGN KEY 约束的 REFERENCES 子句只能列出一个引用列。此列的数据类型必须与定义约束的列的数据类型相同。

（5）表级 FOREIGN KEY 约束的 REFERENCES 子句中引用列的数目必须与约束列列表中的列数相同。每个引用列的数据类型也必须与列表中相应列的数据类型相同。

（6）对于表可包含的引用其他表的 FOREIGN KEY 约束的数目或其他表所拥有的引用特定表的 FOREIGN KEY 约束的数目，数据库引擎都没有预定义的限制。但是在设计数据库和应用程序时应考虑强制 FOREIGN KEY 约束的开销。建议表中包含的 FOREIGN KEY 约束不要超过 253 个，并且引用该表的 FOREIGN KEY 约束也不要超过 253 个。

9.3　使用规则

9.3.1　创建规则

使用 T-SQL 语句 CREATE RULE 可以创建规则，其语法格式如下：

```
CREATE RULE 规则名
AS 条件表达式
```

条件表达式是定义规则的条件，可以是 WHERE 子句中任何有效的表达式，并且可以包含诸如算术运算符、关系运算符和谓词（如 IN、LIKE、BETWEEN AND）之类的元素。规则不能引用列或其他数据库对象。可以包含不引用数据库对象的内置函数。

条件表达式包含且仅包含一个变量，变量的前面都有一个@符号。该表达式引用通过 UPDATE 或 INSERT 语句输入的值。在创建规则时，可以使用任何名称或符号表示变量，但第一个字符必须是 @ 符号。

【例 9-20】创建一个规则，用以限制插入该规则所绑定的列中的整数范围。

```
CREATE RULE age_rule
AS
@age>=20 and @age<=25
```

【例 9-21】创建一个规则，用以将输入到该规则所绑定的列中的实际值限制为只能是该规则中列出的值。

```
CREATE RULE list_rule
AS
@list in ('1389', '0736', '0877')
```

【例 9-22】创建一个遵循这种模式的规则：任意两个字符的后面跟一个连字符并以数字结尾。

```
CREATE RULE pattern_rule
AS
@value like '_ _-%[0-9]'
```

9.3.2 绑定规则

规则创建后，需要将其捆绑到列上或用户定义的数据类型上，当向捆绑了规则的列或使用捆绑了规则的用户定义数据类型的所有列插入或更新数据时，新的数据必须符合规则约束的条件。

使用系统存储过程 sp_bindrule 可以将规则捆绑到列或用户定义的数据类型上，其语法格式如下：

```
sp_bindrule [ @rulename = ] '规则名' ,
            [ @objname = ] '对象名'
            [, [ @futureonly = ] 'futureonly_flag' ]
```

对象名是要绑定规则的表中的列或者用户定义数据类型的名称。

futureonly_flag 仅当将规则绑定到用户定义的数据类型时才使用。futureonly_flag 的数据类型为 varchar(15)，默认值为 NULL。将此参数设置为 futureonly 时，它会防止用户定义数据类型的现有列继承新规则。如果 futureonly_flag 为 NULL，那么新规则将绑定到用户定义数据类型的每一列，条件是此数据类型当前无规则或者使用用户定义数据类型的现有规则。

【例 9-23】将规则绑定到列。

将例 9-20 中定义的规则 age_rule 绑定到 Student 表的 sage 列上。

```
use Study
go

exec sp_bindrule 'age_rule', 'Student.[sage]'
go
```

【例 9-24】将规则绑定到用户定义的数据类型上。

创建用户定义数据类型 ssn，并创建表来使用 ssn。

```
use Study
```

```
go

sp_addtype  'ssn ', 'char(20) '
go

CREATE TABLE temp1
(col1 ssn,
col2 char(20))
```
将例 9-22 创建的规则 pattern_rule 绑定到 ssn 上。
```
exec sp_bindrule  'pattern_rule ', 'ssn '
```
此示例中 pattern_rule 规则将对所有使用用户定义数据类型 ssn 的列有效。即 temp1 表中的 col1 列也继承了规则 pattern_rule。

【例 9-25】使用 futureonly_flag 选项。
```
exec sp_bindrule  'pattern_rule ', 'ssn ', 'futureonly '
```
此示例将 pattern_rule 规则绑定到用户定义数据类型 ssn。因为指定了 futureonly，所以不影响类型 ssn 的现有列。即 temp1 表中的 col1 列将不受规则 pattern_rule 的约束。绑定到列的规则始终优先于绑定到数据类型的规则。

9.3.3　解除规则绑定

使用 sp_unbindrule 在当前数据库中为列或用户定义数据类型解除规则绑定。其语法格式如下：
```
sp_unbindrule [@objname =] ' 对象名'
                [, [@futureonly =] 'futureonly_flag' ]
```
对象名是要解除规则绑定的表中的列或者用户定义数据类型的名称。futureonly_flag 选项仅用于解除用户定义数据类型规则的绑定。

【例 9-26】为表 Student 的 sage 列解除规则绑定。
```
exec sp_unbindrule 'STUDENT.sage'
```
【例 9-27】为用户定义数据类型 ssn 解除规则绑定。这将为使用该数据类型的现有列和将来的列解除规则绑定。
```
exec sp_unbindrule 'ssn'
```
【例 9-28】为用户定义数据类型 ssn 解除规则绑定，并使现有使用 ssn 类型的列不受影响。
```
exec sp_unbindrule 'ssn', 'futureonly'
```

9.3.4　删除规则

使用 DROP RULE 从当前数据库中删除一个或多个用户定义的规则。
语法格式如下：
```
DROP RULE 规则名 [, …n ]
```
【例 9-29】解除绑定名为 pattern_rule 的规则并将其除去。
```
use Study
go

if exists (SELECT name FROM sysobjects
```

```
                    WHERE name = 'pattern_rule and type = 'r')
    begin
        exec sp_unbindrule 'ssn'
        DROP RULE pattern_rule
    end
go
```

9.4　使用默认值

9.4.1　创建默认值

使用 ALTER 或 CREATE TABLE 语句的 DEFAULT 关键字可以为表中的某列创建默认值定义。如果执行插入数据操作而又没有指定该列的具体值时，系统会自动将 DEFAULT 定义的默认值添加到该列中。默认值定义是限制列数据的首选且是标准的方法，因为其定义和表存储在一起，当除去表时，将自动除去默认值定义。然而，当在多个列中多次使用默认值时，则可以选择创建使用默认值对象。

默认值是一个向后兼容的功能，它执行一些与默认值定义相同的功能。当将默认值绑定到列或用户定义数据类型时，如果插入时没有明确提供值，默认值便指定一个值，并将其插入到对象所绑定的列中（或者在使用用户定义数据类型的情况下，插入到多个列中）。

使用 CREATE DEFAULT 创建默认值，其语法格式如下：
```
CREATE DEFAULT 默认值名
AS 常数表达式
```
默认值名称必须符合标识符的命名规则。

常数表达式是指只包含常量值的表达式（不能包含任何列或其他数据库对象的名称）。可以使用任何常量、内置函数或数学表达式。字符和日期常量要用单引号（''）引起来；货币、整数和浮点常量不需要使用引号。二进制数据必须以 0x 开头，货币数据必须以美元符号（$）开头。默认值必须与列数据类型兼容。

【例 9-30】创建字符默认值 def_sex。
```
use Study
go

CREATE DEFAULT def_sex
AS '男'
go
```

9.4.2　绑定默认值

使用 sp_bindefault 将默认值绑定到列或用户定义的数据类型。其语法格式如下：
```
sp_bindefault [ @defname = ] '默认值名',
              [ @objname = ] '对象名'
              [ , [ @futureonly = ] 'futureonly_flag' ]
```

参数说明：

（1）默认值名是由 CREATE DEFAULT 语句创建的默认值的名称。

（2）对象名是指要绑定默认值的表和列名称或用户定义的数据类型。

（3）futureonly_flag 仅在将默认值绑定到用户定义的数据类型时才使用。

【例 9-31】将默认值绑定到列。

将默认值 def_sex 绑定到 Student 表的 ssex 列。

```
use Study
go

exec sp_bindefault 'def_sex', 'Student.[ssex]'
go
```

【例 9-32】将默认值绑定到用户定义的数据类型。

创建用户定义的数据类型 user_type_ssex：

```
exec sp_addtype 'user_type_ssex ', 'char(4) '
```

创建表 temp2 使用用户定义的数据类型 user_type_ssex：

```
CREATE TABLE temp2
(col1  user_type_ssex,
col2 char(20))
```

将默认值 def_ sex 绑定到 user_type_ssex：

```
exec sp_bindefault 'def_sex ', 'user_type_ssex '
```

此示例中 def_sex 默认值将对所有使用用户定义数据类型 user_type_ssex 的列有效。表 temp2 的列 col1 会继承 user_type_ssex 用户定义数据类型的默认值。

【例 9-33】使用 futureonly_flag。

```
exec sp_bindefault 'def_sex', 'user_type_ssex', 'futureonly'
```

若在将默认值 def_sex 绑定到 user_type_ssex 时使用 futureonly 项，则默认值 def_sex 只对将来使用 user_type_ssex 的列有效，而 temp2 的列 col1 不会受此规则约束。

9.4.3 解除绑定

使用 sp_unbindefault 在当前数据库中为列或者用户定义数据类型解除默认值绑定。其语法格式如下：

```
sp_unbindefault [@objname =] '对象名'
                  [, [@futureonly =] 'futureonly_flag']
```

参数说明：

（1）对象名是要解除默认值绑定的表中的列或者用户定义数据类型的名称。

（2）futureonly_flag 仅用于解除用户定义数据类型默认值的绑定。

【例 9-34】为表 Student 中的列 ssex 解除默认值绑定。

```
exec sp_unbindefault 'student.ssex'
```

【例 9-35】为用户定义数据类型解除默认值绑定。

解除用户定义数据类型 user_type_ssex 的默认值绑定。这将解除所有使用该数据类型的列的默认值。

```
exec sp_unbindefault ' user_type_ssex '
```

【例 9-36】为用户定义数据类型解除默认值绑定，使用 futureonly_flag 参数。

为用户定义数据类型 user_type_ssex 解除默认值绑定，使现有的 student.ssex 列不受影响。

```
exec sp_unbindefault ' user_type_ssex ', 'futureonly'
```

9.4.4　删除默认值

使用 DROP DEFAULT 从当前数据库中删除一个或多个用户定义的默认值，其语法格式如下：

```
DROP DEFAULT　默认值名 [, …n ]
```

【例 9-37】删除默认值。

删除用户创建的名为 def_sex 的默认值。

```
use Study
go

if exists (SELECT name FROM sysobjects
           WHERE name = 'def_sex ' AND type = 'd')
  DROP DEFAULT def_sex
go
```

如果默认值没有绑定到列或用户定义的数据类型，可以很容易地使用 DROP DEFAULT 将其除去。当有对象在使用默认值时，要先解除绑定，然后再删除默认值。

【例 9-38】除去绑定到列的默认值。

此例先解除 Student 表中 ssex 列上的默认值绑定，再将默认值 def_sex 删除。

```
use Study
go

if exists (SELECT name FROM sysobjects
           WHERE name = 'def_sex' and type = 'd')
    begin
      exec sp_unbindefault 'Student.ssex'
      DROP DEFAULt def_sex
    end
go
```

9.5　使用 IDENTITY 列

9.5.1　建立 IDENTITY 列

可以在带有 INTO table 子句的 SELECT 语句中使用，以将标识列插入到新表中，其语法格式如下：

```
IDENTITY (数据类型 [, 指派给表中第一行的值, 增量 ] ) AS 列名
```

【例 9-39】将来自 Study 数据库中 Stduent 表的所有行都插入到名为 temp3 的新表中。使用 IDENTITY 函数在 temp3 表中从 100 而不是 1 开始编标识号。

```
use Study
```

```
go

if exists(SELECT table_name FROM information_schema.tables
          WHERE table_name = 'temp3')
    DROP TABLE temp3
go

exec sp_dboption 'Study', ' into/bulkcopy ', 'true'
go

SELECT IDENTITY(smallint, 100, 1) AS id, sno, sname ,sage ,ssex, sbirthday,
depart, class
INTO temp3
FROM Student
go

use Study
exec sp_dboption 'Study', 'select into/bulkcopy', 'false'
go
```

9.5.2　使用 IDENTITY 列

在表中创建一个标识列。该属性与 CREATE TABLE 及 ALTER TABLE 语句一起使用。一个表只能有一个 IDENTITY 列。语法格式如下：

```
IDENTITY [(表中的第一行所使用的值，增量值)]
```

必须同时指定表中的第一行所使用的值和增量，或者二者都不指定。如果二者都未指定，则取默认值(1, 1)。

【例 9-40】将 IDENTITY 属性与 CREATE TABLE 一起使用。

本例创建一个新表，该表将 IDENTITY 属性用于获得自动增加的标识号。

```
use Study
go

CREATE TABLE teacher
( id_num int IDENTITY(1,1),
tname varchar (20),
tage tinyint,
tsex char(4))
go
INSERT new_employees (tname, tage, tsex)
VALUES  ('王芳',34, 'f ')
go
```

在插入数据时，不需要输入 IDENTITY 标识列的值，其值由系统来维护。

如果在经常进行删除操作的表中存在着标识列，那么在标识值之间可能会有间隔。如果这是要考虑的问题，那么请不要使用 IDENTITY 属性。但是，为了确保未产生间隔，或者填补现有的间隔，在用 SET IDENTITY_INSERT ON 显式输入标识值之前，请先对现有的标识值进行计算。

【例 9-41】使用一般语法查找标识值中的差距。

下面的示例显示一般的语法，当删除数据时，可以使用该语法查找标识值中的差距。其中的 T-SQL 脚本中的第一部分只用作示范说明。可以运行以下面的注释开始的 T-SQL 脚本：

```
- - create the img table.
-- here is the generic syntax for finding identity value gaps in data.
-- this is the beginning of the illustrative example.
set identity_insert tablename on
declare @minidentval column_type
declare @nextidentval column_type
select @minidentval = min(identitycol) from tablename
if @minidentval = ident_seed('tablename')
   SELECT @nextidentval = min(identitycol) + ident_incr('tablename')
   FROM tablename t1
   WHERE identitycol BETWEEN ident_seed('tablename') AND
     max(column_type) and
     not exists (SELECT * FROM tablename t2
       WHERE t2.identitycol = t1.identitycol +
          ident_incr('tablename'))
else
 SELECT @nextidentval = ident_seed('tablename')
SET identity_insert tablename OFF
-- here is an example to find gaps in the actual data.
-- the table is called img and has two columns: the first column
-- called id_num, which is an increasing identification number, and the
-- second column called company_name.
-- this is the end of the illustration example.
-- create the img table.
-- if the img table already exists, drop it.
-- create the img table.
if exists(SELECT table_name FROM information_schema.tables
 WHERE table_name = 'img')
 DROP TABLE img
go
CREATE TABLE img (id_num int identity(1,1), company_name sysname)
INSERT img(company_name) VALUES ('new moon books')
INSERT img(company_name) VALUES ('lucerne publishing')
-- set identity_insert on and use in img table.
SET identity_insert img ON
declare @minidentval smallint
declare @nextidentval smallint
SELECT @minidentval = min(identitycol) FROM img
 if @minidentval = ident_seed('img')
    SELECT @nextidentval = min(identitycol) + ident_incr('img')
    FROM img t1
    WHERE identitycol BETWEEN ident_seed('img') AND 32766 and
```

```
        not    exists (SELECT * FROM img t2
            WHERE t2.identitycol = t1.identitycol + ident_incr('img'))
    else
        select @nextidentval = ident_seed('img')
set identity_insert img off
```

本章小结

　　数据库的完整性指数据的正确性和相容性，防止不合语义的数据进入数据库。SQL Server 2005 中，数据库的完整性包括域完整性、实体完整性和参照完整性三种，可以通过约束、规则、默认值和 IDENTITY 列等来维护数据库的完整性。

　　SQL Server 2005 中共有五种约束可供使用：主键约束（PRIMARY KEY）、唯一键约束（UNIQUE）、默认值约束（DEFAULT）、检查约束（CHECK）和外键约束（FOREIGN KEY）。

　　PRIMARY KEY 约束标识列或列集，使这些列或列集的值唯一标识表中的行。UNIQUE 约束在列集内强制执行值的唯一性。DEFAULT 约束指为表中的列定义默认值。当执行数据插入操作而又没有为该列提供数据时，系统将自动以定义的默认值填充该列。CHECK 约束对可以放入列中的值进行限制，例如限定其取值范围、数据格式等，以强制执行域的完整性。FOREIGN KEY 约束标识表之间的关系，建立两个表之间的联系。

　　使用 T-SQL 语句 CREATE RULE 可以创建规则。规则创建后，需要将其捆绑到列或用户定义的数据类型上，当向捆绑了规则的列或使用捆绑了规则的用户定义数据类型的所有列插入或更新数据时，新的数据必须符合规则约束的条件。使用 sp_bindrule 在当前数据库中为列或用户定义数据类型绑定规则，使用 sp_unbindrule 解除规则绑定。要从当前数据库中删除一个或多个用户定义的规则可以使用 DROP RULE 命令。

　　使用 CREATE DEFAULT 可以创建默认值对象。默认值对象创建后，需要将其捆绑到列或用户定义的数据类型上，当向捆绑了默认值的列或使用捆绑了默认值的用户定义数据类型的所有列执行插入数据操作而又没有指定该列的具体值时，系统会自动将 DEFAULT 定义的默认值添加到该列中。使用 sp_bindefault 将默认值绑定到列或用户定义的数据类型，使用 sp_unbindefault 解除默认值绑定。使用 DROP DEFAULT 可以从当前数据库中删除一个或多个用户定义的默认值。

　　使用 IDENTITY 可以在表中创建一个标识列，在创建时需要指定装载到表中的第一行使用的值和与前一个加载的行的标识值相加的增量值，在插入数据时，由系统来维护此列的值。可以在带有 INTO table 子句的 SELECT 语句中使用，以将标识列插入到新表中，也可以在表中创建一个标识列。

习题九

一、填空题

1. SQL Server 2005 支持的 5 种约束，分别为_____、_____、_____、

_____、_____。

2．可以使用_____、_____、_____、_____来创建、绑定、解除绑定和删除规则。

3．可以使用_____、_____、_____、_____来创建、绑定、解除绑定和删除默认值。

4．可以使用_____和_____方法来维护数据库的实体完整性。

二、操作题

1．为 BookSys 数据库中的读者信息表添加约束，使读者级别的取值为 1、2、3、4 四个数值。

2．为 BookSys 数据库中的借阅信息表添加外键约束，建立其与图书信息表的联系。

3．创建规则，限定一个长度为 8，并以"B"或"R"开头，其余都是数字的字符模式 num_rule。

4．将规则 num_rule 绑定到用户定义数据类型编号上。

5．创建默认值 def_date 为当前系统时间。

6．将默认值 def_date 绑定到借阅信息表的借阅日期列上。

第 10 章　备份与还原

【本章导读】

Microsoft SQL Server 2005 提供了高性能的备份和还原功能。SQL Server 备份和还原组件提供了重要的保护手段，以保护存储在 SQL Server 数据库中的关键数据。实施计划妥善的备份和还原策略可保护数据库，避免由于各种故障造成的数据损坏或丢失。

【本章要点】

- 备份和还原的相关概念
- 备份数据库
- 还原数据库

10.1　备份概述

10.1.1　备份的概念及恢复模式

备份和还原组件是 SQL Server 2005 的重要组成部分。

备份就是制作数据库结构、对象和数据的拷贝，以便在数据库遭到破坏时能够修复数据库。备份是数据的副本，用于在系统发生故障后还原和恢复数据。通过适当的备份，可以从多种故障中恢复数据库，这些故障包括以下几种：

1）媒体故障。

2）用户错误（如误删除了某个表）。

3）硬件故障（如磁盘驱动器损坏或服务器报废）。

4）自然灾难。

备份和还原操作是在某种"恢复模式"下进行的。恢复模式是一个数据库属性，它用于控制数据库备份和还原操作的基本行为。例如，恢复模式控制了将事务记录在日志中的方式、事务日志是否需要备份以及可用的还原操作。新的数据库通常继承 model 数据库的恢复模式。

SQL Server 2005 提供了 3 种恢复模式：简单模式、完整模式和大容量日志模式。

1. 简单恢复模式

此模式简略地记录大多数事务，所记录的信息只是为了确保在系统崩溃或还原数据备份之后数据库的一致性。

在下列情况下，可以使用简单恢复模式：

（1）丢失日志中的一些数据无关紧要。

（2）无论何时还原主文件组，都希望始终还原读写辅助文件组（如果有）。

（3）是否备份事务日志并不重要，只需要完整差异备份。

（4）不在乎无法恢复到故障点以及丢失从上次备份到发生故障时之间的任何更新。

2．完整恢复模式

此模式完整地记录了所有的事务，并保留所有的事务日志记录，直到对它们进行了备份为止。在 SQL Server 企业版中，完整恢复模式能使数据库恢复到故障时间点（假定在故障发生之后备份了日志尾部）。

如果符合下列任何要求，则可以使用完整恢复模式：

（1）必须能够恢复所有数据。

（2）数据库包含多个文件组，并且希望逐段还原读写辅助文件组（以及只读文件组）。

（3）必须能够恢复到故障点。

（4）希望能够还原单个页。

3．大容量日志恢复模式

此模式简略地记录大多数大容量操作（如索引创建和大容量加载），完整地记录其他事务。大容量日志恢复模式提高大容量操作的性能，常用作完整恢复模式的补充。

在 SQL Server 2005 中，可以使用 SQL Server Management Studio 来查看和修改数据库的恢复模式。打开 SQL Server Management Studio，在"对象资源管理器"中展开"数据库"，右击要查看的数据库，如 Study，在出现的快捷菜单中选择"属性"命令，打开"数据库属性"对话框。选择"选项"选项，如图 10-1 所示。

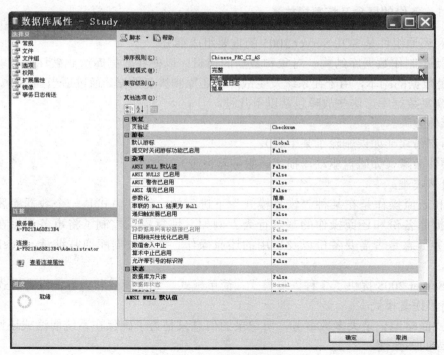

图 10-1　查看数据库恢复模式

在"恢复"模式的下拉列表中，选择要使用的恢复模式。单击"确定"按钮即可完成恢复模式的设置。

10.1.2　备份类型

SQL Server 2005 支持的备份类型包括以下几种：

（1）完整备份和完整差异备份。完整备份和完整差异备份易于使用并且适用于所有数据库，与恢复模式无关。完整备份包含数据库中的所有数据，并且可以用作完整差异备份所基于的"基准备份"。完整差异备份仅记录自前一完整备份后发生更改的数据扩展盘区数。因此，与完整备份相比，完整差异备份较小且速度较快，便于进行较频繁的备份，同时降低了丢失数据的风险。

（2）部分备份和部分差异备份。部分备份和部分差异备份是 Microsoft SQL Server 2005 的新增功能，它们易于使用，并且其设计在简单恢复模式下备份时具有更大的灵活性。但是，所有恢复模式都支持这两种备份方式。

部分备份与完整备份相似，但部分备份并不包含所有文件组。部分备份包含主文件组、每个读写文件组以及任何指定的只读文件中的所有数据。只读数据库的部分备份仅包含主文件组。

部分差异备份仅与部分备份一起使用。部分差异备份仅包含在备份时主文件组和读写文件组中更改的那些区。如果部分备份捕获的数据只有一部分已更改，则使用部分差异备份可以使数据库管理员更快地创建更小的备份。

（3）文件、文件组完整备份和文件差异备份。此类型仅适用于包含多个文件组的数据库。

完整文件备份将备份一个或多个完整的文件。完整的文件备份相当于完整备份。

文件差异备份的前提是已经进行完整文件备份。文件差异备份只捕获自上一次文件备份以来更改的数据。在 Microsoft SQL Server 2005 中，由于数据库引擎可以跟踪自上一次备份文件以来进行的更改，而不需要扫描文件，因此文件差异备份非常快。

在简单恢复模式下，使用文件差异备份创建当前文件备份既快速又节省空间。在完整恢复模式下，通过减少事务日志必须还原的量，差异备份的恢复时间会显著减少。

（4）事务日志备份。使用事务日志备份，可以将数据库恢复到故障点或特定的时间点。在完整恢复模式和大容量日志恢复模式下，执行常规事务日志备份对于恢复数据库至关重要。一般情况下，事务日志备份比完整备份使用的资源少。因此，可以比完整备份更频繁地创建事务日志备份，减少数据丢失的风险。

10.1.3　备份设备

备份或还原操作中使用的磁带机或磁盘驱动器称为"备份设备"。在创建备份时，必须选择要将数据写入的备份设备。Microsoft SQL Server 2005 可以将数据库、事务日志和文件备份到磁盘和磁带设备上。

1. 磁盘设备

磁盘备份设备是硬盘或其他磁盘存储媒体上的文件，与常规操作系统文件一样。引用磁盘备份设备与引用任何其他操作系统文件一样，可以在服务器的本地磁盘上或共享网络资源的远程磁盘上定义磁盘备份设备。磁盘备份设备根据需要而定，最大文件大小可以相当于磁盘上可用磁盘空间。

备份到与数据库同在一个物理磁盘上的文件中会有一定的风险。如果包含数据库的磁盘设备发生故障，由于备份位于发生故障的同一磁盘上，因此将无法恢复数据库。

2．磁带设备

磁带备份设备的用法与磁盘设备基本相同，但是磁带设备必须物理连接到运行 SQL Server 实例的计算机上，不支持备份到远程磁带设备上。如果磁带备份设备在备份操作过程中已满，但还需要写入一些数据，SQL Server 将提示更换新磁带并继续备份操作。

若要将 SQL Server 数据备份到磁带，应使用磁带备份设备或 Microsoft Windows 平台支持的磁带驱动器。另外，对于特殊的磁带驱动器，仅使用驱动器制造商推荐的磁带。

3．物理设备名称和逻辑设备名称

SQL Server 使用物理设备名称和逻辑设备名称来标识备份设备。

物理设备名称是操作系统用来标识备份设备的名称，如 C:\Backups\Accounting\Full.bak 就是一个物理备份设备名称，它标识了备份设备的物理存储路径和文件名。

逻辑设备名称是用来标识物理备份设备的别名或公用名称。逻辑设备名称永久地存储在 SQL Server 内的系统表中。使用逻辑设备名称的优点是引用它比引用物理设备名称简单。

例如，物理设备名称是 C:\Backups\Accounting\Full.bak，为简化对其的引用，可以为它对应一个逻辑设备名称 Accounting_Backup。要使用备份设备 C:\Backups\Accounting\Full.bak 时，直接用其逻辑名称 Accounting_Backup 代替即可，两者之间的对应关系由系统来维护。

备份或还原数据库时，可以交替使用物理或逻辑设备名称。

10.2 备份数据库

10.2.1 创建磁盘备份设备

创建磁盘备份设备可以将一个备份设备添加到 sys.backup_devices 目录视图中，然后便可以在 BACKUP 和 RESTORE 语句中逻辑引用该设备。创建一个逻辑备份设备可简化 BACKUP 和 RESTORE 语句，在这种情况下指定设备名称将代替使用"TAPE ="或"DISK ="子句指定设备路径。

1．使用 SQL Server Management Studio 创建磁盘备份设备

使用 SQL Server Management Studio 创建磁盘备份设备的步骤如下：

（1）连接到相应的 Microsoft SQL Server Database Engine 实例之后，在"对象资源管理器"中，单击服务器名称以展开服务器树。

（2）展开"服务器对象"，然后右击"备份设备"。

（3）在弹出的快捷菜单中选择"新建备份设备"命令，将打开"备份设备"对话框，如图 10-2 所示。

在"设备名称"文本框中输入该备份设备的逻辑名称。若要确定目标位置，可单击"文件"单选按钮并指定该文件的完整路径，即选择备份设备对应的本地计算机上的物理文件。默认路径是 C:\Program Files\Microsoft SQL Server\MSSQL.1\MSSQL\Backup。

（4）最后单击"确定"按钮，即可完成备份设备的创建。

在本例中创建了备份设备 Study_back，其对应的物理设备名称是 C:\Program Files\Microsoft SQL Server\MSSQL.1\MSSQL\Backup\Study_back.bak。

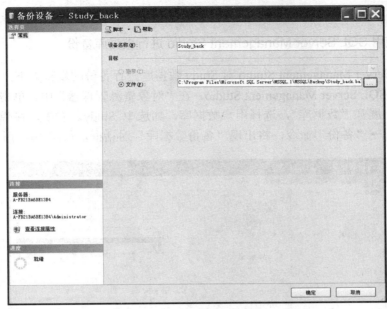

图 10-2　创建备份设备

2. 使用 T-SQL 语句创建磁盘备份设备

使用系统存储过程 **sp_addumpdevice** 完成数据库备份设备的创建，其语法格式如下：

```
sp_addumpdevice [ @devtype = ] 'device_type'
              , [ @logicalname = ] 'logical_name'
              , [ @physicalname = ] 'physical_name'
              [ , { [ @cntrltype = ] controller_type |
              [ @devstatus = ] 'device_status' }      ]
```

说明：

（1）device_type：备份设备的类型。device_type 的数据类型为 varchar(20)，无默认值，可以是下列值之一：

● Disk：硬盘文件作为备份设备。

● Tape：Microsoft Windows 支持的任何磁带设备。

（2）logical_name：在 BACKUP 和 RESTORE 语句中使用的备份设备的逻辑名称，无默认值，且不能为 NULL。用户在创建备份设备时必须指定该值。

（3）physical_name：备份设备的物理名称。物理名称必须遵从操作系统文件名规则或网络设备的通用命名约定，并且必须包含完整路径。physical_name 无默认值，其数据类型为 nvarchar(260)，且不能为 NULL。用户在创建备份设备时必须指定该值。

（4）controller_type 和 device_status：已过时。如果指定该选项，则忽略此参数。支持它完全是为了向后兼容。在 SQL Server 2005 中使用 sp_addumpdevice 时用应省略这两个参数。

sp_addumpdevice 不执行对物理设备的任何访问。只有在执行 BACKUP 或 RESTORE 语句后才会访问指定的设备。另外，不能在事务内执行 sp_addumpdevice。

【例 10-1】添加了一个名为 mydiskdump 的磁盘备份设备，其物理名称为 c:\dump\dump1.bak。

```
exec sp_addumpdevice 'disk', 'mydiskdump', 'c:\dump\dump1.bak';
```

10.2.2　使用 SQL Server Management Studio 进行数据库备份

通过 SQL Server Management Studio 对 Study 数据库进行备份的步骤如下：

（1）打开 SQL Server Management Studio，在"对象资源管理器"中，单击服务器名称以展开服务器树。展开"数据库"，选择用户数据库，如选中 Study。右击，在弹出的快捷菜单中选择"任务"→"备份"命令，将出现"备份数据库"对话框，如图 10-3 所示。

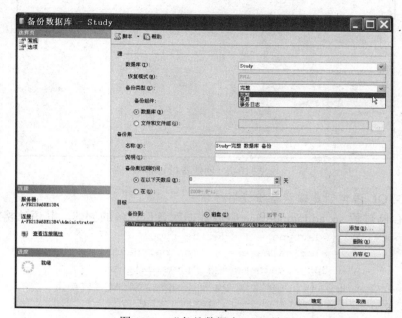

图 10-3　"备份数据库"对话框

（2）在"备份数据库"对话框中根据需要进行相应设置。在"数据库"下拉列表框中，验证数据库名称，也可以从列表中选择其他数据库。

（3）在"备份类型"下拉列表框中，有 3 个选项可供选择：

1）选择"完整"，可以进行完整数据库备份。

2）选择"差异"，可以进行差异数据库备份，需要注意的是只有在创建完整数据库备份之后，才可以创建差异数据库备份。可以对任意恢复模式执行完整数据库备份和差异数据库备份。

3）选择"事务日志"，可以备份事务日志，这时需要验证恢复模式是完整恢复模式还是大容量日志恢复模式。

在此选择"完整"选项。

（4）对于"备份组件"，有两个选项可供选择。

1）选择"数据库"单选按钮，可以进行完整数据库备份、差异数据库备份和事务日志备份。

2）选择"文件或文件组"单选按钮，则可以进行数据库文件或文件组备份，并出现如图 10-4 所示的"选择文件和文件组"对话框，从中选择要备份的文件或文件组。可以选择一个或多个单独文件,也可以选中文件组的复选框来自动选择该文件组中的所有文件。若选择此项,则在备份类型中只能选择"完全"或"差异"。

图 10-4　"选择文件和文件组"对话框

在此选择"数据库"单选按钮,来实现数据库的完整备份。

（5）在"备份集"区域设置中,可以接受"名称"文本框中建议的默认备份集名称,也可以为备份集输入其他名称。在"说明"文本框中,可以输入备份集的说明。指定备份集何时过期以及何时可以覆盖备份集而不用显式跳过过期数据验证:若要使备份集在特定天数后过期,选择"在以下天数后"单选按钮（默认选项）,并输入备份集从创建到过期所需的天数。此值范围为 0～99999 天;0 天表示备份集将永不过期。若要使备份集在特定日期过期,选择"在"单选按钮,并输入备份集的过期日期。

（6）在"目标"区域,可以通过选择"磁盘"或"磁带"单选按钮,选择备份目标的类型。若要添加新的备份目标,单击"添加"按钮,将出现"选择备份目标"对话框,如图 10-5 所示。

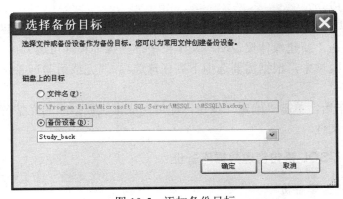

图 10-5　添加备份目标

    若要添加已经创建的备份设备，选择"备份设备（B）："单选按钮，在其下的下拉列表框中选择现有的备份设备。选择的路径将显示在"备份数据库"对话框的"备份到"列表框中。

    （7）在"目标"区域，若要删除备份目标，请选择该备份目标并单击"删除"按钮。若要查看备份目标的内容，可选择该备份目标并单击"内容"按钮。

    （8）若要查看或选择高级选项，可在"选择页"窗格中单击"选项"，如图 10-6 所示。

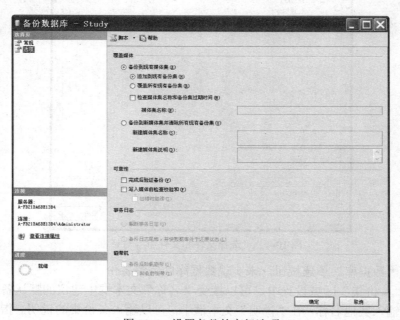

图 10-6 设置备份的高级选项

    通过单击下列选项之一来选择"覆盖媒体"选项：

    1）备份到现有媒体集：对于此选项，请选择"追加到现有备份集"或"覆盖所有现有备份集"单选按钮。或者选中"检查媒体集名称和备份集过期时间"复选框，并在"媒体集名称"文本框中输入名称（可选）。如果没有指定名称，将使用空白名称创建媒体集。如果指定了媒体集名称，将检查媒体（磁带或磁盘），以确定实际名称是否与此处输入的名称匹配。

    如果将媒体名称保留空白，并选中该框以便与媒体进行核对，则只有当媒体上的媒体名称也是空白时才能成功。

    2）备份到新媒体集并清除所有现有备份集：对于此选项，请在"新建媒体集名称"文本框中输入名称，并在"新建媒体集说明"文本框中描述媒体集（可选）。

    在"可靠性"区域中，根据需要选中下列任意选项："完成后验证备份"和"写入媒体前检查校验和"。

    （9）设置完毕后，单击"确定"按钮，即可完成本次数据库的完整备份。可以在备份的文件位置找到备份文件。

10.2.3 使用 T-SQL 语句创建数据库备份

1．创建完整数据库备份

执行 BACKUP DATABASE 语句可以创建完整数据库备份。其基本语法格式如下：

```
BACKUP DATABASE database_name
TO backup_device [ ,...n ]
[ WITH with_options [ ,...o ] ] ;
```
在 WITH 语句中可以指定 3 个选项：

（1）INIT 子句，通过它可以改写备份媒体，并在备份媒体上将该备份作为第一个文件写入。如果没有现有的媒体标头，将自动编写一个。

（2）SKIP 和 INIT 子句，用于重写备份媒体，即使备份媒体中的备份未过期，或媒体本身的名称与备份媒体中的名称不匹配也重写。

（3）FORMAT 子句，通过它可以在第一次使用媒体时对备份媒体进行初始化，并覆盖任何现有的媒体标头。如果已经指定了 FORMAT 子句，则不需要指定 INIT 子句。

创建完整备份时需要同时指定要备份的数据库的名称和写入完整备份的备份设备。

【例 10-2】把整个 Study 数据库备份到磁盘上，并使用 FORMAT 创建一个新的媒体集。
```
use Study
go

--可以用 name 选项指定备份集的名称：
BACKUP DATABASE Study TO disk = 'C:\MSSQL\BACKUP\Study.Bak'
WITH format,
name = 'Full Backup of Study'

--也可以创建一个逻辑备份设备对应该备份文件：
use Study
go

exec sp_addumpdevice 'disk', 'Study_Backup', 'C:\MSSQL\BACKUP\Study.Bak'

--如果已经有备份设备，如上节中创建的 mydiskdump，则可以在备份时使用其逻辑名称直接指--定：
use Study
go

BACKUP DATABASE Study TO mydiskdump
WITH format,
name = 'Full Backup of Study'
```

2. 创建差异数据库备份

创建差异数据库备份前，必须已经完整备份了数据库。执行 BACKUP DATABASE 语句创建差异数据库备份，需要同时指定：要备份的数据库的名称、写入完整数据库备份的备份设备和 DIFFERENTIAL 子句。DIFFERENTIAL 子句用于指定仅备份自上次创建完整数据库备份之后已更改的数据库部分。

【例 10-3】为 Study 数据库创建完整数据库备份和差异数据库备份。
```
-- 首先创建一个完整数据库备份，使用上面创建的备份设备 mydiskdump
use Study
go
```

```
BACKUP DATABASE Study
TO mydiskdump
WITH init
go
```

```
-- 对数据库做若干数据操作后，即数据库中有数据的变化后创建差异数据库备份，并将它添加
-- 到完整数据库备份所在的备份设备上
BACKUP DATABASE Study
TO mydiskdump
WITH differential
go
```

3. 创建文件和文件组备份

当数据库大小和性能要求使完整数据库备份显得不切实际，则可以创建文件备份。"文件备份"包含一个或多个文件（或文件组）中的所有数据。

用于文件备份的基本 T-SQL 语法如下：

```
BACKUP DATABASE database_name
{ FILE = logical_file_name | FILEGROUP = logical_filegroup_name } [ ,...f ]
TO backup_device [ ,...n ]
[ WITH with_options [ ,...o ] ] ;
```

其中，FILE = logical_file_name 指定要包含在文件备份中的文件的逻辑名称；FILEGROUP = logical_filegroup_name 指定要包含在文件备份中的文件组的逻辑名称。在简单恢复模式下，只允许对只读文件组执行文件组备份。

【例 10-4】为第 5 章例 5-2 中创建的 KEJI_DB 数据库的两个文件 KEJI_DB_Data1 和 KEJI_DB_Data2 创建文件备份。

```
use KEJI_DB
go

BACKUP DATABASE KEJI_DB
file= 'KEJI_DB_Data1',
file= 'KEJI_DB _Data2'
TO disk='G:\SQL Server Backups\ KEJI \ KEJI_FILE.bak'
go
```

【例 10-5】为 KEJI_DB 数据库的辅助文件组 Fgroup 中的文件创建完整文件备份。

```
use KEJI_DB
go

BACKUP DATABASE KEJI_DB
filegroup='Fgroup'
TO disk='G:\SQL Server Backups\KEJI\KEJI_FILEGROUP.bak'
go
```

【例 10-6】为 KEJI_DB 数据库的辅助文件组 Fgroup 中的文件创建差异文件备份。

```
use KEJI_DB
go
```

```
BACKUP DATABASE KEJI_DB
filegroup='Fgroup'
TO disk='G:\SQL Server Backups\KEJI\KEJI_FILEGROUP.bak'
WITH differential
go
```

4. 事务日志备份

执行 **BACKUP LOG** 语句可以备份事务日志，在此语句中需要指定要备份的事务日志所属的数据库的名称和写入事务日志备份的备份设备。同时，还可以指定 INIT 子句、SKIP 和 INIT 子句、FORMAT 子句。其说明同完整数据库备份。

【例 10-7】在以前创建的已命名备份设备 Study_back 上创建 Study 数据库的事务日志备份。

```
use Study
go
BACKUP LOG Study
TO Study_back
go
```

10.3　还原数据库

10.3.1　数据库还原

还原是指从备份复制数据并将记录的事务应用于该数据以使其前滚到目标恢复点的过程。恢复是指使数据库处于一致且可用的状态并使其在线的一组完整的操作。

可以在下列级别之一还原数据：数据库和数据文件。每个级别的影响如下：

（1）数据库级别。还原和恢复整个数据库，并且数据库在还原和恢复操作期间处于离线状态。

（2）数据文件级别。还原和恢复一个数据文件或一组文件。在文件还原过程中，包含相应文件的文件组在还原过程中自动变为离线状态。访问离线文件组的任何尝试都会导致错误。

简单恢复模式支持的基本还原方案如表 8-1 所示。

表 8-1　简单恢复模式支持的还原方案

方案	说明
数据库完整还原	这是基本的还原策略。数据库完整还原可能涉及简单还原和恢复完整备份。另外，也可能涉及还原完整备份并接着还原和恢复差异备份
文件还原	还原损坏的只读文件，但不还原整个数据库。仅在数据库至少有一个只读文件组时才可以进行文件还原
段落还原	按文件组级别并从主文件组和所有读写辅助文件组开始，分阶段还原和恢复数据库
仅恢复	适用于从备份复制的数据已经与数据库一致，而只需使其可用的情况

完整恢复模式和大容量日志恢复模式支持的基本还原方案如表 8-2 所示。

表 8-2 完整恢复模式和大容量日志恢复模式支持的还原方案

方案	说明
数据库完整还原	这是基本的还原策略。数据库完整还原涉及还原完整备份和（可选）差异备份，然后按顺序还原所有后续日志备份。通过恢复并还原上一次日志备份完成数据库完整还原
文件还原	还原一个或多个文件，而不还原整个数据库。可以在数据库处于离线状态或数据库保持在线状态（对于某些版本）时执行文件还原。在文件还原过程中，包含正在还原的文件的文件组一直处于离线状态。必须具有完整的日志备份链（包含当前日志文件），并且必须应用所有这些日志备份以使文件与当前日志文件保持一致
页面还原	还原损坏的页面。可以在数据库处于离线状态或数据库保持在线状态（对于某些版本）时执行页面还原。在页面还原过程中，包含正在还原的页面的文件一直处于离线状态。必须具有完整的日志备份链（包含当前日志文件），并且必须应用所有这些日志备份以使页面与当前日志文件保持一致
段落还原	按文件组级别并从主文件组开始，分阶段还原和恢复数据库

10.3.2 利用 SQL Server Management Studio 还原数据库

利用 SQL Server Management Studio 还原数据库，具体步骤如下：

（1）打开 SQL Server Management Studio，在"对象资源管理器"中，单击服务器名称以展开服务器树。展开"数据库"，选择要还原的用户数据库，如选中 Study 数据库。右击，在弹出的快捷菜单中选择"任务"→"还原"→"数据库"命令，打开"还原数据库"对话框，如图 10-7 所示。

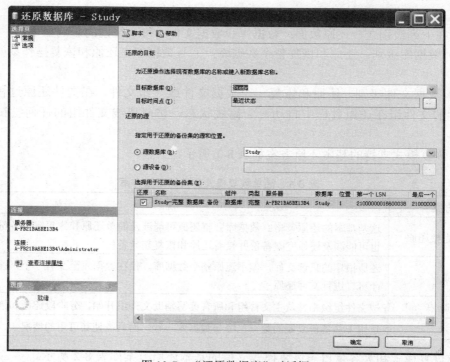

图 10-7 "还原数据库"对话框

（2）在"常规"选择页上，还原数据库的名称将显示在"目标数据库"下拉列表框中。若要创建新数据库，可在列表框中输入新数据库名。

（3）在"目标时间点"文本框中可以保留默认值（"最近状态"），也可以单击浏览按钮打开"时点还原"对话框，以选择具体的日期和时间。

（4）若指定要还原的备份集的源和位置，可单击以下选项之一：

1）源数据库：在下拉列表框中输入数据库名称。此选项可以完成两个数据库之间的复制。

2）源设备：单击浏览按钮，打开"指定备份"对话框，如图 10-8 所示。在"备份媒体"下拉列表框中，从列出的设备类型选择一种。若要为"备份位置"列表框选择一个或多个设备，请单击"添加"按钮。将所需设备添加到"备份位置"列表框后，单击"确定"按钮返回到"常规"选择页。

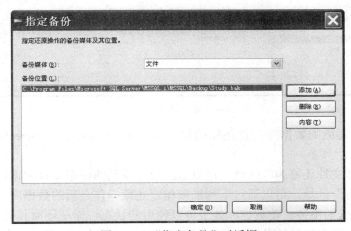

图 10-8　"指定备份"对话框

（5）在"选择用于还原的备份集"区域中，选择用于还原的备份。此列表将显示对于指定位置可用的备份。默认情况下，系统会推荐一个恢复计划。若要覆盖建议的恢复计划，可以更改列表中的选择。当取消选择某个早期备份时，将自动取消选择那些需要还原该早期备份才能进行的备份。

通过选择不同的备份集，可以设定还原完整数据库备份或差异数据库备份。但是选择还原差异数据库备份前，必须已经还原了完整数据库备份。

（6）若要查看或选择高级选项，可单击"选择页"窗格中的"选项"，如图 10-9 所示。

对于"还原选项"区域，有下列几个选项：

1）覆盖现有数据库：指定还原操作应覆盖所有现有数据库及其相关文件，即使已存在同名的其他数据库或文件。

2）保留复制设置：将已发布的数据库还原到创建该数据库的服务器之外的服务器时，保留复制设置。此选项只能与"回滚未提交的事务，使数据库处于可以使用的状态。无法还原其他事务日志"选项一起使用。

3）还原每个备份之前进行提示：还原初始备份之后，此选项会在还原每个附加备份集之前打开"继续还原"对话框，该对话框将要求指示是否要继续进行还原。该对话框将显示下一个媒体集（如果有）的名称、备份集名称及备份集说明。

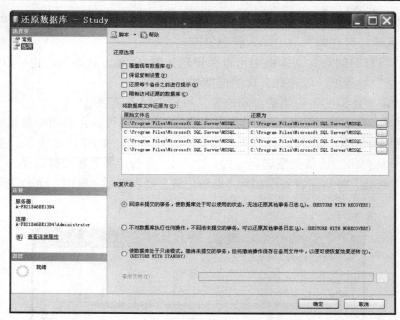

图 10-9   设置还原的高级选项

4）限制访问还原的数据库：使还原的数据库仅供 db_owner、dbcreator 或 sysadmin 的成员使用。

在"将数据库文件还原为"区域，可以更改要还原到的任意文件的路径及名称。

在"恢复状态"区域，可以通过下列选项指定还原操作之后的数据库状态：

1）回滚未提交的事务，使数据库处于可以使用的状态，无法还原其他事务日志。完成整个还原过程并应用所有选择的备份，自动恢复尚未完成的事务。当还原过程完成后，数据库处于可用的状态且能用它做常规操作。

2）不对数据库执行任何操作，不回滚未提交的事务。可以还原其他事务日志。当还原完成时，数据库无法使用，也不恢复未完成的事务，但可继续还原事务日志备份或差异备份。

3）使数据库处于只读模式。撤消未提交的事务，但将撤消操作保存在备用文件中，以便可使恢复效果逆转。数据库处于只读模式，能检查数据和测试数据库，并可以应用额外的事务日志。对于最后的事务日志，可以设置数据库的模式为"使数据库处于可操作状态"。

（7）设置完毕，单击"确定"按钮，即可开始还原操作。在还原操作完成后，打开 Study 数据库，可以看到对其中的数据已经进行了还原。

要还原数据库的文件或文件组，或是进行事务日志的还原操作，可选中要操作的数据库。右击，在弹出的快捷菜单中选择"任务"→"还原"→"文件或文件组"或"事务日志"命令进行操作，在此不再赘述。

10.3.3   使用 T-SQL 语句还原数据库

还原 Microsoft SQL Server 2005 的完整备份将使用备份完成时数据库中的所有文件重新创建数据库。在此只对简单恢复模式下的还原操作予以介绍，其他模式下的还原操作，读者可以参考 SQL Server 2005 的联机丛书。

T-SQL 中，RESTORE 命令用于还原数据库。其语法格式如下：

还原数据库：

```
RESTORE DATABASE { database_name | @database_name_var }
    < file_or_filegroup > [ ,...n ]
[ FROM < backup_device > [ ,...n ] ]
```

还原事务日志：

```
RESTORE LOG { database_name | @database_name_var }
[ FROM < backup_device > [ ,...n ] ]
```

1．还原完整数据库备份和差异数据库备份

在简单恢复模式下进行完整数据库还原只有一个或两个步骤，这取决于是否需要还原完整差异备份。如果仅使用完整备份，则只需还原最近的完整备份（**WITH RECOVERY**）即可。

【例 10-8】本例说明了如何在简单恢复模式下创建 **Study** 数据库的完整备份和完整差异备份，以及如何按顺序还原它们。

```
use Study
go

--将数据库的恢复模式改为简单模式
ALTER DATABASE Study SET recovery simple ;
go

-- 创建一个逻辑备份设备 Study_SimpleRM
exec sp_addumpdevice 'disk', 'Study_SimpleRM',
'C:\Program Files\Microsoft SQL Server\MSSQL.1\MSSQL\BACKUP\Study_
SimpleRM.bak';
go

-- 创建完整数据库备份
BACKUP DATABASE Study to Study_SimpleRM
WITH format;
go

--创建差异数据库备份
BACKUP DATABASE Study to Study_SimpleRM
WITH differential;
go

use master
go

--还原完整数据库备份（从备份集 1）
RESTORE DATABASE Study from Study_SimpleRM
WITH norecovery;

--还原差异数据库备份（从备份集 2）
RESTORE DATABASE Study from Study_SimpleRM
```

```
WITH file=2,recovery;
go
```

【例 10-9】使用上节例 10-3 和例 10-7 中创建的完整数据库备份、差异数据库备份 Mydiskdump 及事务日志备份 Study_back 来还原 Study 数据库。本例说明了还原完整数据库备份、差异数据库备份及事务日志备份的过程。

```
use master
go

--还原完整数据库备份（从备份集 1）
RESTORE DATABASE Study FROM Mydiskdump
WITH norecovery;

--还原差异数据库备份（从备份集 2）
RESTORE DATABASE Study FROM Mydiskdump
WITH file=2, norecovery;

--还原事务日志备份
RESTORE LOG Study FROM Study_back
WITH recovery
```

2. 还原文件和文件组备份

执行 RESTORE DATABASE 语句还原文件和文件组备份，需要同时指定要还原的数据库的名称，从中还原完整数据库备份的备份设备，每个要还原文件的 FILE 子句，每个要还原文件组的 FILEGROUP 子句以及 NORECOVERY 子句。

如果在创建文件备份之后未对文件进行过修改，则指定 RECOVERY 子句。如果在创建文件备份之后对文件进行了修改，则执行 RESTORE LOG 语句以应用事务日志备份，同时指定事务日志将应用到的数据库的名称，要还原的事务日志备份的备份设备。如果在应用当前事务日志备份之后还要应用其他事务日志备份，则指定 NORECOVERY 子句。

【例 10-10】使用上节中对 KEJI_DB 数据库创建的文件和文件组备份来还原 KEJI_DB 数据库。

```
use KEJI_DB
go

--还原文件备份
RESTORE DATABASE KEJI_DB
     file= 'KEJI_DB_Data1',
     file= 'KEJI_DB_Data2'
FROM disk='G:\SQL Server Backups\KEJI\KEJI_FILE.bak'
WITH norecovery
go

--还原文件组备份
RESTORE DATABASE KEJI_DB
     filegroup='Fgroup'
FROM disk='G:\SQL Server Backups\KEJI\KEJI_FILEGROUP.bak'
```

```
WITH norecovery
go

--还原文件组差异备份
RESTORE DATABASE KEJI_DB
filegroup='Fgroup'
FROM disk='G:\SQL Server Backups\KEJI\KEJI_FILEGROUP.bak'
WITH file=2 , recovery
go
```

本章小结

备份就是制作数据库结构、对象和数据的拷贝，以便在数据库遭到破坏时能够修复数据库。还原是指从备份复制数据并将记录的事务应用于该数据以使其前滚到目标恢复点的过程。恢复是指使数据库处于一致且可用的状态并使其在线的一组完整的操作。

备份和还原操作是在某种恢复模式下进行的。恢复模式是一个数据库属性，它用于控制数据库备份和还原操作的基本行为。SQL Server 2005 提供了 3 种恢复模式：简单模式、完整模式和大容量日志模式。

SQL Server 支持的备份类型包括：

● 完整备份和完整差异备份。
● 部分备份和部分差异备份。
● 文件、文件组完整备份和文件差异备份。
● 事务日志备份。

备份或还原操作中使用的磁带机或磁盘驱动器称为"备份设备"。SQL Server 2005 支持的备份设备包括磁盘设备和磁带设备。在 SQL Server 2005 中，可以使用逻辑设备名称和物理设备名称来标识一个备份设备。

可以使用 SQL Server Management Studio 和 T-SQL 两种方式来创建备份设备、进行各种类型的数据库备份和还原。

创建备份设备使用系统存储过程 sp_addumpdevice。

使用 BACKUP DATABASE 语句可以创建完整数据库备份、差异数据库备份、文件和文件组备份，使用 BACKUP LOG 语句可以创建事务日志备份。

使用 RESTORE DATABASE 语句可以还原完整数据库备份、差异数据库备份、文件和文件组备份，使用 RESTORE LOG 语句可以还原事务日志备份。

习题十

一、填空题

1. _____就是制作数据库结构、对象和数据的拷贝，以便在数据库遭到破坏时能够修复数据库。

2．SQL Server 2005 中提供 4 种备份方式：_____ 备份、_____ 备份、_____ 备份、_____ 备份。

3．数据库的恢复模式包括_____、_____ 和_____ 三种类型。

4．数据库的备份设备包括_____ 和_____ 两种类型。

5．_____ 是操作系统用来标识备份设备的名称，_____ 是用来标识物理备份设备的别名或公用名称。

6．使用_____ 命令可以实现数据库的备份操作，使用_____ 命令可以实现数据库的恢复操作。

二、简答题

1．什么是数据库的备份和恢复？

2．SQL Server 2005 提供了哪几种恢复模式？

3．什么是备份设备？SQL Server 2005 可以使用哪几种备份设备？

4．SQL Server 2005 提供的备份方式及其区别是什么？

5．试对第 5 章创建的 BookSys 数据库分别进行完整数据库备份、差异数据库备份和事务日志备份。

6．用上题创建的备份对 BookSys 数据库实施恢复操作。

7．某企业的数据库每周日晚 12 点进行一次全库备份，每天晚 12 点进行一次差异备份，每小时进行一次日志备份，数据库在 2008/2/23 3:30 崩溃，应如何将其恢复使数据损失小？

第 11 章　SQL Server 2005 数据转换

【本章导读】

Microsoft SQL Server 2005 Integration Services（SSIS）包括一组向导，可指导您逐步完成在数据源之间复制数据、构造简单包、创建包配置、部署 Integration Services 项目和迁移 SQL Server 2000 DTS 包的操作。本章主要介绍使用导入导出向导实现 SQL Server 2005 与其他数据源之间复制、转换数据的方法。

【本章要点】

- 了解 SQL Server 2005 数据转换的机制
- 掌握数据导入的方法
- 掌握数据导出的方法

11.1　SQL Server 2005 数据转换概述

在实际应用中，经常需要在不同或相同的数据源之间互相复制数据。SQL Server 2005 提供了功能非常强大的组件，可以将 SQL Server 2005 中的数据导出到其他数据源或从其他数据源导入数据到 SQL Server 2005 中。

Microsoft SQL Server 2005 Integration Services（SSIS）包括一组向导，可指导您逐步完成在数据源之间复制数据、构造简单包、创建包配置、部署 Integration Services 项目和迁移 SQL Server 2000 DTS 包的操作。其中，SQL Server 导入和导出向导为构造基本包和在数据源之间复制数据提供了一种最为简单的方法。

使用 SQL Server 导入和导出向导可以连接到下列数据源：

- SQL Server
- 平面文件
- Microsoft Access
- Microsoft Excel
- 其他 OLE DB 访问接口

这些数据源既可用作源，又可用作目标。另外，还可将 ADO.NET 访问接口用作数据源。

可以从 SQL Server Management Studio 和 Business Intelligence Development Studio 两种工具中运行 SQL Server 导入和导出向导。在此主要讲解从 SQL Server Management Studio 工具中运行和使用 SQL Server 导入和导出向导的方法。

11.2　数据导入

在 SQL Server 2005 中，可以使用 SQL Server 导入向导完成数据的导入。下面介绍如何使用 SQL Server 导入向导将 Excel 工作表中的数据导入到 SQL Server 2005 中。

首先，新建一个 Excel 实例文件，在 Sheet1 工作表中输入需要导入的数据，文件名命名为 teacher.xls，并保存在适当的路径，如图 11-1 所示。

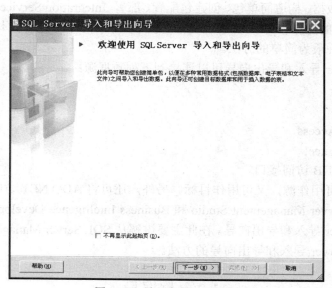

图 11-1　新建 Excel 文件

下面使用 SQL Server 导入向导将此 Excel 文件中的数据导入到 Study 数据库中，其操作步骤如下：

（1）打开 SQL Server Management Studio，在"对象资源管理器"中展开"数据库"文件夹，右击要向其导入数据的数据库，如 Study，在弹出的快捷菜单中选择"任务"→"导入数据"命令。系统会启动 SQL Server 导入和导出向导工具，并出现欢迎界面，如图 11-2 所示。

图 11-2　导入向导欢迎界面

（2）单击"下一步"按钮，出现"选择数据源"对话框，如图 11-3 所示。

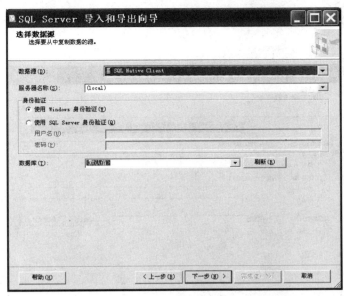

图 11-3　"选择数据源"对话框

在此对话框中可以设置数据源的相关信息，可用的数据源包括 OLE DB 访问接口、SQL 本机客户端、ADO.NET、Excel 和平面文件源。根据数据源的不同，需要设置身份验证模式、服务器名称、数据库名称和文件格式等选项。默认的数据源设置为 SQL Native Client，根据实际操作中数据源的不同，可以在其后的下拉列表中选择不同的类型。在此选择 Microsoft Excel，表示作为数据源的是 Microsoft Excel 文件，如图 11-4 所示。

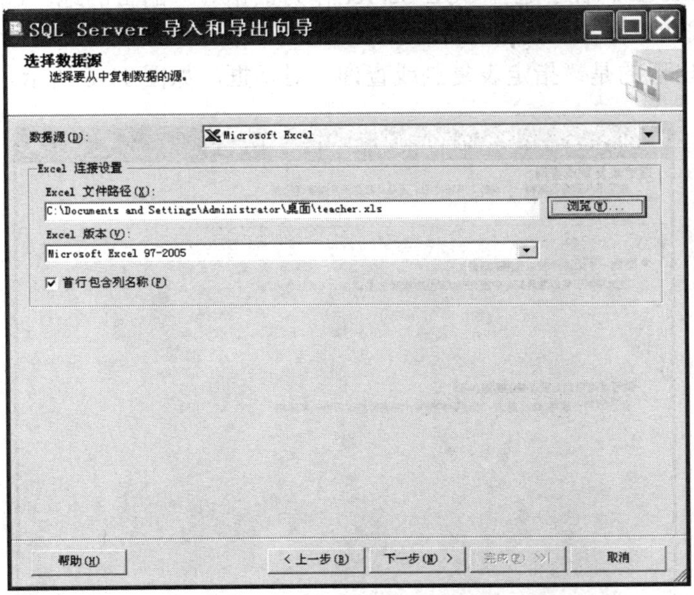

图 11-4　设置 Excel 数据源

在 Excel 连接设置中设置 Excel 文件路径和 Excel 版本信息，并选中"首行包含列名称"复选框，表示该文件中的首行为列名称信息。

（3）设置完数据源的相关信息后，单击"下一步"按钮，出现"选择目标"对话框，如图 11-5 所示。

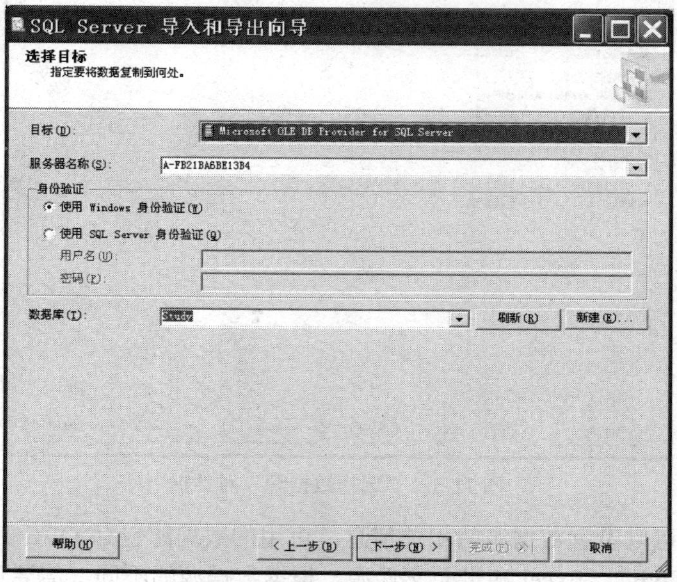

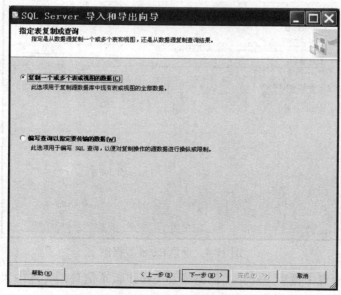

图 11-5　"选择目标"对话框

在此对话框中可以设置导入目标的相关信息，可用的目标包括 OLE DB 访问接口、SQL 本机客户端、Excel 和平面文件目标。在"目标"选项的下拉列表中选择 Microsoft OLE DB Provider for SQL Server，表示选择 SQL Server 作为数据导入的目的地。选择相应的服务器名称、身份验证方式和数据导入的数据库 Study，单击"下一步"按钮即可。

（4）接下来出现的是"指定表复制或查询"对话框，如图 11-6 所示。

图 11-6　"指定表复制或查询"对话框

其中，"复制一个或多个表或视图的数据"选项可以用于指定复制源数据库中现有表或视图的全部数据。"编写查询以指定要传输的数据"选项可以用于编写 SQL 查询，以便对复制操作的源数据进行操纵或限制。在此选择第一项"复制一个或多个表或视图的数据"。

（5）单击"下一步"按钮，会出现"选择源表和源视图"对话框，如图 11-7 所示。

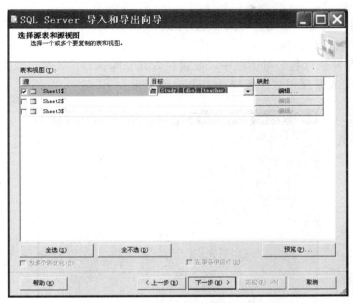

图 11-7　"选择源表和源视图"对话框

在此对话框中可以设置数据导入的"源"、"目标"和"映射"等选项。本例中，选中数据所在的工作表 Sheet1$，"目标"选项中会出现数据导入的默认目标[Study].[dbo].[Sheet1$]，可以对其进行修改，如将表名改为"teacher"。也可以选择已经存在的数据表作为数据导入的目的地。单击"映射"选项下的"编辑"按钮，将打开"列映射"对话框，如图 11-8 所示。

图 11-8　"列映射"对话框

在"列映射"对话框中，可以设置源和目标之间列的映射关系，来协调源和目标之间类型等的差异。还可以设置在数据导入时系统所做的工作，如对于不存在的目标表，可以选择"创建目标表"，而对于已存在的目标表，则可以根据需要选择"删除目标表中的行"、"向目标表中追加行"或"删除并重新创建目标表"三种不同的操作。另外，还可以选择"启用标识插入"选项来增加一个标识列。

设置完毕单击"确定"按钮，返回"选择源表和源视图"对话框，单击"下一步"按钮，进入"保存并执行包"对话框。

（6）在"保存并执行包"对话框中，设置是否要立即执行，还可以设置将包保存到 SQL Server msdb 数据库或保存到文件系统，如图 11-9 所示。

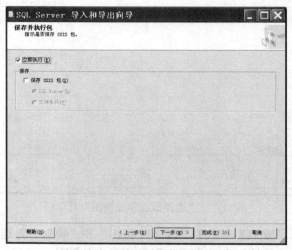

图 11-9　"保存并执行包"对话框

（7）设置完毕后，单击"下一步"按钮，打开"完成该向导"对话框，给出本次数据导入的信息，如图 11-10 所示。

图 11-10　"完成该向导"对话框

单击"完成"按钮，会出现导入数据的执行过程，并出现"执行成功"对话框，如图 11-11 所示。单击"关闭"按钮，完成本次导入数据的操作。

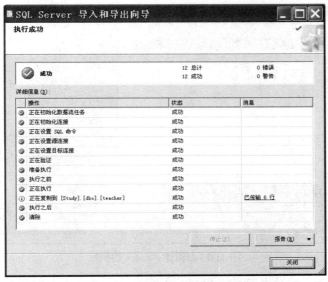

图 11-11　"执行成功"对话框

（8）数据导入成功后，可以打开 Study 数据库，查看 teacher 表中的数据，如图 11-12 所示。

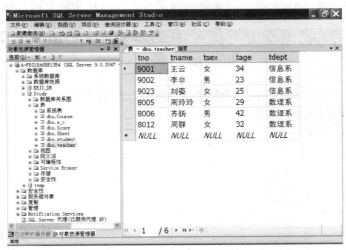

图 11-12　查看导入的结果

11.3　数据导出

在 SQL Server 2005 中，可以使用 SQL Server 导出向导完成数据的导出，即将数据由 SQL Server 复制到其他的应用程序中。下面介绍如何使用 SQL Server 导出向导将 Study 数据库的

teacher 表中所有"信息系"教师的信息导出到 Access 数据库中。

　　首先,建立一个新的 Access 数据库 teacher.mdb,用以存储导出的数据,如图 11-13 所示。

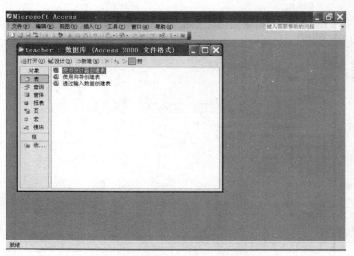

图 11-13　新建 Access 数据库

　　下面使用 SQL Server 导出向导将 Study 数据库中 teacher 表中所有"信息系"教师的信息导出到 teacher.mdb 数据库中,其操作步骤如下:

　　(1)打开 SQL Server Management Studio,在"对象资源管理器"中展开"数据库"文件夹,右键单击要将数据导出的数据库 Study,在弹出的快捷菜单中选择"任务"→"导出数据"命令。系统会启动 SQL Server 导入和导出向导工具,并出现欢迎界面,如图 11-14 所示。

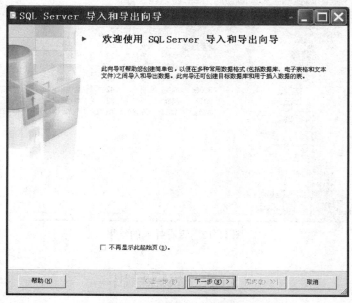

图 11-14　导出向导欢迎界面

　　(2)单击"下一步"按钮,出现"选择数据源"对话框。在此对话框中,设置数据源为

Microsoft OLE DB Provider for SQL Server，并设置相应的服务器、身份验证方式和数据库等信息，如图 11-15 所示。

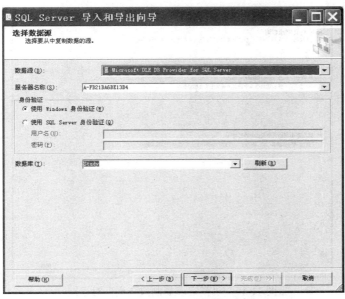

图 11-15　"选择数据源"对话框

（3）设置完数据源的相关信息后，单击"下一步"按钮，出现"选择目标"对话框，如图 11-16 所示。

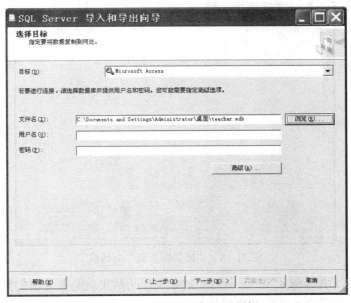

图 11-16　"选择目标"对话框

在"目标"选项后的下拉列表中选择 Microsoft Access 作为数据导出的目的地，并设置数据库的文件名、用户名和密码等信息，单击"下一步"按钮即可。

（4）接下来出现的是"指定表复制或查询"对话框，在此选择"编写查询以指定要传输的数据"选项，如图 11-17 所示。

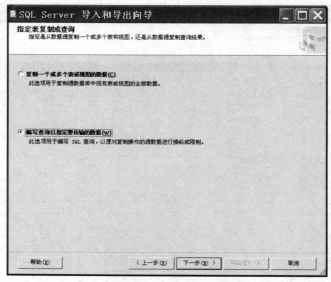

图 11-17   "指定表复制或查询"对话框

（5）单击"下一步"按钮，出现"提供源查询"对话框，如图 11-18 所示。

图 11-18   "提供源查询"对话框

在文本框内可以填写 SQL 语句，而此 SQL 执行的结果就是要导出的数据。编辑完成后，可以单击"分析"按钮验证语句是否有效。

（6）编辑完成 SQL 语句后，单击"下一步"按钮，将进入"选择源表和源视图"对话框，如图 11-19 所示。

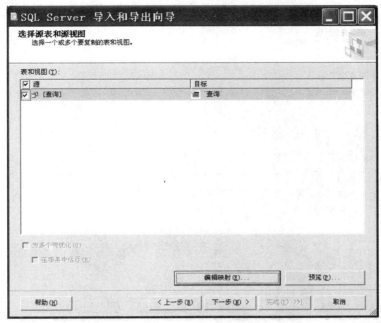

图 11-19　"选择源表和源视图"对话框

在此对话框中可以修改"目标"列中的表名。另外，单击"编辑映射"按钮，将打开"列映射"对话框，可以编辑源数据和目标数据之间数据类型等的映射关系，如图 11-20 所示。

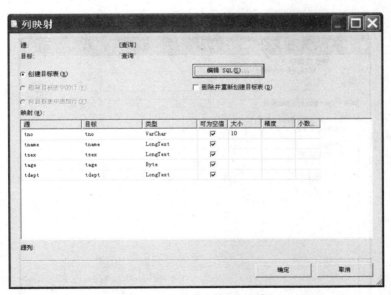

图 11-20　"列映射"对话框

设置完毕单击"确定"按钮，返回"选择源表和源视图"对话框，单击"下一步"按钮，进入"保存并执行包"对话框。

（7）在"保存并执行包"对话框中，设置是否要立即执行，还可以设置将包保存到 SQL Server msdb 数据库或保存到文件系统，如图 11-21 所示。

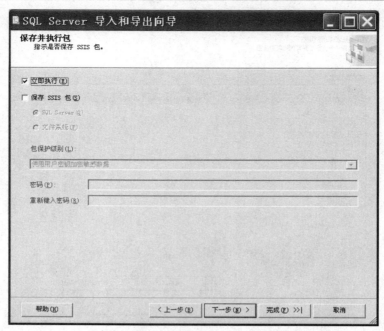

图 11-21　"保存并执行包"对话框

设置完毕后,单击"下一步"按钮即可。

(8)接下来打开的是"完成该向导"对话框,给出本次数据导出的信息,如图 11-22 所示。

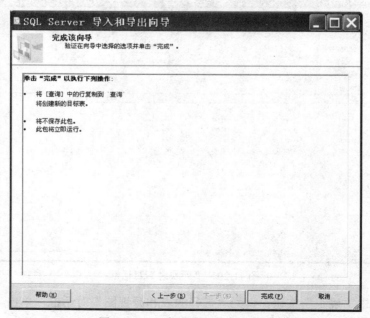

图 11-22　"完成该向导"对话框

单击"完成"按钮,会出现导出数据的执行过程,并出现"执行成功"对话框,如图 11-23 所示。

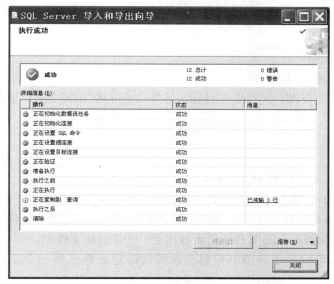

图 11-23 "执行成功"对话框

单击"关闭"按钮，完成本次导出数据的操作。

（9）数据导出成功后，可以打开 Access 数据库 teacher.mdb 来验证导出的结果，如图 11-24
所示。

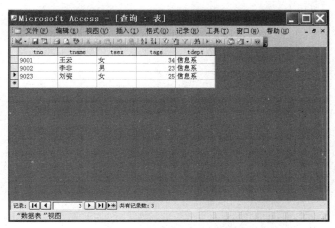

图 11-24 查看数据导出的结果

本章小结

SQL Server 2005 提供了功能非常强大的组件，可以将 SQL Server 2005 中的数据导出到其
他数据源或从其他数据源导入数据到 SQL Server 2005 中。SQL Server 导入、导出向导为构造
基本包和在数据源之间复制数据提供了一种最为简单的方法。

使用 SQL Server 导入、导出向导可以连接到下列数据源：

● SQL Server

- 平面文件
- Microsoft Access
- Microsoft Excel
- 其他 OLE DB 访问接口

这些数据源既可用作源，又可用作目标。另外，还可将 ADO.NET 访问接口用作数据源。

习题十一

1．导入一个 Excel 文件到 SQL Server 2005 的 BookSys 数据库中。

2．创建一个 Access 数据库，并在其中创建两个数据表，在数据表中输入数据后，利用数据导入向导将 Access 数据库中的所有数据表导入到 SQL Server 2005 的 BookSys 数据库中。

3．将 BookSys 数据库中的图书信息表导出到一个 Excel 文件中。

4．将 BookSys 数据库中的图书信息表和借阅信息表导出到一个新创建的 Access 数据库中。

第 12 章　使用 VB.NET 开发图书管理系统

【本章导读】

作为底层数据库的管理软件，数据库管理系统在应用系统的开发过程中起着不可或缺的作用。SQL Server 2005 支持所有常用的软件开发工具，如 VB.NET、VC、C#、Java 等。通过高级程序设计语言与 SQL Server 2005 之间的连接和交互，可以灵活使用数据库中的数据以满足不同应用的需要。

本章以图书管理系统的开发为例，讲解使用 VB.NET/SQL Server 2005 开发应用系统的技术。

【本章要点】

- ADO.NET 连接数据库的技术
- 数据库的设计步骤
- 应用程序的编制技巧

12.1　VB.NET 连接数据库技术

Microsoft Visual Basic.NET（VB.NET）是 Microsoft Visual Basic 的更新版本，它基于.NET 的框架结构，使用户能非常容易地创建 Microsoft Windows 操作系统和网络应用程序。Visual Basic 是面向对象并且支持继承性的语言，窗体设计器支持可视化继承，并且包含了许多新的特性，比如自动改变窗体大小、资源本地化以及可达性支持。另外，VB.NET 直接建立在.NET 的框架结构上，因此开发人员可以充分利用所有平台特性，也可以与其他的.NET 语言交互。

众所周知，VB.NET 自身并不具备对数据库进行操作的功能，它对数据库的处理是通过.NET FrameWork SDK 中面向数据库编程的类库和微软的 MDAC 来实现的。其中，ADO.NET 是.NET FrameWork SDK 中重要的组成部分。要了解 VB.NET 的数据库编程，首先要明白 ADO.NET 的工作原理以及相关的对象、方法、属性。

12.1.1　ADO.NET 简介

ADO.NET 是英文 ActiveX Data Objects for the .NET Framework 的缩写，它是为.NET 框架而创建的，它提供对 Microsoft SQL Server、Oracle 等数据源以及通过 OLE DB 和 XML 公开的数据源的一致访问。应用程序可以使用 ADO.NET 来连接到这些数据源，并检索、操作和更新数据。

1. ADO.NET 的命名空间

ADO.NET 主要在 System.Data 命名空间的层次结构中实现，该层次结构在物理上存在于 System.Data.Dll 程序集文件中。部分 ADO.NET 是 System.Xml 命名空间层次结构的一部分。为了使用 SQL Server .NET 数据提供程序，必须在应用程序中包含 System.Data.SqlClient 命名空间。为了使用 OLE DB .NET 数据提供程序，必须在应用程序中包含 System.Data.OleDb 命名空间。

　　其他的.NET 数据提供程序可用于连接其他的数据源。ADO.NET 中与数据相关的命名空间包括以下几种：

　　（1）System.Data：ADO.NET 的核心，是托管应用程序的主要数据访问方法。

　　（2）System.Data.Common：由.NET 数据提供程序继承或者实现的工具类和接口。

　　（3）System.Data.SqlClient：SQL Server 的.NET 数据提供程序。

　　（4）System.Data.OleDb：OLEDB 的.NET 数据提供程序。

　　（5）System.Data.SqlTypes：为 SQL Server 数据类型专门提供的相关类与架构。

　　（6）System.Xml：提供基于标准 XML 的类、结构及枚举器。

　　2.　ADO.NET 的对象模型

ADO.NET 的对象模型结构如图 12-1 所示。

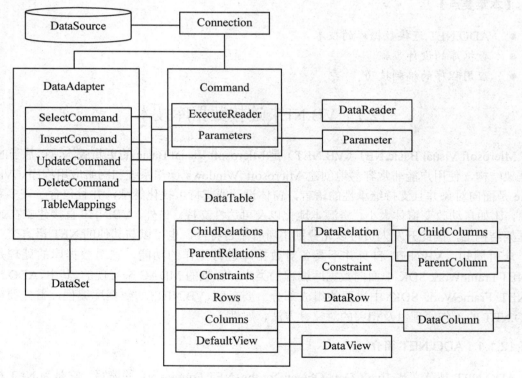

图 12-1　ADO.NET 的对象模型结构

　　可以使用 ADO.NET 中的 Connection 对象来建立到数据源的连接。它有 ConnectionString 属性、Open 和 Close 方法以及使用 BeginTransaction 方法开始事务处理的能力。在连接环境下，整个数据存取的步骤如下：

　　（1）使用 SqlConnection 对象建立并开启与数据库的连接。

　　（2）使用 SqlCommand 对象向数据库索取所要的数据。

　　（3）把取得的数据放在 SqlDataReader 对象中读取，或者是做其他的操作。

（4）在对数据库的存取、查询等操作完毕后，关闭 **SqlDataReader** 对象。

（5）关闭 **SqlConnection** 对象。

接下来，将逐个介绍 **SqlConnection** 对象、**SqlCommand** 对象、**SqlDataReader** 的主要属性、方法，并进一步介绍使用这些对象来存取数据库的主要操作。

12.1.2　SqlConnection 对象

可以使用 Connection 对象建立与数据库的连接。处理 SQL Server 2005 时，使用 SqlConnection 对象，而处理其他数据源时使用 OleDbConnection 对象。

SqlConnection 类的构造函数有两种格式：

- Public Sub New()：初始化 SqlConnection 类的新实例。
- Public Sub New(ByVal ConnectionString As String)：用给定连接字符串初始化 SqlConnection 类的新实例。

1. SqlConnection 对象的常见属性和方法

（1）ConnectionString 属性。ConnectionString 是 Connection 对象的关键属性，它是一个字符串，用于定义正在连接的数据库的类型、位置及其他属性，这些属性用分号分隔。

ConnectionString 常见的属性及意义如表 12-1 所示。

表 12-1　ConnectionString 常见属性

属性	意义
Provider	指定 OLE DB 提供程序的名称
DataSource	指定数据库的位置，既可以是 Access 数据库的路径，也可以是 SQL Server 或 Oracle 数据库所在的计算机名
UserID	访问数据库的有效账户
Password	访问数据库的有效账户的密码
InitialCatalog	当连接 SQL Server 或 Oracle 数据库时，它指定数据库的名称

（2）ConnectionTimeout 属性。ConnectionTimeout 属性是只读的，可以利用它来取得尝试建立连接的等待时间，默认是 15s。

（3）Database 属性。Database 属性是只读的，返回当前所使用的数据库名称。

（4）DataSource 属性。DataSource 属性是只读的，返回对象所要连接的 SQL Server 实例的名称。

（5）State 属性。State 属性是只读的，可以使用它取得连接的当前状态。如果连接当前是关闭的，State 属性将会返回 0；如果连接当前是打开的，State 属性将会返回 1。

连接对象的常用方法是 Open()和 Close()。可以使用 Open 方法来打开连接，使用 Close 方法关闭连接。

2. SqlConnection 对象使用实例

当使用 SqlConnection 来连接 SQL Server 2005 时，要首先在程序中包含导入命名空间的语句：

```
Imports System.Data.SqlClient
```

现在创建一个 **VB.NET** 应用程序，完成其与 SQL Server 2005 的连接。设计步骤如下：

（1）从"开始"菜单的"程序"中选择 Visual Studio 2005，选择 Visual Basic 开发环境设置，进入开发软件界面。新建一个 Windows 应用程序项目 adoSql，如图 12-2 所示。

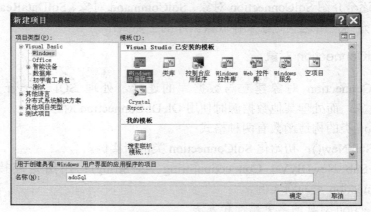

图 12-2　新建 Windows 应用程序项目 adoSql

（2）界面设计。在 Form1 窗体中添加一个 Button 控件，设置控件的属性，如图 12-3 所示。

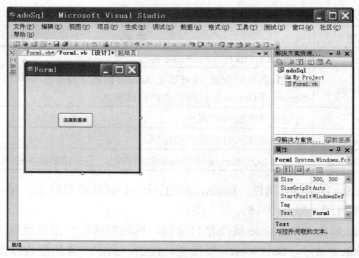

图 12-3　界面设计

（3）程序设计。在 Button 控件的代码编写窗口编写以下代码，完成与数据库的连接工作。

```
Imports System.Data.SqlClient
Public Class Form1
    Private Sub Button1_Click(ByVal sender As System.Object, ByVal e As
                        System.EventArgs) Handles Button1.Click
        Dim sConString As String
        sConString = "Data Source=(local);Initial Catalog=Master;Integrated
                Security=SSPI"
        Dim myConnection As New SqlConnection
        myConnection.ConnectionString = sConString
```

```
    Try
        myConnection.Open()
        MessageBox.Show("连接正确！")
    Catch ex As SqlException
        MessageBox.Show("ex.Message！")
    Finally
        myConnection.Close()
    End Try
  End Sub
End Class
```

在使用 SqlConnection 对象来连接 SQL Server 2005 时，对连接字符串的设置可以根据具体应用的不同而有所不同，主要有以下几种形式：

（1）使用 Windows 认证机制连接 SQL Server 2005 数据库，连接字符如下：

```
Data Source=(local)              '连接到本地 SQL Server 2005
Initial Catalog=Master           '把 master 数据库作为默认的数据库
Integrated Security=SSPI         '使用 Windows 的认证机制登录数据库（不要求输入账号和密码）
```

（2）使用混合认证机制连接 SQL Server 2005 数据库，连接字符如下：

```
Data Source=(local)              '连接到本地 SQL Server 2005
Initial Catalog=Master           '把 master 数据库作为默认的数据库
User ID=tempname                 '登录数据库的账号名
Password=xxx                     '登录数据库的密码
```

（3）连接网络上的 SQL Server 2005 服务器：

```
Server=172.16.154.46             '连接到网络上的计算机名或 IP 地址
Initial Catalog=Master           '把 master 数据库作为默认的数据库
User ID=tempname                 '登录数据库的账号名
Password=xxx                     '登录数据库的密码
```

（4）可视化连接。进行可视化连接需要使用 SqlConnection 对象控件，Visual Studio 2005 默认的工具箱中并没有此控件，因此要首先将此控件添加到工具箱中。添加此控件的具体操作如下：

1）在 Visual Studio 环境中，选择"项目"→"添加引用（E）…"命令，如图 12-4 所示。

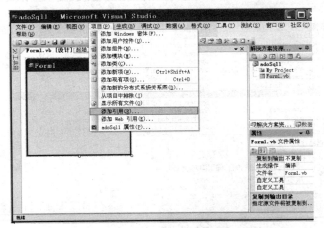

图 12-4　添加 SqlConnection 控件（1）

2）在打开的"添加引用"对话框中，选择
System.Data.SqlClient 选项，单击"确定"按钮，完
成命名空间 System.Data.SqlClient 的引用，如图 12-5
所示。

3）选择"工具"→"选择工具箱项（**X**）…"
命令，如图 12-6 所示。

4）在出现的"选择工具箱项"对话框中，单击
".NET Framework 组件"选项卡，在列表框中选中
SqlConnection 控件前的复选框，单击"确定"按钮
即可，如图 12-7 所示。

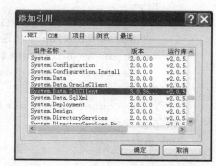

图 12-5　添加 SqlConnection 控件（2）

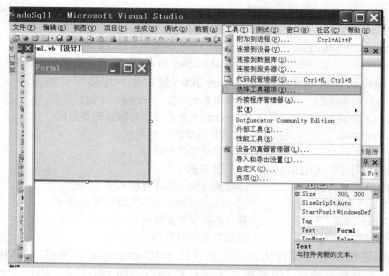

图 12-6　添加 SqlConnection 控件（3）

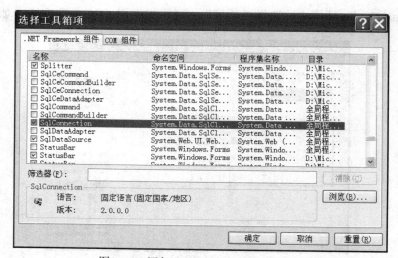

图 12-7　添加 SqlConnection 控件（4）

经过上述操作，在工具箱中会出现需要的 SqlConnection 控件。

要使用此控件，将 SqlConnection 控件拖放到窗体上，在组件框中出现 SqlConnection 对象，如图 12-8 所示。

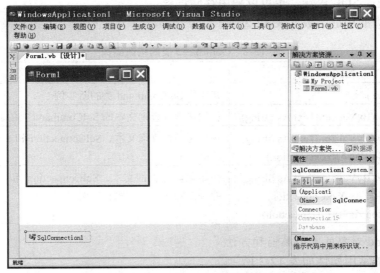

图 12-8　使用 SqlConnection 对象控件连接数据库

设置 SqlConnection 对象控件的 ConnectionString 属性，从下拉式列表中选择"<新建连接…>"选项，出现"添加连接"对话框，选择所要连接的数据源、服务器名、登录验证方式以及所要使用的数据库等，如图 12-9 所示。

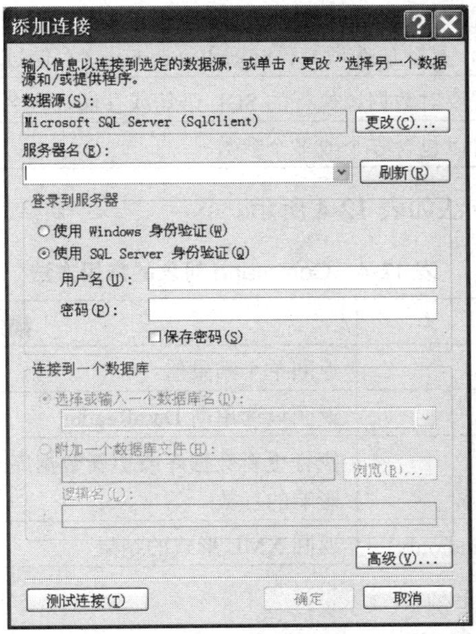

图 12-9　设置 SqlConnection 对象的属性

单击"测试连接"按钮，确认连接成功后，单击"确定"按钮即可。

12.1.3 Command 对象

使用 Command 对象可以实现连接数据库的查询、插入、删除、更新等各种操作。操作实现的方式可以使用 SQL 语句，也可以使用存储过程。

Command 类的构造函数如表 12-2 所示。

表 12-2 Command 类的构造函数

格式	功能
Public Sub New()	初始化 SqlCommand 类的新实例
Public Sub New(ByVal cmdText As String)	初始化具有查询文本的 SqlCommand 类的新实例
Public Sub New(ByVal cmdText As String, ByVal connection As XxxConnection)	初始化具有查询文本、SqlConnection 和 SqlCommand 类的新实例
Public Sub New(ByVal cmdText As String, ByVal connection As XxxConnection, ByVal transaction As Xxx Transaction)	初始化具有查询文本、SqlConnection 和 SqlTransaction 的 SqlCommand 类的新实例

1. Command 对象的常用属性和方法

Command 的常用属性如表 12-3 所示。

表 12-3 Command 对象的常用属性

属性	意义
Name	命令对象的程序化名称
Connection	获取或设置此 Command 对象使用的 Connection 对象的名称
CommandType	获取或设置一个指示如何解释 CommandText 属性的值。该属性是枚举型，包括 Text（SQL 命令，是默认选项）、StoredProcedure（存储过程名）、TableDirect（表名）
CommandText	获取或设置要对数据源执行的 SQL 语句或存储过程名
Parameters	命令对象可以包含零个或多个参数

Command 对象的常用方法如表 12-4 所示。

表 12-4 Command 对象的常用方法

方法	描述
ExecuteScaler	返回单个结果值
ExecuteReader	返回只读单向 DataReader
ExecuteNonQuery	执行更新数据库或更新数据库结构的语句。此方法只返回受影响的行数
ExecuteXmlReader(SqlCommand only)	返回 XML 形式的结果

2. Command 对象操作实例

使用上例建立的连接对象 myConnection，来讲解如何使用 Command 对象操作数据库。

```
Dim str As String
Dim myCommand As New SqlCommand    '建立 Command 对象
```

```
myCommand.Connection=myCon      '设置 Command 对象所使用的连接
```

（1）建立数据库操作。

```
Str="CREATE DATABASE myDatabase"
MyCommand.CommandText=str       '将 SQL 语句赋予 CommandText 属性
Try
    myConnection.Open()
    myCommand.ExecuteNonQuery()
    MessageBox.Show("建立数据库成功!")
  Catch ex As SqlException
    MessageBox.Show("ex.Message!")
  Finally
   myConnection.Close()
End Try
```

（2）建立数据表操作。

```
Str="CREATE TABLE student(sno char(10) primary key,sname char(20),sage tinyint,
    ssex char(10))"
MyCommand.CommandText=str       '将 SQL 语句赋予 CommandText 属性
Try
    myConnection.Open()
    myCommand.ExecuteNonQuery()
MessageBox.Show("建立数据表成功!")
Catch ex As SqlException
    MessageBox.Show("ex.Message!")
Finally
  myConnection.Close()
End Try
```

（3）插入数据。

```
Str="INSERT INTO student values('1001','李华',20,'女')"
MyCommand.CommandText=str
Try
    myConnection.Open()
    myCommand.ExecuteNonQuery()
MessageBox.Show("添加数据成功!")
Catch ex As SqlException
  MessageBox.Show("ex.Message!")
Finally
  myConnection.Close()
End Try
```

更新和删除操作与插入操作类似，只需修改相应的 SQL 语句即可。

12.1.4　DataReader 对象

使用 DataReader 对象可以从数据库中检索只读、只进的数据流。可以使用 Command 命令对象的 ExecuteReader 方法创建一个 DataReader 对象。连接对象打开后，可以使用 DataReader 的 Read 方法通过关联的 Connection 对象从数据源获得一个或多个结果集。第一次使用该方法时，记录指针隐含地指向结果集的第一条记录。然后，每调用一次 Read 方法指针将自动后移一条记录。当移动到结果集的最后一条记录时，Read 方法将返回一个布尔值。

1. DataReader 对象的常用属性和方法

DataReader 对象的常用属性及意义如表 12-5 所示。

表 12-5　DataReader 对象的常用属性

属性	意义
FieldCount	获取当前行中的列数
IsClosed	指示数据读取器是否已关闭，关闭则为 True，否则为 False
Item	获取列的值
RecordsAffected	获取执行 SQL 语句所更改、插入或删除的行数。如果没有任何行受到影响或语句失败，则返回 0；如果执行的是 Select 语句，则返回-1

DataReader 对象的常用方法如表 12-6 所示。

表 12-6　DataReader 对象的常用方法

方法	描述
Read	读取当前指针指向的记录。如果还有记录则为 True，否则为 False
NextResult	当读取批处理的 SQL 语句的结果时，使数据读取器前进到下一个结果。如果存在多个结果集，则为 True，否则为 False
Close	关闭 SqlDataReader 对象
GetName	获取指定列的名称
GetSchemaTable	返回一个 DataTable 类型的数据，它描述 SqlDataReader 的列元数据

2. DataReader 对象操作实例

将上例中创建的学生表 Student 中的女生信息和男生信息分别显示在两个文本框中。设计步骤如下：

（1）使用前面例子中的 Windows 应用程序项目 adoSql。

（2）界面设计。添加一个新的窗体 Form2，在其上添加两个 Label 控件、两个 TextBox 控件和一个 Button 控件。设置相应属性，如图 12-10 所示。

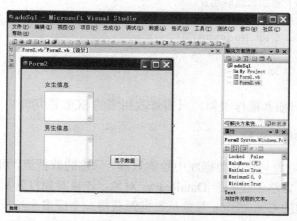

图 12-10　界面设计

（3）程序设计。在 Button 按钮的代码编辑器中编写以下代码：

```
Imports System.Data.SqlClient
Public Class Form2
    Private Sub Button1_Click(ByVal sender As System.Object, ByVal e As
                            System.EventArgs) Handles Button1.Click
        Dim I As Integer
        Dim strInfo As String = ""
        Dim sConString As String
        sConString = "Data Source=(local);Initial Catalog=Study;Integrated
                    Security=SSPI"
        Dim myConnection As New SqlConnection
        myConnection.ConnectionString = sConString
        Dim myCommand As New SqlCommand
        myCommand.Connection = myConnection
        myCommand.CommandText = "select * from student where ssex='f';select *
                            from student where ssex='m'"
        Dim myReader As SqlDataReader
        Try
            myConnection.Open()
            myReader = myCommand.ExecuteReader
            While myReader.Read
                For I = 0 To myReader.FieldCount - 1
                    strInfo += myReader.GetName(I) & ":" & myReader(I) & vbCrLf
                Next
            End While
            TxtWoMan.Text = strInfo
            myReader.NextResult()
            strInfo = ""
            While myReader.Read
                For I = 0 To myReader.FieldCount - 1
                    strInfo += myReader.GetName(I) & ":" & myReader(I) & vbCrLf
                Next
            End While
            TxtMan.Text = strInfo
            MsgBox("OK!")
        Catch ex As SqlException
            MessageBox.Show("ex.Message! ")
        Finally
            myConnection.Close()
        End Try
    End Sub
End Class
```

（4）运行结果，如图 12-11 所示。

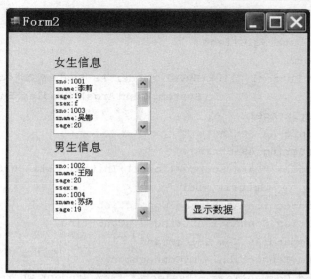

图 12-11 运行结果

12.2 图书管理系统的设计

12.2.1 系统的功能

图书管理系统主要实现图书管理、图书流通管理、读者管理、系统管理和图书查询等基本功能。使用该系统可以方便图书管理人员对图书、读者和图书借阅等行为进行有条不紊地管理。其主要功能描述如下：

（1）读者管理：主要实现读者信息的添加、修改、删除与查询功能。

（2）图书管理：主要实现图书的征订、归档、添加、修改、删除等功能。

（3）图书流通管理：主要实现图书的预借、借阅、归还、续借等功能。

（4）图书查询：主要实现图书以及读者借还书情况的查询功能。

（5）系统管理：主要实现系统用户信息的添加、修改、删除与查询功能。

12.2.2 系统的模块划分

对上述各项功能进行集中、分块。按照结构化程序设计要求，得到本系统的功能模块图，如图 12-12 所示。

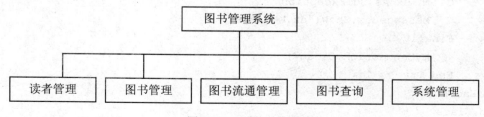

图 12-12 系统功能模块

12.2.3　数据库的逻辑结构设计

用户的需求具体体现在各种信息的插入、保存、更新和查询，这就要求数据库的结构能够充分满足各种信息的输入、输出和查询需求。针对一般图书馆管理系统的需求，通过对图书管理流程的分析，本系统的数据库的逻辑结构设计如下，共由 11 个表组成。

（1）读者类型表，如表 12-7 所示，主要用来记录不同类型读者的可借图书数、图书续借次数及图书的归还期限三方面的不同限制。

表 12-7　读者类型表

字段名	类型	长度	说明
类型	varchar	20	主键
图书册数	smallint	2	
续借次数	tinyint	1	
归还期限	tinyint	1	

（2）读者信息表，如表 12-8 所示，用来记录读者的详细信息。

表 12-8　读者信息表

字段名	类型	长度	说明
读者证件号	varchar	20	主键
姓名	varchar	20	
性别	varchar	8	
类别	varchar	20	
系别	varchar	20	
出生日期	datetime	8	
通信地址	varchar	50	
联系方式	varchar	40	
登记日期	datetime	8	
在借书数	int	4	
备注	varchar	50	

（3）图书信息表，如表 12-9 所示，用来记录图书的详细信息。该表中的内容可在图书归档时进行添加、修改和删除。

表 12-9　图书信息表

字段名	类型	长度	说明
图书编号	varchar	20	主键码
条形码	varchar	20	
书名	varchar	40	

续表

字段名	类型	长度	说明
类型	varchar	20	
作者	varchar	20	
译者	varchar	20	
ISBN	varchar	50	
出版社	varchar	40	
价格	int	4	
页数	int	4	
书架名称	varchar	40	
挂失数	int	4	
在馆数	int	4	
操作员	varchar	20	
简介	varchar	40	
借出次数	Tinyint	1	

（4）图书类型表，如表 12-10 所示，用来记录不同类型的图书。此表中的内容可在图书类别设置中进行添加、删除和修改。

表 12-10　图书类型表

字段名	类型	长度	说明
类型编号	varchar	20	主键码
类型名称	varchar	20	
可借天数	Tinyint	1	

（5）图书归还表，如表 12-11 所示，用来记录图书的归还信息。

表 12-11　图书归还表

字段名	类型	长度	说明
归还编号	int	4	主键码
图书编号	varchar	20	
读者证件号	varchar	20	
归还时间	datetime	8	
过期天数	Tinyint	1	
操作员	varchar	20	

（6）图书征订表，如表 12-12 所示，用来存放征订入库图书的详细信息。

表 12-12　图书征订表

字段名	类型	长度	说明
征订编号	int	4	主键码
图书名	varchar	40	
ISBN	varchar	50	
页码	int	4	
作者	varchar	20	
译者	varchar	20	
出版社	varchar	40	
图书类型	varchar	20	
订购者	varchar	20	
联系方式	varchar	40	
订购数量	int	4	
订购单价	float	8	
订购日期	datetime	8	
库存量	int	4	
操作员	varchar	20	

（7）图书借阅表，如表 12-13 所示，用来记录借阅图书的详细信息。

表 12-13　图书借阅表

字段名	类型	长度	说明
借阅编号	int	4	主键码
读者证件号	varchar	20	
图书编号	varchar	20	
条形码	varchar	20	
借阅时间	datime	8	
应还时间	datetime	8	
续借次数	int	4	
操作员	varchar	20	
状态	varchar	10	

（8）图书罚款表，如表 12-14 所示，用来记录应交罚款图书的信息。

表 12-14　图书罚款表

字段名	类型	长度	说明
罚款编号	int	4	主键码
图书编号	varchar	20	
读者证件号	varchar	20	

续表

字段名	类型	长度	说明
罚款日期	datetime	8	
应罚金额	Smallmoney	4	
实收金额	Smallmoney	4	
是否交费	int	4	
备注	varchar	50	

（9）文献附件表，如表 12-15 所示，用来记录文献附件（如光盘、音频）的详细信息。

表 12-15　文献附件表

字段名	类型	长度	说明
附件编号	int	4	主键码
附件名	varchar	20	
对应图书编号	varchar	20	
存入日期	datetime	8	
在馆数	int	4	
借出次数	Tingint	1	
备注	varchar	50	

（10）图书预借表，如表 12-16 所示，用来记录预借图书的基本信息。

表 12-16　图书预借表

字段名	类型	长度	说明
预借编号	int	4	主键码
读者证件号	varchar	20	
图书编号	varchar	20	
预借日期	datetime	8	

（11）管理员表，如表 12-17 所示，用来记录管理员的基本信息。

表 12-17　管理员表

字段名	类型	长度	说明
编号	int	4	主键码
姓名	varchar	20	
性别	varchar	20	
年龄	int	4	
联系方式	varchar	40	
家庭住址	varchar	50	
密码	varchar	32	

12.3　图书管理系统的编程与实现

12.3.1　连接数据库

本系统中所有关于数据库的操作都要首先连接数据库，因此，将连接数据库的代码编写为一个独立的类文件 database.vb。在整个系统中所有连接数据库的操作只需调用该类即可。在该类中创建方法来实现数据库的打开、关闭、查询以及插入、更新、删除等操作。对数据库中数据的基本操作都在此类中实现，减少了重复编码，最大程度上实现了代码的共享。其具体代码如下：

```
Public Class database
    Public cnn As SqlConnection              '声名一 connect 变量用于连接数据库
    Public dzbh As Integer = 0
    Public Shared Conn As String = "data source=(local);initial cataloç
                            =mytushu;user id=sa;pwd=sa"
    Public Sub Open()                        '用于打开数据库的函数
        If cnn Is Nothing = True Then
            cnn = New SqlConnection(database.Conn)    '建立数据库连接对象
            cnn.Open()                       '打开数据库连接
        End If
End Sub
     Public Sub Close()                      '用于关闭数据库的函数
        If cnn Is Nothing = False Then       '如果 cnn 不为空则关闭数据库连接
            cnn.Close()
        End If
    End Sub
    Public Function RunSelectSQL(ByVal strSQL As System.String) As DataView
'用于执行查询命令的函数
        Me.Open()
        Dim Sqlds As DataSet = New DataSet
        Dim Sqlda As SqlDataAdapter = New SqlDataAdapter(strSQL, Me.cnn)
        Sqlda.Fill(Sqlds)
        Return Sqlds.Tables(0).DefaultView
    End Function
    Public Function RunDelOrInsSQL(ByVal strSQL As System.String)
'用于执行插入、删除、更新的函数
        Me.Open()
        Dim SqlComm As SqlCommand = New SqlCommand(strSQL, Me.cnn)
        SqlComm.ExecuteNonQuery()
    End Function
End Class
```

12.3.2　登录模块的设计与实现

使用一个系统时，首先登录，本系统的登录界面如图 12-13 所示。用户选择用户名并输入密码后，系统按照用户选择的用户名查找数据库，找到对应的用户名，并取出密码，然后与用户输入的密码相比较，如果相同则登录窗口关闭，主界面打开；否则提示用户名不存在或者密码错误。

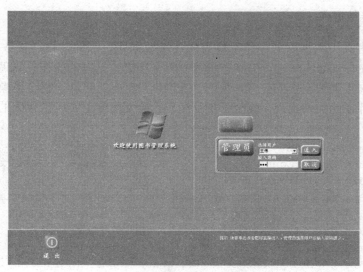

图 12-13　登录界面

此部分主要实现用户名和密码的验证工作，其关键代码如下：

```
Public db As database = New database     '声明连接数据库类 database 的一个实例 db
Public Function loadcmb() As DataSet     '在窗体加载时,将用户名载入组合框中
Dim dv As DataView = db.RunSelectSQL("select 姓名 from 管理员")
'通过 db 调用 RunSelectSQL 函数执行查询命令
  For Each dr As DataRow In dv.Table.Rows
      cbuser.Items.Add(dr(0).ToString.Trim)
  Next
End Function
'******对用户身份合法性进行验证******
user = cbuser.Text.Trim
strtxt = Txtpwd.Text.Trim
  '判断输入的密码中是否有非法字符
  For i = 1 To Txtpwd.Text.Length
      If Mid(strtxt, i, 1) = "'" Or Mid(strtxt, i, 1) = "`" Then
        MessageBox.Show("你输入了非法字符,请重新输入", "警告", MessageBoxButtons.OK,
                      MessageBoxIcon.Warning)
      Txtpwd.Text = ""
      Txtpwd.Focus()
      Exit Sub
    End If
  Next
  '判断输入的密码中是否与该用户在数据库中的密码相同
  Dim dv As DataView = db.RunSelectSQL("select * from 管理员 where 姓名
              ='" & user.Trim& "' ")
```

```
If dv.Item(0)("密码") <> db.encrypt(strtxt, 32) Then
'输入的密码与用户密码不同则返回重输 encrypt 为 database 类中的加密函数
MessageBox.Show("输入的密码不正确,请重新输入", "警告", MessageBoxButtons.OK,
                    MessageBoxIcon.Warning)
    Txtpwd.Text = ""
    Txtpwd.Focus()
  Else
    Me.Hide()
    welcome.ShowDialog()'输入的密码与用户密码相同则弹出欢迎界面
  End If
End If
End If
```

12.3.3　系统主界面的设计与实现

登录通过验证后，进入系统主界面，如图 12-14 所示。主界面部分提供了本系统主要子功能模块的入口，并给出了提示等附加信息。其主要代码可参考附件 main.vb。

图 12-14　系统运行主界面

12.3.4　读者管理模块的设计与实现

本模块的功能是完成对读者信息添加、修改、删除、查找功能。通过单击主界面中的"读者管理"按钮，可以调出此界面，如图 12-15 所示。

整个窗体分为 4 个主要部分。左上部分是"友情提示"部分：提示用户正在使用的是哪项功能。左下部分是"读者管理"，包括新建、查询、删除及更新读者信息。选择相应功能后，在窗体的右上部分会显示相应的功能，窗体右下部分用来显示操作后的结果。

本系统的其他模块的界面也采用了类似的设计：用户完成不同的功能使用统一的界面，这也是本系统的一个特点，在很大程度上实现了窗体的共享。

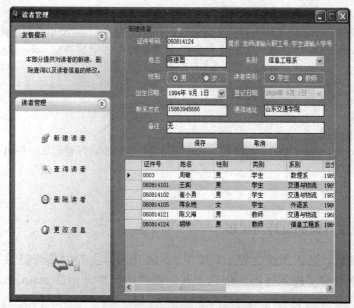

图 12-15　读者管理界面

1. 初始化窗体

当窗体首次被调出时，需要先初始化窗体，使其显示读者的所有信息，其具体实现代码如下：

```
Public Sub loaddata()
    DataSet1.Clear()
    SqlConnection1.ConnectionString = database.Conn
    SqlDataAdapter1.SelectCommand.CommandText = "select * from 读者信息 order by
                                                  证件号"
    DataSet1.EnforceConstraints = False           '暂时关闭约束
    SqlDataAdapter1.Fill(DataSet1)                 '根据查询条件重新填充 DataSet11
    dtData = DataSet1.Tables("读者信息")
    DataGrid1.DataSource = dtData.DefaultView
End Sub
```

2. 新建读者的实现

单击"新建读者"，可以实现读者的添加。当用户输入了数据，系统会检验这些数据是否正确，然后作出相应处理。在此部分，使用了程序设计完成了部分数据完整性的检验，从而保证了数据库中数据的正确性。主要代码如下：

```
Public Sub saveforadd()        '保存添加的数据
    Dim s As String = ""
    Dim dr As DataRow = DataSet1.Tables("读者信息").NewRow
    Try               '异常处理
        dr("证件号") = txt1.Text.Trim
        dr("姓名") = txt2.Text.Trim
        If RadioButton1.Checked = True Then
            dr("性别") = "男"
        ElseIf RadioButton2.Checked = True Then
```

```
            dr("性别") = "女"
        End If
        If RadioButton3.Checked = True Then
            dr("类别") = "学生"
        ElseIf RadioButton4.Checked = True Then
            dr("类别") = "教师 "
        End If
        dr("系别") = cbnewxb.SelectedItem.Trim
        dr("出生日期") = DateTimePicker1.Value
        dr("登记日期") = DateTimePicker2.Value
        dr("联系方式") = txt3.Text.Trim
        dr("通信地址") = txt4.Text.Trim
        dr("备注") = txt5.Text.Trim
        dr("在借书数") = 0
    Catch ex As Exception
        MessageBox.Show("数据格式不正确", "错误", MessageBoxButtons.OK, _
                    MessageBoxIcon.Error)
    End Try
    Try DataSet1.Tables("读者信息").Rows.Add(dr)        '添加数据
        If DataSet1.HasChanges = True Then
            bud = New SqlClient.SqlCommandBuilder(SqlDataAdapter1)
            SqlDataAdapter1.InsertCommand = bud.GetInsertCommand
            MessageBox.Show("新建读者成功", "恭喜", MessageBoxButtons.OK, _
                MessageBoxIcon.Information)
            SqlDataAdapter1.Update(DataSet1)
            newclear()
        End If
    Catch ex As Exception
        MessageBox.Show("数据添加失败", "错误", MessageBoxButtons.OK, _
                    MessageBoxIcon.Error)
    End Try
End Sub
```

3．查询读者的实现

单击"查询读者"，可以实现对读者信息的模糊查询和精确查询。关键代码如下：

```
If rbno.Checked = True Then
    strsql = "select * from 读者信息 where 证件号='" & txtno.Text.Trim & "'order
                                by 证件号"
ElseIf rbname.Checked = True Then
    strsql = "select * from 读者信息 where 姓名='" & txtname.Text.Trim & "'order
                                by 证件号"
ElseIf rbxb.Checked = True Then
    strsql = "select * from 读者信息 where 系别='" & cbxb.Text.Trim & "'order by
                                证件号"
ElseIf rblb.Checked = True Then
    If RadioButton10.Checked = True Then
        strsql = "select * from 读者信息 where 类别='学生'order by 证件号"
```

```
      ElseIf RadioButton11.Checked = True Then
         strsql = "select * from 读者信息 where 类别='教师'order by 证件号"
      End If
   ElseIf rbsex.Checked = True Then
      If RadioButton12.Checked = True Then
         strsql = "select * from 读者信息 where 性别='男'order by 证件号"
      Else
         strsql = "select * from 读者信息 where 性别='女'order by 证件号"
      End If
   End If
     If txtno.Text <> "" Or txtname.Text <> "" Or cbxb.Text <> "" Then
         DataSet1.Clear()
         SqlConnection1.ConnectionString = database.Conn
         SqlDataAdapter1.SelectCommand.CommandText = strsql
         DataSet1.EnforceConstraints = False      '暂时关闭约束
         SqlDataAdapter1.Fill(DataSet1) '根据查询条件重新填充 DataSet11
         dtData = DataSet1.Tables("读者信息")
         If dtData.Rows.Count <> 0 Then
         DataGrid1.DataSource = dtData.DefaultView
         DataGrid1.Select(DataGrid1.CurrentCell.RowNumber)
         Else
         DataSet1.Clear()
         MessageBox.Show("无此读者信息", "提示", MessageBoxButtons.OK,
                        MessageBoxIcon.Information)
         End If
   End If
```

4. 删除读者的实现

单击"删除读者",可以实现读者的删除。在进行删除操作时,还会对读者的借阅情况进行核查,如果有未归还的图书,或有过期罚款未交的话,则不能删除。具体代码如下:

```
Public Sub deldata()    '删除数据
    Dim s, name As String
    Dim irow As Integer
    Dim command As New SqlCommand
    Dim cnn1 As New SqlConnection
    cnn1 = New SqlConnection(database.Conn)
    irow = DataGrid1.CurrentCell.RowNumber          '得到当前行的行号
    Dim dr As DataRow = DataSet1.Tables("读者信息").Rows(irow)
    Dim dv4 As New DataView
    Dim dv5 As New DataView
    Try
      name = dr.Item("姓名")
      s = dr.Item("证件号")
      dv4 = db.RunSelectSQL("select * from 图书借阅 where 读者证件号 ='" & s &
                   "'and 读者姓名='" & name.Trim & "' and 状态='未还'")
      If dv4.Table.Rows.Count <> 0 Then       '若该读者还有借阅未还的书则进行提示
      If MessageBox.Show("该读者还有借阅未还的书,确认要删除该读者吗？", "警告",
```

```
    MessageBoxButtons.YesNo, MessageBoxIcon.Warning) =
        Windows.Forms.DialogResult.Yes Then
        '删除读者时将该读者的借阅记录一并删除
    db.RunDelOrInsSQL("delete from 图书借阅 where 读者证件号 ='" & s &
                "'and 读者姓名='" & name.Trim & "' and 状态='未还'")
    End If
    dv5 = db.RunSelectSQL("select * from 图书罚款 where 读者证件号 ='" & s &
                "' and 是否交费=0")
    If dv5.Table.Rows.Count <> 0 Then    '若读者还有归还未交罚款的记录,则进行提示。
    If MessageBox.Show("该读者还有过期书未交罚款,现在要提交罚款吗? ", "警告",
    MessageBoxButtons.YesNo, MessageBoxIcon.Warning) =
        Windows.Forms.DialogResult.Yes Then
        bookrunm.ShowDialog()
    DataSet1.Tables("读者信息").Rows(irow).Delete()
    If DataSet1.HasChanges = True Then
    command = New SqlCommand("DELETE FROM 读者信息 WHERE 证件号 ='" & s & "'", cnn1)
    SqlDataAdapter1.DeleteCommand = command
      SqlDataAdapter1.Update(DataSet1)    '更新 DataSet11
    End If
    Catch ex As Exception
    MessageBox.Show("数据删除失败!")
    End Try
End Sub
```

5. 更改信息的实现

单击"更改信息",可以实现读者信息的更新操作,具体代码如下:

```
Public Sub saveforupdate()       '保存修改数据
    Dim irow As Integer
    irow = DataGrid1.CurrentCell.RowNumber
    Dim dr As DataRow = DataSet1.Tables("读者信息").Rows(irow)
    Dim number As String = ""
    Try
      number = txtzhjno.Text.Trim
      dr("证件号") = txtzhjno.Text.Trim
      dr("姓名") = txtrename.Text.Trim
      If rbsex1.Checked = True Then dr("性别") = "男"
      ElseIf rbsex2.Checked = True Then dr("性别") = "女"
      End If
      If rbretype1.Checked = True Then dr("类别") = "学生"
      ElseIf rbretype2.Checked = True Then dr("类别") = "教师 "
      End If
      dr("系别") = Trim(cbdep.SelectedItem)
      dr("出生日期") = dtpbrith.Value
      dr("登记日期") = dtpdj.Value
      dr("联系方式") = txtlxtype.Text.Trim
      dr("通信地址") = txtin.Text.Trim
      dr("备注") = txtbeizhu.Text.Trim
```

```
    If DataSet1.HasChanges = True Then      '判断是否有更新的数据
      bud = New SqlClient.SqlCommandBuilder(SqlDataAdapter1)
      SqlDataAdapter1.UpdateCommand = bud.GetUpdateCommand
      SqlDataAdapter1.Update(DataSet1)
      MessageBox.Show("信息修改成功", "恭喜", MessageBoxButtons.OK,
                      MessageBoxIcon.Information)
    End If
  Catch ex As Exception
    MessageBox.Show("数据修改失败!")
  End Try
  DataGrid1.Select(irow)
End Sub
```

12.3.5　图书管理模块的设计与实现

图书管理模块的功能是完成图书、图书类型以及文献附件的添加、修改、删除等功能，整体界面如图 12-16 所示。

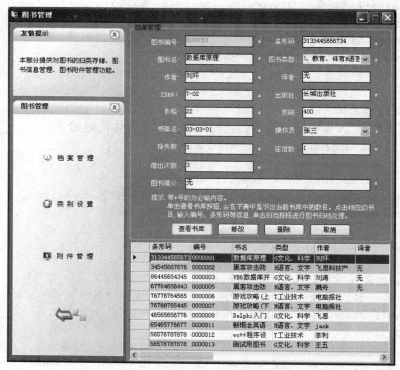

图 12-16　图书管理界面

图书信息的添加、修改与删除代码与读者管理部分大致相同，这里不再列出。

12.3.6　图书流通管理模块的设计与实现

图书流通管理模块的功能是完成图书的借阅、归还、续借、征订、逾期罚款和预期清单查询功能。整体界面如图 12-17 所示。

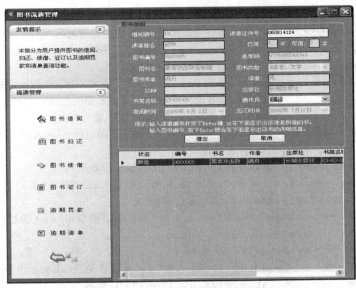

图 12-17　图书流通管理界面

1. 图书借阅的实现

图书借阅主要实现图书的借阅管理，当读者要借书时，要检查读者的借书记录，对于不符合要求的借阅行为予以拒绝。当读者的借阅请求检查通过时，要向图书借阅表添加借阅信息，并更改图书的在馆数量。其实现的关键代码如下：

```
Private Sub txtreno_KeyDown(ByVal sender As Object, ByVal e As
                          System.Windows.Forms.KeyEventArgs)
Handles txtreno.KeyDown
'输入读者的证件号后,按下 Enter 键,会在表中显示出读者的借书情况。
    If e.KeyCode = Keys.Enter Then
    Dim dv7 As New DataView
    Dim dv2 As New DataView
    Dim dv3 As New DataView
    Dim s As String = ""
    Dim m As Integer
    If txtreno.Text <> "" Then                  '查询图书借阅表中该读者借阅未还的图书
    dv1 = db1.RunSelectSQL("select * from 图书借阅 where 读者证件号='" &
                      txtreno.Text.Trim & "' and 状态='未还'")
    dv = db.RunSelectSQL("select * from 读者信息 where 证件号='" &
                      txtreno.Text.Trim & "'")
    If dv.Table.Rows.Count <> 0 Then      '显示该读者已借、可借的书数
    txtbrwcount.Text = dv1.Table.Rows.Count
    txtrename.Text = dv.Table.Rows(0).Item("姓名").ToString
    type = dv.Table.Rows(0).Item("类别").ToString
    dv7 = db.RunSelectSQL("select 图书册数 from 读者类型 where 类型='" & type & "'")
    txtkbrw.Text = dv7.Table.Rows(0).Item("图书册数") - dv1.Table.Rows.Count
    DataGridView1.DataSource = dv1
    '若该读者还有预借的书则进行提示
    If db.RunSelectSQL("select * from 图书预借 where 读者证件号='" &
```

```
                              txtreno.Text.Trim & "'").Table.Rows.Count <> 0 Then
    If MessageBox.Show("该读者有一本预借书籍,现在要借阅吗? ", "提示",
        MessageBoxButtons.YesNo, MessageBoxIcon.Information) =
        Windows.Forms.DialogResult.Yes Then
        txtbrwbookno.Text = db.RunSelectSQL("select * from 图书预借 where
                          读者证件号='" & txtreno.Text.Trim & "'").Table.
                          Rows(0).Item("图书编号")
        dv2 = db.RunSelectSQL("select * from 图书信息 where 编号='" &
        txtbrwbookno.Text.Trim & "'")
        txttxm.Text = dv2.Table.Rows(0).Item("条形码")
        txtbrwname.Text = dv2.Table.Rows(0).Item("书名")
        s = dv2.Table.Rows(0).Item("类型")
        dv3 = db.RunSelectSQL("select * from 图书类型 where 类型名称='" & s & "'")
        date1 = DateTimePicker1.Value
        Dim dv6 As DataView
        dv6 = db.RunSelectSQL("select * from 读者类型 where 类型='" & type & "'")
        m = CInt(dv6.Table.Rows(0).Item("归还期限"))
        '根据读者类型与图书类型计算出应还的日期
        DateTimePicker2.Value = date1.AddDays(dv3.Table.Rows(0).Item("可
                              借天数") * m)
        brwout()
    End If    End If    End If
    End If    End If
End Sub
Public Sub brwout()
    Dim db5 As database = New database
    Dim strSQL As String = ""
    strSQL += "select * from 图书信息 as a , 图书类型 as b "
    strSQL += "where a.类型 = b.类型名称 and 编号='" & txtbrwbookno.Text.Trim & "'"
    Dim dv5 As DataView = db5.RunSelectSQL(strSQL)
    If dv5.Count <> 0 Then              '判断该读者是否已经借过这本书
        For Each tmpdr As DataRow In dtData.Rows
            If tmpdr("编号").ToString().Trim = dv5(0)("编号").ToString.Trim Then
            MessageBox.Show("图书已经借给该读者! ", "提示", MessageBoxButtons.OK,
                          MessageBoxIcon.Information)
        clear1()
        txtreno.Focus()
    End Sub
Public Sub brwout1()
    Dim str As String = ""
    Dim dv7 As New DataView
    If MessageBox.Show("确认要借该书吗? ", "提示", MessageBoxButtons.YesNo,
            MessageBoxIcon.Question) = Windows.Forms.DialogResult.Yes Then
        If dtData.Rows.Count <> 0 Then
            If dtData.Rows(0).Item("在馆数") = 0 Then
                MessageBox.Show("抱歉,该书已经借出! 请选择其他书籍。", "提示",
```

```
                        MessageBoxButtons.OK, MessageBoxIcon.Information)
        clear1()
        txtreno.Focus()
        dtData.Clear()  '清空数据表()
    ElseIf db.RunSelectSQL("select * from 图书预借 where 图书编号='" &
            dtData.Rows(0).Item("编号") & "'and 读者证件号<>'" &
            txtreno.Text.Trim & "'").Table.Rows.Count <> 0 Then
        MessageBox.Show("抱歉,该书已被预借,请选择其他书籍！", "提示",
                    MessageBoxButtons.OK, MessageBoxIcon.Information)
        clear1()
        txtreno.Focus()
    Else
        Dim strSQL As String = ""
        For Each tmpdr As DataRow In dtData.Rows
            '判断书是否是新借
            If tmpdr("状态").ToString.Trim = "新借" Then
            '将新借的书插入到数据库中
            strSQL = " insert into 图书借阅（借阅编号,图书编号,条形码,读者证
                    件号,借阅时间, "
            strSQL += "应还时间,续借次数,操作员,状态)  values('"
            strSQL += txtbrwno.Text + "','"
            strSQL += tmpdr("图书编号") + "','"
            strSQL += txttxm.Text.Trim + "','"
            strSQL += txtreno.Text.Trim + "','"        '读者证件号
            strSQL += tmpdr("借阅时间") + "','"
            strSQL += tmpdr("应还时间") + "'"
            strSQL += ",0," + "'" + cboperator.SelectedItem + "','"
            strSQL += "新借')"
        End If
Next
If strSQL.Length <> 0 Then
    Dim db6 As database = New database
    Dim dv6 As DataView = New DataView
    db6.RunDelOrInsSQL(strSQL)
    db6.RunDelOrInsSQL("sf_图书借阅")
    db6.RunDelOrInsSQL("update 读者信息 set 在借书数=isnull(在借书数,0)+1
                where 证件号='" & txtreno.Text.Trim & "'")
    db.RunDelOrInsSQL("delete from 图书预借 where 图书编号='" &
                txtbrwbookno.Text.Trim & "' and 读者证件号='" &
                txtreno.Text.Trim & "'")
    MessageBox.Show("借书成功！", "恭喜", MessageBoxButtons.OK,
                MessageBoxIcon.Information)
    txtbrwbookno.Enabled = True
    dv1 = db1.RunSelectSQL("select * from 图书借阅 where 读者证件号='" &
                txtreno.Text.Trim & "' and 状态='未还'")
    txtbrwcount.Text = dv1.Table.Rows.Count
```

```
            type = dv.Table.Rows(0).Item("类别").ToString
            dv7 = db.RunSelectSQL("select 图书册数 from 读者类型 where 类型=
                '" & type & "'")
            txtkbrw.Text = dv7.Table.Rows(0).Item("图书册数") -
                            dv1.Table.Rows.Count
            Dim dv2 As New DataView
            dv2 = db.RunSelectSQL("select * from 图书借阅")
            If dv2.Table.Rows.Count = 0 Then
                txtbrwno.Text = 1
            Else
                Dim dr As DataRow
                dr = dv2.Table.Rows(dv2.Table.Rows.Count - 1)
                txtbrwno.Text = CInt(dr.Item("借阅编号")) + 1
            End If
            'txtkbrw.Text = 5 - dv1.Table.Rows.Count
            dv6 = db6.RunSelectSQL("select * from 图书借阅 where 读者证件号='" &
                            txtreno.Text.Trim & "'and 状态='未还'")
            DataGridView1.DataSource = dv6
        End If
        clear1()
        txtreno.Focus()
      End If
    End If
  End If
End Sub
```

2. 图书归还的实现

图书归还部分主要实现借阅图书的归还操作。当有图书要归还时要检查其是否过期，如果过期要罚款，并向图书罚款表添加信息。当图书归还时，要修改图书借阅表的记录，向图书归还表添加记录，并要将图书表的在馆量加1。关键代码如下：

```
Public Sub returnbook()        '图书归还,增加图书在馆数
    strsql3 = "update 图书信息 set 在馆数 = isnull(在馆数,0) + 1
            from 图书信息 as a, 图书借阅 as b where a.编号=b.图书编号 and b.图书
            编号='" & number.ToString & "'"
    db8.RunDelOrInsSQL(strsql3)
    If money <> 0 Then    ' 如果罚金不是 0,在图书罚款中产生记录
      If moneystate = 0 Then    '如果未交费,则将是否交费设为 0
          strsql2 = "insert into 图书罚款(图书编号,读者证件号,罚款日期,应罚金额,实收金
                额,是否交费) select 图书编号,读者证件号,getdate()," & money & ",0,0
                from 图书借阅 where 图书编号='" & number.ToString & "'"
      Else        '如果已交费,则将是否交费设为 1
          strsql2 = "insert into 图书罚款(图书编号,读者证件号,罚款日期,应罚金额,实收金
                额,是否交费) select 图书编号,读者证件号,getdate()," & money & ","
                & money & ",1 from 图书借阅 where 图书编号='" & number.ToString & "'"
      End If
      db.RunDelOrInsSQL(strsql2)
    End If
```

```
    ' 插入图书归还表
    db.RunDelOrInsSQL("insert into 图书归还(归还编号,图书编号,读者证件号,归还时间,过
                期天数,操作员) values(" & CInt(txtreturnno.Text.Trim) & ",'"
                & number.ToString & "','" & txtreturnreno.Text.Trim & "',
                getdate()," & overnumber & ",'" & cboperator1.SelectedItem.
                Trim & "')")
    '设置借阅状态
    db.RunDelOrInsSQL("update 图书借阅 set 状态='已还' where 图书编号='" &
                number.ToString & "'")
    db.RunDelOrInsSQL("update 读者信息 set 在借书数=isnull(在借书数,0)-1
                where 证件号='" & txtreturnreno.Text.Trim & "'")
    MessageBox.Show("图书归还成功！", "恭喜", MessageBoxButtons.OK,
                MessageBoxIcon.Information)
    state = ""
    dv1 = db1.RunSelectSQL("select * from 图书借阅
            where 读者证件号='" & txtreturnreno.Text.Trim & "' and 状态='未还'")
    TextBox1.Text = dv1.Table.Rows.Count
    type = dv.Table.Rows(0).Item("类别").ToString
    dv7 = db.RunSelectSQL("select 图书册数 from 读者类型
                        where 类型='" & type & "'")
    TextBox2.Text = dv7.Table.Rows(0).Item("图书册数") - dv1.Table.Rows.Count
    Dim dv4 As New DataView
    dv4 = db.RunSelectSQL("select * from 图书归还")
    If dv4.Table.Rows.Count = 0 Then
        txtreturnno.Text = 1
    Else
    Dim dr2 As DataRow
    dr2 = dv4.Table.Rows(dv4.Table.Rows.Count - 1)
    txtreturnno.Text = CInt(dr2.Item("归还编号")) + 1
    End If
    dv6 = db8.RunSelectSQL("select * from 图书借阅
            where 读者证件号='" & txtreturnreno.Text.Trim & "'and 状态='未还'")
    DataGridView1.DataSource = dv6
End Sub
```

3. 图书续借的实现

图书续借主要实现在借图书的续借功能。关键代码如下：

```
If state = "" Then
MessageBox.Show("请先选中要续借的书", "提示", MessageBoxButtons.OK,
                MessageBoxIcon.Information)
ElseIf state = "续借选中" Then
    Dim iRow As Integer = DataGridView1.CurrentCell.RowNumber
    If RadioButton1.Checked = True || RadioButton2.Checked = True Then
        dv7 = db.RunSelectSQL("select * from 图书借阅
                where 读者证件号='" & txtno.Text.Trim & "'and 状态='未还'")
        dv8 = db.RunSelectSQL("select * from 读者信息 where 证件号='" &
                        txtno.Text.Trim & "'")
```

```
      End If
    End If
    booknumber = dv7.Table.Rows(iRow).Item("图书编号")
    xjcount = dv7.Table.Rows(iRow).Item("续借次数")
    ghdate = dv7.Table.Rows(iRow).Item("应还时间")
    strsql1 = "update 图书借阅"
    type = dv8.Table.Rows(0).Item("类别").ToString
    dv9 = db.RunSelectSQL("select * from 读者类型 where 类型='" & type & "'")
    xjcount1 = dv9.Table.Rows(0).Item("续借次数")
    ghqx = dv9.Table.Rows(0).Item("归还期限")
    If xjcount >= xjcount1 Then
      MessageBox.Show("该书的续借次数已达最大,不可续借了。", "提示",
                      MessageBoxButtons.OK, MessageBoxIcon.Information)
    Else
      dv2 = db.RunSelectSQL("select * from 图书信息
                            where 编号='" & booknumber & "'")
      booktype = dv2.Table.Rows(0).Item("类型")
      dv3 = db.RunSelectSQL("select * from 图书类型
                            where 类型名称='" & booktype & "'")
      date1 = DateTimePicker1.Value
      Dim dv4 As DataView
      dv4 = db.RunSelectSQL("select * from 读者类型
                            where 类型='" & type & "'")
      m = CInt(dv4.Table.Rows(0).Item("归还期限"))
      xjcount += 1
      ghdate = ghdate.AddDays(dv3.Table.Rows(0).Item("可借天数") * m)
      db.RunDelOrInsSQL("update 图书借阅 set 续借次数 = isnull(续借次数,0) + 1,应还
                        时间 ='" & ghdate & "'" & "
                        from 图书借阅 as a where a.图书编号='" & booknumber.Trim &
                        "'" & "and 状态='未还'")
      MessageBox.Show("图书续借成功", "恭喜", MessageBoxButtons.OK,
                      MessageBoxIcon.Information)
      If RadioButton1.Checked = True || RadioButton2.Checked = True Then
      DataGridView1.DataSource = db.RunSelectSQL("select * from 图书借阅 where 读
                        者证件号='" & txtno.Text.Trim & "'and 状态='未还'")
      End If
      DateTimePicker5.Value = ghdate
      TextBox5.Text = xjcount
    End If
  End If
```

4. 图书征订的实现

图书征订主要实现图书的征订，代码同读者管理部分的添加读者代码大体一致，在此不再列出。

5. 逾期罚款的实现

逾期罚款主要实现逾期图书的检查和罚款处理。读者可以凭借读者证件号查询逾期及罚款的交费情况，若未交费可以实现交费处理。关键代码如下：

```vbnet
Dim dv4 As New DataView
  If Button11.Text = "查看" Then
    If txtreaderno.Text = "" Then
      MessageBox.Show("请输入读者证件号！", "提示", MessageBoxButtons.OK,
                    MessageBoxIcon.Warning)
      txtreaderno.Focus()
    Else
      jfreno = txtreaderno.Text.Trim
      dv4 = db.RunSelectSQL("select * from 图书罚款 where 读者证件号='" &
                    txtreaderno.Text.Trim & "' and 是否交费=0")
      DataGridView1.DataSource = dv4
      If dv4.Table.Rows.Count = 0 Then
        MessageBox.Show("读者编号不正确或没有未交款记录", "警告",
                    MessageBoxButtons.OK, MessageBoxIcon.Warning)
        txtreaderno.Text = ""
        txtreaderno.Focus()
      Else
        Button11.Text = "交费"
      End If
    End If
  ElseIf Button11.Text = "交费" Then
    txtreaderno.Enabled = False
    If state <> "罚款选中" Then
      MessageBox.Show("请先选择要交费的图书", "提示", MessageBoxButtons.OK,
                    MessageBoxIcon.Information)
    ElseIf TextBox6.Text = "" Then
      MessageBox.Show("请输入交费金额", "提示", MessageBoxButtons.OK,
                    MessageBoxIcon.Information)
      TextBox6.Focus()
    ElseIf MessageBox.Show("确认要提交罚款吗", "提示", MessageBoxButtons.YesNo,
          MessageBoxIcon.Information) = Windows.Forms.DialogResult.Yes Then
      db.RunDelOrInsSQL("update 图书罚款 set 实收金额='" & TextBox6.Text.Trim &
        "'" & "," & "罚款日期='" & DateTimePicker6.Value & "'" & "," & "是否交
        费=1" & "," & "备注='" & TextBox31.Text.Trim & "'where 读者证件号='" & jfreno
        & "' and 图书编号='" & jfbookno & "'")
      MessageBox.Show("交费成功", "恭喜", MessageBoxButtons.OK,
                    MessageBoxIcon.Information)
      txtreaderno.Enabled = True
      Dim dv5 As New DataView
      dv5 = db.RunSelectSQL("select * from 图书罚款
                    where 读者证件号='" & jfreno & "' and 是否交费=0")
      If dv5.Table.Rows.Count = 0 Then
        MessageBox.Show("没有未交款记录", "警告", MessageBoxButtons.OK,
                    MessageBoxIcon.Warning)
        txtreaderno.Text = ""
        txtreaderno.Focus()
      End If
      DataGridView1.DataSource = dv5
```

```
    Else
        txtreaderno.Enabled = True
    End If
  End If
End If
```

6. 逾期清单部分的实现

逾期清单主要显示逾期的借阅清单，该部分代码与读者查询部分基本相同，在此不再详述。

12.3.7　图书查询模块的设计与实现

图书查询模块的功能是对图书以及读者借、还书情况进行查阅，还可以进行图书的预借。在此模块，图书信息的查询和读者借、还书情况的查询分为两个不同的界面实现。图书查询界面如图 12-18 所示，读者借、还书情况的查询界面如图 12-19 所示。

图 12-18　图书查询界面

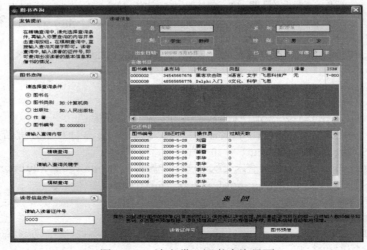

图 12-19　读者借、还书查询界面

1. 图书查询的实现

图书查询可以按照多种方式进行精确查询或模糊查询，精确查询语句的关键代码如下：

```
If RB1.Checked = True Then
    strsql = "select * from 图书信息 where 书名='" & txt1.Text.Trim & "'"
ElseIf RB2.Checked = True Then
    strsql = "select * from 图书信息 where 类型='" & txt1.Text.Trim & "'"
ElseIf RB3.Checked = True Then
    strsql = "select * from 图书信息 where 出版社='" & txt1.Text.Trim & "'"
ElseIf RB4.Checked = True Then
    strsql = "select * from 图书信息 where 作者='" & txt1.Text.Trim & "'"
ElseIf  RB5.Checked = True Then
    strsql = "select * from 图书信息 where 编号='" & txt1.Text.Trim & "'"
End If
```

模糊查询语句的关键代码如下：

```
dv = db.RunSelectSQL("select 编号,书名,类型,作者,译者,出版社,价格,页码,书架名称,在
馆数,简介 from 图书信息 where 书名 like '%" + txt2.Text.Trim + "%' or 类型 like '%" +
txt2.Text.Trim + "%' or 作者 like '%" + txt2.Text.Trim + "%' or 出版社 like '%" +
txt2.Text.Trim + "%' or 书架名称 like '%" + txt2.Text.Trim + "%'"))
```

2. 图书预借功能的实现

图书预借主要实现读者想借的图书未有库存的情况下，对图书进行预约借阅的行为。其实现的关键代码如下：

```
irow = dgv.CurrentCell.RowIndex
dv = db.RunSelectSQL("select * from 图书信息")
If dv.Table.Rows(irow).Item("在馆数") = 0 Then     '若图书已借出，则进行提示
MessageBox.Show("抱歉,该书已借出,请选择其他图书! ", "提示", MessageBoxButtons.OK,
            MessageBoxIcon.Information)
Else
   booknum = dv.Table.Rows(irow).Item("编号")
   bookname = dv.Table.Rows(irow).Item("书名")
   author = dv.Table.Rows(irow).Item("作者")
   pub = dv.Table.Rows(irow).Item("出版社")
If db.RunSelectSQL("select * from 图书预借 where 图书编号='" & booknum &
                "'").Table.Rows.Count <> 0 Then
   MessageBox.Show("抱歉,该书已被预借,请选择其他书籍! ", "提示",
                MessageBoxButtons.OK, MessageBoxIcon.Information)
Else
   strsql = "insert into 图书预借 values('"
   strsql += txtnum.Text.Trim + "','"
   strsql += booknum + "','"
   strsql += bookname + "','"
   strsql += author + "','"
   strsql += pub + "','"
   strsql += Date.Now + "')"
   db.RunDelOrInsSQL(strsql)
MessageBox.Show("图书预借成功,请在预借后的三天内办理借阅手续! ", "恭喜",
                MessageBoxButtons.OK, MessageBoxIcon.Information)
```

```
    txtnum.Text = ""
  End If
End If
```

3. 读者借、还书信息查询的实现

读者借、还书信息查询主要实现读者的借阅和还书情况查询，其实现的关键代码如下：

```
If db.RunSelectSQL("select * from 读者信息 where 证件号='" & txtno.Text.Trim &
                "'").Table.Rows.Count = 0 Then
    MessageBox.Show("读者编号不正确,请重新输入! ", "提示", MessageBoxButtons.OK,
                MessageBoxIcon.Information)
    txtno.Text = ""
    txtno.Focus()
Else
    Dim type As String = ""
    reno = txtno.Text.Trim
    dv = db.RunSelectSQL("select * from 读者信息 where 证件号='" & reno & "'")
    dv2 = db.RunSelectSQL("select * from 图书借阅 where 读者证件号='" & reno & "'
                and 状态='未还'")
    TextBox1.Text = dv2.Table.Rows.Count
    type = dv.Table.Rows(0).Item("类别").ToString
    dv1 = db.RunSelectSQL("select 图书册数 from 读者类型 where 类型='" & type & "'")
    TextBox2.Text = dv1.Table.Rows(0).Item("图书册数") - dv2.Table.Rows.Count
    DataGrid1.DataSource = dv2
    DataGrid2.DataSource = db.RunSelectSQL("select 图书编号,归还时间,操作员,过期
                天数 from 图书归还 where 读者证件号='" & reno & "'")
End If
```

12.3.8　系统管理模块的设计与实现

本模块的功能是进行管理员信息的添加修改与删除。在主界面中单击"系统管理"，会弹出"系统管理"界面，如图 12-20 所示。在窗体的左侧单击相应的链接，在右侧会显示不同的界面。

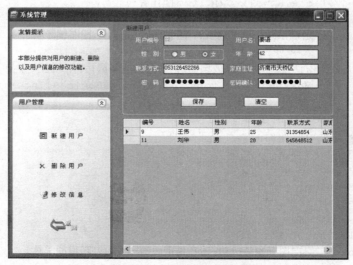

图 12-20　"系统管理"界面

系统管理模块中用户信息的添加、修改与删除代码与读者管理部分大致相同，这里不再列出。

12.3.9　关于系统模块的设计与实现

关于系统模块（about.vb）主要是向使用该系统的人员介绍系统的基本开发情况。在主界面中单击"关于系统"，会弹出"关于系统"界面，如图 12-21 所示。

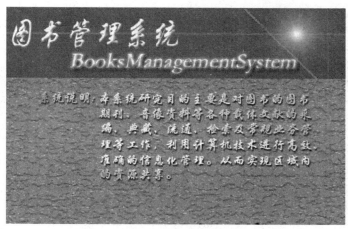

图 12-21　"关于系统"界面

代码从略。

本章小结

Microsoft Visual Basic.NET 是 Microsoft Visual Basic 的更新版本，它建立在.NET 的框架结构上。VB.NET 对数据库进行操作的功能需要借助.NET FrameWork SDK 中面向数据库编程的类库和微软的 MDAC 来实现。其中，ADO.NET 是.NET FrameWork SDK 中重要的组成部分。

ADO.NET 是英文 ActiveX Data Objects for the .NET Framework 的缩写，它提供了对 Microsoft SQL Server、Oracle 等数据源以及通过 OLE DB 和 XML 公开的数据源的一致访问。ADO.NET 主要在 System.Data 命名空间的层次结构中实现，该层次结构在物理上存在于 System.Data.Dll 程序集文件中。

在 ADO.NET 对象模型中，包含 SqlConnection、SqlCommand 和 SqlDataReader 等对象。可以使用 ADO.NET 对象模型中的 Connection 对象来建立到数据源的连接。它有 ConnectionString 属性、Open 和 Close 方法以及使用 BeginTransaction 方法开始事务处理的能力。在连接环境下，整个数据存取的步骤如下：

（1）使用 SqlConnection 对象建立并开启与数据库的连接。

（2）使用 SqlCommand 对象向数据库索取所要的数据。

（3）把取得的数据放在 SqlDataReader 对象中读取，或者是做其他的操作。

（4）在对数据库的存取、查询等操作完毕后，关闭 SqlDataReader 对象。

（5）关闭 SqlConnection 对象。

图书管理系统主要实现图书管理、图书流通管理、读者管理、系统管理和图书查询等基本功能。本章通过图书管理系统的开发讲述了 ADO.NET 连接数据库的技术以及基于高级开发语言/SQL Server 2005 开发数据库应用系统的过程。

习题十二

利用 VB.NET/SQL Server 2005 设计开发一个人事档案管理系统，基本功能包括：
1．人员基本信息的添加、删除、修改、查询。
2．人员职称信息的添加、删除、修改、查询。
3．人员学历信息的添加、删除、修改、查询。
4．以上各类信息的统计、报表。

附录 A   SQL Server 2005 实验

实验 1   SQL Server 2005 的安装及其管理工具的使用

1. 目的与要求

（1）掌握 SQL Server 2005 服务器的安装。

（2）掌握 SQL Server 配置管理器的基本使用方法。

（3）掌握 Microsoft SQL Server Management Studio 的基本使用方法。

（4）对数据库及其对象有一个基本了解。

2. 实验准备

（1）了解 SQL Server 2005 各种版本安装的软、硬件要求。

（2）了解 SQL Server 2005 支持的身份验证模式。

（3）SQL Server 2005 各组件的主要功能。

（4）对数据库、表、数据库对象有一个基本了解。

（5）了解 Microsoft SQL Server Management Studio 的各主要组件。

3. 实验内容

（1）安装 SQL Server 2005。根据软、硬件环境，选择一个合适版本的 SQL Server 2005。安装步骤可参照 4.3.3 节。

（2）SQL Server 配置管理器的基本操作。

1）SQL Server 2005 服务管理器的启动、暂停、停止。

2）SQL Server 2005 服务管理器的各项属性设置，包括默认登录名和密码、启动模式等的变更。

（3）了解 Microsoft SQL Server Management Studio 的主要组件和基本操作方式。

1）启动 Microsoft SQL Server Management Studio 并连接服务器，正确调出和隐藏主要的组件，包括已注册的服务器、对象资源管理器、解决方案资源管理器、模板资源管理器、摘要页和文档窗口。

2）更改环境布局，包括关闭和隐藏组件、移动组件和取消组件停靠等。

3）查看并更改文档布局，包括选项卡式文档布局和 MDI 环境模式。

4）配置启动选项：在"工具"菜单上，选择"选项"→"环境"→"常规"命令。在"启动时"列表中，查看以下选项：

● 打开对象资源管理器。这是默认选项。

● 打开新查询窗口。

● 打开对象资源管理器和新查询。

● 打开空环境。

单击首选选项，再单击"确定"按钮。

5）熟悉主要组件，如对象资源管理器、查询窗口等的布局和使用。

实验 2 创建数据库和表

1. 目的和要求

（1）了解 SQL Server 数据库的逻辑结构和物理结构。

（2）了解表的结构特点。

（3）了解 SQL Server 的基本数据类型。

（4）了解空值的概念。

（5）学会在 SQL Server Management Studio 中创建数据库和表。

（6）学会使用 T-SQL 语句创建数据库和表。

2. 实验准备

（1）要明确能够创建数据库的用户必须是系统管理员，或是被授权使用 CREATE DATABASE 语句的用户。

（2）创建数据库必须要确定数据库名、所有者（即创建数据库的用户）、数据库大小（最初的大小、最大的大小、是否允许增长及增长的方式）和存储数据的文件。

（3）确定数据库包含哪些表，各表的结构，还要了解 SQL Server 的常用数据类型。

（4）了解两种常用的创建数据库、表的方法。

3. 实验内容

创建用于企业员工项目管理的数据库 YGGL，主要存储员工的信息、项目信息以及员工参与项目的情况。数据库 YGGL 包含下列 3 个表：

（1）ygqk：员工基本情况表。

（2）xmqk：项目信息表。

（3）cyqk：员工参与项目的情况表。

各表的结构分别如表 E-1、表 E-2 和表 E-3 所示。

表 E-1　ygqk 表结构

列名	数据类型	长度	是否允许为空值	说明
Employee_ID	Char	6	×	员工编号
Name	Char	10	×	姓名
Birthday	Data time	8	×	出生日期
Sex	Bit	1	×	性别
Address	Char	20	√	地址
Zip	Char	6	√	邮编
Phone Number	Char	12	√	电话号码
Email Address	Char	30	√	电子邮件地址
Department	Char	30	×	员工所属部门

表 E-2　xmqk 表结构

列名	数据类型	长度	是否允许为空	说明
Program_ID	字符型（char）	3	×	项目编号
Program_Name	字符型（char）	20	×	项目名

续表

列名	数据类型	长度	是否允许为空	说明
Program_fee	数值型（int）	4	√	项目额度
Note	文本（text）	16	√	备注

表 E-3　cyqk 表结构

列名	数据类型	长度	是否允许为空	说明
Employee_ID	字符型（char）	6	×	员工编号
Program_ID	字符型（char）	3	×	项目编号
Program_manager	字符型（char）	2	√	是否为项目负责人
Program_sale	数值型（int）	4	√	项目收益

4. 实验步骤

（1）在 SQL Server Management Studio 中创建数据库 YGGL。

要求：数据库 YGGL 初始大小为 10MB，最大为 50MB，数据库自动增长，增长方式是按 5%比例增长；日志文件初始为 2MB，最大可增长到 5MB，按 1MB 增长。

数据库的逻辑文件名和物理文件名均采用默认值，分别为 YGGL_DATA 和 C:...\MSSQL\DATA\YGGL.MDF，事务日志的逻辑文件名和物理文件名也均采用默认值，分别为 YGGL_LOG 和 C:...\MSSQL\DATA\YGGL_LOG.LDF。

具体步骤可参见 5.1.3 节。

（2）在 SQL Server Management Studio 中删除创建的 YGGL 数据库。在 SQL Server Management Studio 中，选中数据库 YGGL 并右击，在弹出的快捷菜单中选择"删除"命令。

（3）使用 T-SQL 语句创建数据库 YGGL。

按照上述要求创建数据库 YGGL。

启动查询编辑器，在"查询"窗口中输入以下 T-SQL 语句：

```
CREATE DATABASE yggl
ON
(name='yggl_ data ',
filename='c:\program files\microsoft\mssql\data\ yggl_data.mdf',
size=10mb,
maxsize=50mb,
filegrowth=5%)
LOG ON
(name='yggl_log ',
filename='c:\program files\microsoft\mssql\data\ yggl_log.ldf',
size=2mb,
maxsize=5mb,
filegrowth=1mb)
go
```

单击快捷工具栏的执行图标执行上述语句，并在 SQL Server Management Studio 中的对象资源管理器中查看执行结果。

（4）在 SQL Server Management Studio 中分别创建表 ygqk、xmqk 和 cyqk。

　　在 SQL Server Management Studio 中选择数据库 YGGL，在 YGGL 上右击，在弹出的快捷菜单中选择"新建"→"表"命令，在新表中输入 ygqk 表各字段信息，单击"保存"图标，在出现的对话框中输入表名 ygqk，即创建了表 ygqk。按同样的操作过程创建表 xmqk 和 cyqk。

　　（5）在 SQL Server Management Studio 中删除创建的 ygqk 、xmqk 和 cyqk 表。

　　在 SQL Server Management Studio 中选择数据库 YGGL 的表 ygqk 并右击，在弹出的快捷菜单中选择"删除"命令，即删除了表 ygqk。按同样的操作过程删除表 xmqk 和 cyqk。

　　（6）使用 T-SQL 语句创建 ygqk 、xmqk 和 cyqk 表。

　　启动查询编辑器，在"查询"窗口中输入以下 T-SQL 语句：

```
use yggl
go
CREATE TABLE ygqk
(        employee_id char(6) not null,
         name char(10) not null,
         birthday datetime not null,
         sex bit not null,
         address char(20),
         zip char(8),
         phone number char(12),
         email address char(30) ,
         department char(30) not null,
)
go
```

　　单击快捷工具栏的执行图标，执行上述语句，即可创建表 ygqk。用同样的操作过程创建表 xmqk 和 cyqk 表，并在 SQL Server Management Studio 中查看结果。

　　5. 练习

　　用 Management Studio 和查询编辑器创建学生库（STU），并在 STU 库中创建学生表（STUDENT）、课程表（COURSE）和选课表（SC），库的大小、名字取默认值，表的结构自定。

实验 3　表数据插入、修改和删除

　　1. 目的和要求

　　（1）学会在 SQL Server Management Studio 中对表进行插入、修改和删除数据操作。

　　（2）学会使用 T-SQL 语句对表进行插入、修改和删除数据操作。

　　（3）了解 T-SQL 语句对表数据库操作的灵活控制功能。

　　2. 实验准备

　　（1）要了解对表数据的插入、修改、删除都属于表数据的更新操作，对表数据的操作可以在 SQL Server Management Studio 中进行，也可以使用 T-SQL 语句实现。

　　（2）要掌握 T-SQL 中用于对表数据进行插入、修改和删除的命令，分别是 INSERT、UPDATE 和 DELETE（或 TRANCATE TABLE）。

　　（3）要了解使用 T-SQL 语句在对表数据进行插入、修改及删除时，比在 SQL Server Management Studio 中操作表数据灵活，功能更强大。

3．实验内容

分别使用 SQL Server Management Studio 和 T-SQL 语句，向在实验 2 建立的数据库 YGGL 的 3 个表 ygqk、xmqk 和 cyqk 中插入多行数据记录，然后修改和删除一些记录。使用 T-SQL 语句进行有限制的修改和删除。

4．实验步骤

（1）在 SQL Server Management Studio 中向数据库 YGGL 中的表插入数据。

在 SQL Server Management Studio 中向 ygqk 表插入记录。

在对象资源管理器中选择表 ygqk，并右击，在弹出的快捷菜单中选择"返回所有行"命令，然后逐字段输入各记录值，输入完后关闭表窗口。

用同样的方法在对象资源管理器中向 xmqk 和 cyqk 表插入记录。

（2）在 SQL Server Management Studio 中修改数据库 YGGL 中的数据。

在对象资源管理器中删除表 ygqk 的第 2、8 行和 cyqk 的第 2、11 行。

在对象资源管理器中选择表 ygqk，并右击，在弹出的快捷菜单中选择"返回所有行"命令，然后选择要删除的行并右单，在弹出的快捷菜单中选择"删除"命令，关闭表窗口。

用同样的方法在 ygqk 中删除表 xmqk 的第 2 行和第 11 行。

（3）在 SQL Server Management Studio 中将表 ygqk 中编号为 020018 的记录的部门号改为 4。

在对象资源管理器中选择表 ygqk，右击，在弹出的快捷菜单中选择"返回所有行"命令，将光标定位至编号为 020018 的记录的 Employee_ID 字段，将值 1 改为 4。

（4）使用 T-SQL 命令修改数据库 YGGL 中的表数据。

使用 T-SQL 命令分别向 YGGL 数据库的 ygqk 、xmqk 和 cyqk 表中插入一行记录。

启动查询编辑器，在"查询"窗口中输入如下 T-SQL 语句：

```
use yggl
go

INSERT INTO ygqk
VALUES('011112','李林','1973_5_3',1,'紫薇路10号',210002,4055663,nulL,'人事处')
go

INSERT INTO xmqk
VALUES('2','图书管理系统',20, '山东大学开发')
go

INSERT INTO cyqk
VALUES ('011112', '2',1,5 )
go
```

单击快捷工具栏的执行图表，执行上述语句。

在对象资源管理器中分别打开 YGGL 数据库的 ygqk、xmqk 和 cyqk 表，观察其变化。

（5）使用 T-SQL 命令修改表中的某个记录的字段值。启动查询编辑器，在"查询"窗口中输入如下 T-SQL 语句：

```
use yggl
go
```

```
UPDATE cyqk
SET Program_sale=4
WHERE employee_id='011112'
go
```

单击快捷工具栏的执行图标，执行上述语句将编号为 01112 的职工收入改为 4。

在对象资源管理器中打开 YGGL 数据库的 cyqk 表，观察其变化。

用同样的方法修改 ygqk、xmqk 的记录值，仍要观察其变化。

（6）使用 T-SQL 命令修改表 cyqk 中的所有记录的值。

启动查询编辑器，在"查询"窗口中输入如下 T-SQL 语句：

```
use yggl
go
UPDATE cyqk
SET Program_sale= Program_sale +1
go
```

单击快捷工具栏的执行图标，执行上述语句，将所有职工的收入增加 1 万。

可见，使用 T-SQL 语句操作表数据比在 SQL Server Management Studio 中操作表数据更为灵活。

（7）使用 TRANCATE TABLE 语句删除表中所有行。

启动查询编辑器，在"查询"窗口中输入如下 T-SQL 语句：

```
use yggl
go

TRANCATE TABLE cyqk
go
```

单击快捷工具栏的执行图标，执行上述语句，将删除 cyqk 表中的所有行。

注意：实验时一般不要轻易执行这个操作，因为后面实验还要用到这些数据。如要验证该命令的效果，可创建一个临时表，输入少量数据后进行。

5. 练习

向实验 2 建立的表中输入数据，并修改其中的一条或多条数据，再删除部分或全部数据，最后使用 SQL Server Management Studio 查看数据变化情况。

实验 4　数据查询

1. 目的与要求

（1）掌握 SELECT 语句的基本语法。

（2）掌握子查询的表示。

（3）掌握连接查询的表示。

（4）掌握 SELECT 语句的统计函数的作用和使用方法。

（5）掌握 SELECT 语句的 GROUP BY 和 ORDER BY 子句的作用和使用方法。

2. 实验准备

（1）了解 SELECT 语句的基本语法格式。

（2）了解 SELECT 语句的执行方法。

（3）了解子查询的表示方法。

（4）了解 SELECT 语句的统计函数的作用。

（5）了解 SELECT 语句的 GROUP BY 和 ORDER BY 子句的作用。

3. 实验内容

（1）SELECT 语句的基本使用。

1）根据实验 2 给出的数据库表结构，查询每个雇员的所有数据。

在查询编辑器的编辑窗口输入如下语句并执行：

```
use yggl
go

SELECT*
FROM ygqk
go
```

2）查询每个雇员的地址和电话。在查询分析器的编辑窗口输入如下语句并执行：

```
use yggl
go

SELECT address,phone number
FROM ygqk
go
```

3）查询 Employee_ID 为 000001 雇员的地址和电话。在查询编辑器的编辑窗口输入如下语句并执行：

```
use yggl
go

SELECT address,phone number
FROM ygqk
WHERE employee_id='000001'
go
```

4）查询 ygqk 表中女雇员的地址和电话，使用 AS 子句将结果中各列的标题分别指定为地址、电话。在查询编辑器的编辑窗口输入如下语句并执行：

```
use yggl
go

SELECT address as 地址,phone number as 电话号码
FROM ygqk
WHERE sex=0
go
```

5）找出所有姓王的雇员的部门号。在查询分析器的编辑窗口输入如下语句并执行：

```
use yggl
go

SELECT  department_id
FROM ygqk
WHERE name like'王%'
```

```
go
```

6）找出所有项目收入在 2000～3000 元之间的雇员编号。在查询分析器的编辑窗口输入如下语句并执行：

```
use yggl
go
SELECT  Employee_id
FROM cyqk
WHERE Program_sales between 2000 and 3000
go
```

（2）子查询的使用。

1）查询参与了"图书管理系统"项目开发的员工的情况。在查询编辑器的窗口中输入如下语句并执行：

```
use yggl
go

SELECT *
FROM ygqk
WHERE  programe_id=
      (SELECT  programe_id
       FROM  cyqk
       WHERE  programe_name='图书管理系统')
go
```

3）查找财务部年龄不低于研发部员工年龄的员工姓名。在查询编辑器的窗口输入如下语句并执行：

```
use yggl
go
SELECT  name
FROM  ygqk
WHERE  department ='财务部'
     AND
     birthday>ALL(SELECT  birthday
                 FROM   ygqk
                 WHERE  department='研发部')
go
```

（3）连接查询的使用。

1）查询每个员工的项目收益情况。

```
use yggl
go

SELECT ygqk.*,cyqk.*
FROM   ygqk,cyqk
WHERE ygqk.employee_id=cyqk. employee_id
go
```

2）查询项目额度在 20 万以上的项目以及员工参与情况，包括项目编号、项目名、员工编号、员工姓名、项目额度。

```
use yggl
```

```
go

SELECT cyqk.programe_id, program_name ,ygqk.employee_id, employee_name,
program_fee
FROM   ygqk, xmqk, cyqk
WHERE ygqk.employee_id=cyqk.employee_id AND cyqk.program_id=xmqk.program_id
      AND program_fee>=20
go
```

（4）统计函数的使用。

1）求员工项目的平均收益。在查询编辑器的窗口中输入如下语句并执行：

```
use yggl
go

SELECT  avg(program_sale)
FROM  cyqk
go
```

2）求参与"图书管理系统"项目开发的总人数。在查询编辑器的窗口中输入如下语句并执行：

```
use yggl
go

SELECT count(employee_id)
FROM  cyqk
WHERE program_id=
      (SELECT  program_id
       FROM  xmqk
       WHERE  program_name='图书管理系统')
go
```

（5）GROUP BY、ORDER BY 子句的使用。

1）求各部门的员工数。在查询编辑器的窗口中输入如下语句并执行：

```
use yggl
go

SELECT department, count(employee_id)
FROM  ygqk
GROUP BY  department
go
```

2）将各项目按照项目额度由低到高排列。在查询编辑器的窗口输入如下语句并执行：

```
use yggl
go

SELECT  *
FROM  xmqk
ORDER by program_fee
go
```

4. 练习

对 STU 库的 STUDENT、COURSE 和 SC 表进行各种查询（包括简单查询、连接查询、子查询和模糊查询及分组和排序）。

实验 5　存储过程和触发器的使用

1. 目的与要求

（1）掌握存储过程的使用方法。

（2）掌握触发器的使用方法。

2. 实验准备

（1）了解存储过程的使用方法。

（2）了解触发器的使用方法。

3. 实验内容

（1）创建触发器。

对于数据库 YGGL，表 ygqk 的 Employee_ID 列与表 cyqk 的 Employee_ID 列应满足参照完整性规则，即：

向 cyqk 表添加一记录时，该记录的 Employee_ID 值在表 ygqk 中应存在。

修改 ygqk 表的 Employee_ID 字段值时，该字段在表 cyqk 中的对应值也应修改。

删除 ygqk 表中一记录时，该记录的 Employee_ID 值在表 cyqk 表中对应的记录也应删除。

上述参照完整性规则，在此通过触发器实现。

1）向 cyqk 表插入或修改一记录时，通过触发器检查记录的 Employee_ID 值在 ygqk 表中是否存在，若不存在，则取消插入或修改操作。

程序代码从略。

2）修改 ygqk 表的 Employee_ID 字段值时，该字段在 cyqk 表中的对应值也作相应修改。

程序代码从略。

3）删除 ygqk 表中一记录的同时删除该记录 Employee_ID 字段值在 cyqk 表中对应的记录。

程序代码从略。

（2）创建存储过程。

1）添加员工记录的存储过程 Employee Add。

程序代码从略。

2）修改员工记录的存储过程 Employee Update。

程序代码从略。

3）删除员工记录的存储过程 Employee Delete。

程序代码从略。

（3）调用存储过程。

略。

4. 练习

略。

附录 B　表格数据

Student 表：

sno	sname	sage	ssex	sbirthday	depart	class
06091101	王芳	23	女	1985-07-09 00:00:00	信息系	计算06
06081201	吴非	22	男	1986-02-12 00:00:00	土木系	测绘06
06081102	李刚	22	男	1986-04-02 00:00:00	土木系	测绘06
07081103	吴凡	20	男	1988-04-02 00:00:00	土木系	测绘07
07081104	刘阳	20	男	1988-07-02 00:00:00	土木系	测绘07
07091104	刘孜	20	女	1988-07-02 00:00:00	信息系	计算07
06091207	白兰	21	女	1987-07-12 00:00:00	信息系	计算06
06091210	李富阳	22	男	1986-10-12 00:00:00	信息系	计算06
07091221	钱征	20	男	1988-11-01 00:00:00	信息系	计算07
07091222	王露	20	女	1988-01-14 00:00:00	信息系	计算07
06071222	王非	20	女	1988-01-14 00:00:00	经济系	金融06
06071032	李斌	21	男	1987-09-10 00:00:00	经济系	金融06
07071219	刘博	20	男	1988-01-10 00:00:00	经济系	金融07
06071415	白雨新	21	女	1987-06-12 00:00:00	经济系	金融06
06091033	王美兰	21	女	1987-03-23 00:00:00	信息系	计算06

Course 表：

cno	cname	credit	notes
080110H	数据库原理与应用	3	必修
080120I	数据结构	4	必修
080101A	java	4	必修
020101A	高等数学	5	必修
020111B	线性代数	4	必修
020121F	概率论	3	必修
010102H	大学英语	3	必修
010106U	英语会话	2	选修
010104A	日语	4	任选

Score 表：

sno	cno	degree
06091101	020101A	70
06081201	020101A	79
06081102	020101A	87
07081103	020101A	83

07081104	020101A	90
07091104	020101A	88
06091207	020101A	91
06091210	020101A	95
07091221	020101A	89
07091222	020101A	57
06071222	020101A	59
06071032	020101A	54
06091101	080120I	56
06081201	080120I	67
06081102	080120I	76
07081103	080120I	87
07091104	080120I	90
06091207	080120I	78
06091210	080110H	77
06091207	080110H	88
06081201	080110H	56
06081102	080110H	76
06091207	080110H	87
07091104	080110H	68
06091210	080101A	77
07091221	080101A	56
07091222	080101A	66
07091104	080101A	70
06091207	080101A	69
07091104	080101A	81
06091210	080101A	87
07081104	010102H	90
06091210	010102H	86
07091221	010102H	52
06091207	010102H	65
07091222	010101H	69
06071222	010106U	60
06091207	010106U	78
06091210	010106U	54
07091221	010106U	77

参考文献

[1] Ullman Jeffrey D. Principles of database and knowledge_base systems Ⅱ. Rockville, Md.: Computer Science Press，1988－1989.

[2] 王珊，萨师煊. 数据库系统概论（第四版）. 北京：高等教育出版社，2006.

[3] 施伯乐，丁宝康，汪卫. 数据库系统教程（第 2 版）. 北京：高等教育出版社，2003.

[4] 毛国君. 高级数据库原理与技术. 北京：人民邮电出版社，2004.

[5] 仝春灵，沈祥玖. 数据库原理与应用——SQL Server 2000. 北京：中国水利水电出版社，2003.

[6] 于松涛，徐振成. 精通 SQL Server 2000 数据库管理与开发. 北京：人民邮电出版社，2002.

[7] 邓阿奇，刘启芬，顾韵华. SQL Server 实用教程. 北京：电子工业出版社，2002.

[8] 余晨，李文炬. SQL Server 2000 培训教程. 北京：清华大学出版社，2001.

[9] 李伟红. SQL Server 2000 数据库及应用. 北京：中国水利水电出版社，2008.

[10] 康会光，王俊伟，张瑞萍等. SQL Server 2005 中文版标准教程. 北京：清华大学出版社，2007.

[11] 赵松涛. SQL Server 2005 奥秘. 北京：电子工业出版社，2007.

[12] 孙全党，张军，钟德源. SQL Server 2005 数据库开发应用教程. 北京：电子工业出版社，2008.

[13] 陈永强，张志强. SQL Server 2005 Web 应用开发. 北京：清华大学出版社，2008.

[14] 贾长去，朱香卫. VB.NET 程序设计基础. 北京：高等教育出版社，2006.

[15] 王平华. VB.NET 程序设计项目教程. 北京：中国邮电大学出版社，2008.

[16] 李永森. 基于 VB.NET 的数据库应用程序设计. 北京：高等教育出版社，2004.

[17] 张俊，崔海波. ADO.NET 数据库应用开发. 北京：机械工业出版社，2008.

[18] 魏峥，王军，崔同良. ADO.NET 程序设计教程与实验. 北京：清华大学出版社，2007.

[19] 陈承欢. ADO.NET 数据库访问技术案例教程. 北京：人民邮电出版社，2008.